冶金工业出版社

辽宁省“十二五”普通高等教育本科省级规划教材

普通高等教育“十四五”规划教材

金属矿床露天开采

(第2版)

陈晓青　主编

扫码输入刮刮卡密码
查看数字资源

北　京
冶 金 工 业 出 版 社
2025

内 容 提 要

本书分为露天开采基础篇、工艺篇和设计篇，分别介绍了露天开采现状及其发展趋势；露天开采穿爆、采装、运输、排土四大工艺以及矿山防排水、边坡稳定、环境保护辅助作业；露天开采的设计方法，具体包括露天开采境界圈定、开拓方法开采程序、矿山发展以及生产剥采比变化规律和采掘进度计划的编制。

本书可作为高等学校采矿工程专业本科的教学用书，也可作为采矿行业工程技术人员、管理人员和研究人员的参考书。

图书在版编目(CIP)数据

金属矿床露天开采 / 陈晓青主编. -- 2 版. -- 北京 : 冶金工业出版社, 2025. 4. -- (普通高等教育“十四五”规划教材). -- ISBN 978-7-5240-0127-0

Ⅰ. TD854

中国国家版本馆 CIP 数据核字第 2025RY2908 号

金属矿床露天开采（第 2 版）

出版发行 冶金工业出版社 **电　话** (010)64027926
地　　址 北京市东城区嵩祝院北巷 39 号 **邮　编** 100009
网　　址 www. mip1953. com **电子信箱** service@ mip1953. com

责任编辑 李泓璇 美术编辑 吕欣童 版式设计 郑小利
责任校对 梅雨晴 责任印制 窦 唯
三河市双峰印刷装订有限公司印刷
2010 年 6 月第 1 版，2025 年 4 月第 2 版，2025 年 4 月第 1 次印刷
787mm×1092mm 1/16；15. 5 印张；373 千字；232 页
定价 45. 00 元

投稿电话 (010)64027932 投稿信箱 tougao@cnmip. com. cn
营销中心电话 (010)64044283
冶金工业出版社天猫旗舰店 yjgycbs. tmall. com
(本书如有印装质量问题，本社营销中心负责退换)

第 2 版编写人员

主　　编　陈晓青

参编人员　王薪荣　马婷婷　栾丽华　渠爱巧　于春华　陶治臣
孟凡奇　付立冬　王健羽　文毓峰　郑然起　庞　捍
朱兴龙　李　平　张明泽

第 1 版编写人员

主　　编　陈晓青

参编人员　韩延清　李富平　张大宁　伊之宣　张文辉
高　彦　宋修波　张佳亮　孟庆伟

第2版前言

按照高等学校采矿工程专业卓越工程师培养目标和应用型转型的要求，本书结合采矿工程专业学生的特点，在保留第1版的结构形式和内容体系的基础上，对内容进行了修改与充实，融入思政育人元素，配备教学课件、教学视频等数字资源，力求系统、全面地阐述金属矿床露天开采的基本理论、设计方法、生产技术以及管理知识。

全书由陈晓青统稿，王薪荣、栾丽华主审，共分16章。辽宁科技大学陈晓青负责绪论、第12章和第15章的编写，栾丽华负责第1章的编写，王薪荣负责第2章的编写，郑然起、庞捍负责第3章的编写；鞍钢集团陶治臣负责第4章的编写；辽宁科技大学付立冬负责第5章的编写；王健羽负责第6章的编写；本钢集团孟凡奇、鞍山市住房和城乡建设事务服务中心张明泽负责第7章的编写；本钢集团李平负责第8章的编写；辽宁科技大学文毓峰负责第9章的编写、马婷婷负责第10章的编写；凌钢集团朱兴龙负责第11章的编写、于春华负责第13章的编写；辽宁科技学院渠爱巧负责第14章的编写。在此一并表示感谢！

以本教材作为配套教材的“露天采矿学”课程荣获辽宁省一流本科课程。本书的出版得到了辽宁科技大学本科教材建设资金的资助，在此表示衷心感谢。

由于编者的水平有限，书中不妥之处，敬请读者批评指正。

2025年1月

第1版前言

本书由辽宁科技大学、河北理工大学、辽宁科技学院和鞍钢集团公司的教师和工程技术人员合作编写，是在多年教学实践的基础上，根据本科学生的培养特点编写而成。教材内容系统全面地反映本学科的基本理论和基本知识，并注重反映当代科技的新成果。

本书初稿于2006年底完成，经过辽宁科技大学采矿工程专业本科的三届教学实践，并经过数位有丰富教学与科研经验的教授审阅和指点，几经修改，形成现在的结构形式与内容体系。

全书分为三篇15章，绪论、第1章、第13章、第14章、第15章由辽宁科技大学陈晓青编写；第2章由河北理工大学李富平编写；第3章、第4章由鞍钢集团矿业公司伊志宣编写；第5章由鞍钢集团矿业公司张文辉编写；第6章、第9章由辽宁科技学院韩延清编写；第7章由鞍钢集团矿业公司宋修波编写；第8章由辽宁科技大学张大宁编写；第10章由辽宁科技大学张佳亮和鞍钢集团矿业公司孟庆伟编写；第11章、第12章由鞍钢集团矿业公司高彦编写。封面矿山图片由陈晓青研制的数字矿山软件生成。

与传统的露天采矿教材相比，本书除注重露天开采新工艺、新知识的介绍外，还增加了地质、边坡稳定、环境保护以及采矿设计方法方面的内容。

在编写过程中，曾得到有关矿山、设计、科研单位和高等院校大力支持和帮助，特别是张国建教授、郭连军教授、侯克鹏教授和张雨果高工等对教材内容提出了许多宝贵意见；另外在编辑过程中，于春华、孟繁奇等做了大量工作，在此深表感谢。

由于编者水平所限，书中不足之处，诚望读者批评指正。

陈晓青

2008年11月

目　　录

第三篇　露天开采设计

露天采矿学说课

0　绪　　论

本章课件　　思维导图

地球是人类赖以生存的环境。但人类在对大自然开发、利用的同时，又在不断破坏环境。因此，在对待大自然的问题上，人类面临两大问题，即资源和环境的问题。

0.1　资源与环境

0.1.1　资源问题

0.1.1.1　地球资源

由于地球结构的不均匀性和资源分布区域的差异性，全球资源空间分布不均匀，大部分矿产探明储量的60%以上都集中在少数几个国家。澳大利亚、加拿大、南非、俄罗斯、美国是全球矿产资源品种较全、储量丰富、人均占有储量较多的国家，但是其他非洲地区、北美洲地区的国家矿产资源较为贫乏。

矿产资源在地域分布上的差异决定了一个国家无法依靠自身的资源满足经济发展的需要，必须在全球范围内通过广泛的国际合作和贸易等方式实现资源的优化配置和互补。由于资源在国家经济安全中的基础地位与作用的重要性，世界各国都十分重视资源问题。

我国正处在工业化、城市化加速发展阶段。随着经济总量的扩大、城市化水平的提高和居民生活方式的改变，我国能源、资源消耗加快增长可能在较长时期内存在，即使采取节约措施，能源、资源消耗增长仍会超过美国、欧洲等发达国家和地区，加之受资源条件的限制，资源供需缺口日益加大，对国外资源的依存度不断攀升。

我们从小就接受了关于祖国“地大物博”的教育，的确，我国幅员辽阔，成矿条件比较优越。截至2022年年底，我国已发现173种矿产，查明储量的矿产159种，其中能源矿产13种、金属矿产59种、非金属产95种、水气矿产6种。已发现矿床、矿点20多万处，其中查明资源储量的矿产地1.8万余处；另外，西部地区、海域及深部还有较大的资源潜力。

A　资源总量大，但人均占有量少

据1998年国土资源部储量司统计，截至1997年年底，A+B+C+D四个等级的矿产资源保有储量潜在总值为92.63万亿元，已探明的矿产资源总量约占世界资源总量的12%，仅次于美国和俄罗斯，居世界第3位，而人均资源量仅为世界平均水平的58%，排名第53位。

B　贫、劣资源比重偏大，难利用的资源多

a　贫矿多，难选矿多

石油方面，除少数油田和单井的日产量较高外，大多是产量低的贫矿；铁矿平均品位仅33%，比世界平均水平低10%以上，可直接入炉炼铁、炼钢的富铁矿资源储量仅占全国铁矿资源储量的2.7%；锰矿平均品位22%，不到世界商品矿石工业标准48%的一半，而且多属比较难选的碳酸锰矿；铜矿平均品位仅0.87%，品位大于1%的资源储量只占35%；铝土矿大多是一水硬铝石；磷矿平均品位仅17%，且胶磷矿多；硫矿以硫铁矿为主，一级品的富矿只占全国硫矿资源储量的2.5%。

b 组分复杂的共（伴）生矿产多，综合利用低

我国有80多种矿产含有共（伴）生的资源储量，以有色金属矿产最为普遍，如各类铅锌矿床中共（伴）生有用元素达50多种。

共（伴）生有益组分多的铁矿类型，主要是接触交代-热液型、岩浆晚期型和与火山-侵入活动有关的矿床，有些共（伴）生组分的经济价值甚至超过铁矿石价值。如白云鄂博铁矿中含有丰富的RE和Nb；攀枝花地区钒钛磁铁矿中的V、Ti储量居世界之首。

但是我国分离技术和应用技术比较低，这些共（伴）生组分并没得到较好的综合利用。

C 分布不均衡，产区与加工消费区错位

因地质成矿条件不同，导致部分重要矿产分布特别集中。我国90%的煤炭查明储量集中于华北、西北和西南地区，这些地区工业产值占全国工业总产值还不到30%，而东北、华东和中南地区的煤炭资源仅占全国的10%左右，其工业产值却占全国的70%多；70%的磷矿主要集中于云南、贵州、四川、湖北四省；铁矿主要集中在辽宁、河北、四川、山西等省。北煤南运、西煤东运、西电东送和南磷北运等局面将长期存在。

D 资源结构性矛盾突出，大宗矿产资源相对不足

我国原材料矿产品种齐全，但结构存在严重缺陷。铁、锰、铜、铝等大宗矿产后备储量不足，铬、钾盐严重短缺；钨、锡、稀土等优势矿产中，富矿多，质量好，储量丰富，但资源利用率不高，消耗速度过快，矿产品出口价格偏低，资源优势正在下降。

根据国家计委和原地矿部会同有关部门联合进行的第二轮矿产资源论证，我国已探明的45种主要矿产，到2010年可以满足需求的只有21种，而到2020年仅为6种。严重的是：一些关系到国民经济命脉的大宗矿产，除煤以外，大部分不能保证国民经济可持续发展的需要，需求量大的石油、铁、铜、铝、钾盐等矿产品的缺口进一步扩大。应当特别指出的是，这一轮论证是在计划经济条件下进行的，如果完全按市场经济条件分析，我国矿产资源的保证程度比第二轮论证结果会低得多。随着我国经济高速发展，资源消费加剧，储量保证年限锐减，而找矿难度也越来越大，这些大宗矿产长期短缺已成定局。

为提高我国矿产资源的保证度，应加强矿集区资源和超常矿产（指深部矿床、贫矿床、难采矿床等）的勘查与开发利用。逐步建立国外矿产资源基地，以保证我国石油、铜、铁、锰、铬、钾盐等短缺矿产的稳定供应。对于国内稀缺、进口超过国内需求30%以上的矿产，涉及国防安全的矿产和可影响国际市场、国内优势，但储量有限的矿产，需要制定矿产战略储备制度。

0.1.1.2 月球资源

随着地球资源逐渐匮乏，开发月球资源将成为人类共同的愿望。月球是地球的近郊，月球能源、资源与特殊环境的开发利用是非常有前景的。

1969年，美国的航天员乘坐阿波罗登月舱首次踏上月球表面。然而，由于探月活动

耗资巨大，1972 年“阿波罗”计划宣告停止。1976 年，苏联的月球 24 号登月舱最后一次带回月球上的岩石，如图 0-1 所示。

2002 年在美国休斯敦召开的第二届国际空间大会上，“奢侈的梦想”被一再提及，人们又把视线转向月球。一方面是月球上有可贵的资源，另一方面是现代航天技术的发展为人类提供了进一步探测月球的可能性。

联合国明确规定，月球不属于任何国家，谁先利用，谁先获益。很多国家都想在月球上“跑马圈地”，占据宝贵的月球资源。

随着“神舟五号”的成功发射，我国成为世界上独立掌握载人航天技术的第 3 个国家。2024 年 10 月 30 日，“神舟十九号”载人飞船成功发射。如果继续努力，我国也能在月球的矿产资源方面占领一席之地。

图 0-1 月球岩石

根据目前的探测结果，月球上的矿产资源极为丰富，地球上最常见的 17 种元素，在月球上比比皆是。整个月球表面平均有 10 m 厚的沙土，这种沙土矿不仅矿产异常丰富，而且便于开采和冶炼。

月球的主要资源有：

（1）月海玄武岩是巨大的钛铁矿的储存库。根据目前的探测与分析结果，月球上有 22 个月海都被玄武岩充填。分布在这些月海平原或盆地上的玄武岩总体积大约有 106 万立方千米，估算这些玄武岩中钛铁矿达到开发程度的资源量超过 100 万亿吨。钛铁矿不仅是生产金属铁、钛的原料，还是生产水和火箭燃料（液氧）的主要原料。钛铁矿与月球上大量存在的氢可反应产生水，是未来月球基地生活用水和生产用水的重要来源。

（2）克里普岩是月球主要岩石类型之一，因其富含钾（K）、稀土元素（RE）和磷（P）而得名。此外，克里普岩还富含放射性元素铀、钍。据估算，克里普岩中稀土元素、钍、铀的资源量分别约为 6.7 亿吨、8.4 亿吨和 3.6 亿吨。

（3）月球上其他岩石还蕴藏着丰富的、极具开发潜力的铝、钙、硅等资源。

（4）月球土壤中还含有丰富的氦-3，利用氘和氦-3 进行的氦聚变可作为核电站的能源，这种聚变不产生中子，安全无污染，是容易控制的核聚变。氦-3 在地球的储量非常小，在月球上却有 715000 t 左右，用它来发电，人类几十亿人口都像发达国家那样用电，可以使用上万年。

（5）月球上有可利用的太阳能。月球表面几乎没有大气，太阳辐射可以长驱直入，用目前的光电技术就能很容易地进行太阳能发电。

（6）月球的两极可能存有 1100 万~3.3 亿吨水冰，外表还有极其稀薄的空气。

由此可见，月球是未来人类矿产资源可持续开发与利用的宝库之一。

0.1.2 环境问题

矿业是生态环境最主要的破坏者和污染灾害源。现在世界矿业每年从地球上采掘出

280 亿吨以上矿岩，比地球上所有河流的浸蚀输送量还多。全球的铜和其他有色金属冶炼每年释放 SO_2 约 600 万吨，资源开发往往还改变景观生态，甚至留下一片废墟。

我国矿业开发总规模居世界第 3 位，年采掘量超过 50 亿吨，但对生态环境的破坏严重：因采矿塌陷毁地面积已达 200 万公顷，现每年仍以 2.5 万公顷的速度发展；固体废物每年排放量达 3 亿多吨，占全国固体废物排放量的 30%，为各行业之首。矿业废水、废液总量超过 14 亿吨，占全国工业废水量 10%以上，这些废水、废液大量排入江河，污染十分严重。

开发资源并不仅仅是夺取，还有保护与还原的义务，正是后两点没有去做，才导致自然资源遭到破坏。要做到保护与还原，需要有先进的科学知识，对自然的深刻了解，还要有保护自然的主观意识。在这些还没有成熟时强行滥用资源，自然会受到大自然的惩罚。

0.2 露天开采的现状

鞍山附近铁矿

矿床开采分露天开采、地下开采和海洋开采。露天开采是一种在敞露地表的采场采出有用矿物的方法，是最古老的开采方式。与地下开采相比，露天开采单位成本很低，作业安全，效果优良，便于采用新技术，能够保持很高的开采效率，从而有利于开采单位价值（品位）很低的矿石或矿物原料。

除瑞典、法国和日本等少数国家以地下开采为主外，大部分国家的采矿业，露天开采所占的比重较大。目前世界上每年从地壳上采出的矿石中，约有 2/3 采用露天开采。

0.2.1 国际露天开采技术发展现状

国际露天开采主要技术特点可从生产规模、设备和自动化控制三方面介绍。

0.2.1.1 露天开采生产规模大，所占比重高

相关资料显示，世界上年产 1000 万吨以上矿石的各类露天矿有 80 多座，其中年产矿石 4000 万吨、采剥总量 8000 万吨以上的特大型露天矿 20 多座，最大的露天矿年矿石生产能力超过 5000 万吨、采剥总量超亿吨，最深的露天矿达 850 m。

0.2.1.2 采矿工艺及设备大型化

露天开采在钻孔方面，大都采用牙轮钻机；在采装方面，最常用的单斗电铲斗容为 9~25 m^3，另外大型液压铲也得到广泛使用，同时还研制出多种系列的大型轮式装载机，大大降低了采掘费用；在运输设备方面，汽车是露天矿生产的主导运输设备。汽车载重量由 20 世纪 80 年代初期的 154 t 升为 327 t，载重量翻一番，意味着汽车运量增加 1 倍，使露天矿汽车单位运费降低达 50%。另外，载重量超过 363 t 的矿用汽车现已绘制在设计图板上。

随着露天矿深度的增大，汽车—破碎站—胶带运输机运输（即间断—连续运输）系统在露天矿也得到推广应用。

与西欧和俄罗斯的露天开采使用连续工艺相反，美国大多数露天矿更喜欢采用“汽车加电铲”式的间断开采工艺。新一代的间断开采工艺主要采用汽车运输，由于汽车设计水平与制造技术的提高，矿用汽车的规格不断增大，同时降低了维修工作量，维修工作更加简捷，驾驶更加方便，大大地提高了汽车完好率和可靠性，可降低矿石单位开采成

本。汽车调派采用计算机化车队管理调度系统，使汽车运输效率提高 20%以上。新一代间断式开采工艺，单位开采成本往往低于 20 世纪 80 年代初期的 1/3，因此，美国各矿山业主都愿意采用间断开采工艺，而不采用连续开采工艺，甚至以前使用连续开采工艺的也改为间断开采工艺。

0.2.1.3 自动化及信息技术的应用

目前，露天开采技术的发展主流是以计算机为核心的自动化技术和信息技术的推广应用。计算机辅助设计、计算机优化设计和管理信息系统在国外露天矿山得到广泛应用，形成了检测、采样、计量、操作控制、数据分析处理、参数优化以及图文信息显示和输出等功能组成的集成系统。另外还开始了遥控采矿、无人采矿技术的尝试，并取得一些成果。

0.2.2 我国露天开采技术发展现状

新中国成立后，我国对于发展露天开采给予很大的重视，在执行第一个五年计划期间，建立了一批现代化的大中型露天矿，如大孤山铁矿、南芬铁矿、大冶铁矿等。这些露天矿的建立为我国现代化露天开采工业的发展奠定了基础。

目前，我国已经成为世界矿产品生产大国，我国铁矿石产量的 85%以上来自露天开采，冶金辅助原料几乎全采用露天开采，有色金属矿石产量将近一半也是采用露天开采。显然，露天开采对加速发展冶金工业起到非常重要的作用。

随着采矿规模的扩大，采矿技术也得到迅速发展。尤其是近 30 年来，各种现代化采矿工艺和技术的攻关研究有力地促进了露天开采的发展。

0.2.2.1 我国露天开采取得的成就

我国露天开采新工艺和新技术主要表现在以下方面。

（1）陡帮开采：“八五”期间，南芬露天矿开展了大规模的陡帮开采工业试验，生产剥采比由原来的 2.7 t/t 降为 2.44 t/t ，年推迟剥岩量 832 万吨 ，获经济效益 3477 万元。实践证明：该技术是减少矿山前期剥岩量、均衡生产剥采比、减少边坡维护量、降低生产成本的有效技术。

（2）间断—连续开采：20 世纪 80 年代开始，我国先后在大孤山、东鞍山、齐大山等铁矿和德兴铜矿应用间断—连续工艺，标志着我国深凹露天矿开采工艺进入世界先进水平。

（3）陡坡铁路：本钢歪头山铁矿已做了采用陡坡铁路开拓初步方案，该方案采用 40‰的坡度铁路，可将铁路运输最低水平大大降低，矿山基建工程和汽车集运量分别减少 2.5%和 1.5%，汽车运距缩短 30%，采场向上提升矿岩费用降低 20%，减少线路的移道工作量，同时可加大上盘最终边坡角，减少剥岩量，经济效益显著。

（4）大型装备的应用：随着高新技术的进一步扩大应用，大功率柴油机和大规格轮胎相继研制成功，为装载设备大型化发展创造了条件。1988 年，露天矿穿孔设备实现了国产化，至 20 世纪 90 年代，国产 15~154 t 的矿用自卸汽车形成系列产品，使露天矿用汽车不再依靠进口。

（5）高台阶采矿：由于装备水平的提高，采用 10 m^3以上的大型挖掘设备逐渐增多，为高台阶开采新工艺的实施提供了有利的技术保证。“八五”期间，南芬露天铁矿南山扩帮区开采参数优化表明，与 12 m 台阶相比，18 m 高台阶开采的单位成本可降低 5.76%~

6.12%，动态效益每年可节省1052万~1162万元，经济效益可观。

（6）露天地下联合开采、露天转地下开采技术：随着露天开采的延深，对于一些埋藏很深的大型倾斜、急倾斜矿床，都要相继转为露天地下联合开采或地下开采，这是露天矿山发展的必然趋势。

我国正在进行露天转地下或露天与地下联合开采矿山，在辽宁的眼前山铁矿、广西的大新锰矿、河北的建龙铁矿、福建的连城锰矿、河南的银洞坡金矿、安徽的新桥硫铁矿、吉林板石沟铁矿等都取得了大量的成功经验。

（7）爆破技术的发展：牙轮钻机正向增大孔径（450 mm、480 mm）、加大孔深及自动化方向发展。新型炸药以及爆破器材如铵油炸药及各种含水炸药、防水浆状炸药、电子雷管、塑料导爆系统等不断问世和使用，对提高爆破精度、改善爆破质量和加强爆破安全都有重大的影响。控制爆破技术广泛应用微差、挤压爆破、孔内微差爆破、大爆区微差爆破等技术，解决了难爆矿岩的破碎块度问题和爆破减震问题。

（8）露天开采整体优化系统的研究与应用：包括边界品位、最终开采境界、生产能力、开采顺序、矿山开采寿命等要素的优化，可以为决策者提供决策支持，降低投资风险，提高投资收益率。该方面的研究将随着数字矿山及系统工程的研究踏上新的台阶。

0.2.2.2 与世界露天开采水平的差距

我国露天开采发展不平衡，主要的大中型矿山在采矿工艺技术方面与世界先进水平较接近，但多数矿山的装备只相当于发达国家20世纪60年代的水平，开采条件差，工艺落后，设备更新困难，生产成本较高，严重地制约了矿山的持续发展。众多小矿山仍采用手工采矿作业方式。

我国露天矿存在的问题表现在以下方面。

A 开采规模小

我国有1500余座各类露天矿山，露天开采在各类非能源固态矿床开发中所占的比重约为：铁矿87%、有色金属矿50%、化工原料矿71%、建筑材料矿近100%。尽管大中型露天矿基本实现了机械化开采，但与世界先进水平相比，我国露天开采单个矿山生产规模小、劳动生产率低、效益低下。以露天铁矿为例，我国有重点露天铁矿36座，单个矿山原矿的平均生产规模不到300万吨/年，最大的也不足1000万吨/年，劳动生产率只有国际水平的1/10左右。

B 装备水平及开采工艺技术落后

采矿装备一直是制约我国采矿技术发展的主要因素，尽管20年来，露天采矿装备已初步形成了千万吨级的成套设备产业化，但我国矿山发展缺少装备技术的支撑，矿山装备只有发达国家20世纪70年代的水平，致使矿山规模小，矿山建设周期长，采矿效率低，矿山整体效益很差。

据1994年的统计，我国28座大型露天矿山采用250 mm和310 mm牙轮钻机的只有15座，其余矿山仍以潜孔钻为主，全国重点露天铁矿牙轮钻机总台数占钻机总台数的54%。

采装设备方面，我国大中型露天矿至今仍以4 m^3电铲为主，以露天铁矿为例，4 m^3

电铲占采装设备总数的90%以上，其斗容相当于国外同类矿山的1/4～1/2.5。

露天矿运输方面，汽车运输的露天矿山，汽车载重量偏小，我国重点露天矿汽车平均载重量仅为34 t/台，为国外同等矿山汽车吨位的1/4。采用间断连续运输系统的矿山很少，而且只停留在“采场外固定式破碎站胶带运输机”和“采场内半固定式破碎站胶带运输机”阶段。

另外，我国露天矿开采工艺的一个重要特点是广泛采用全境界开采，矿山寿命大都为几十年。在开采过程中，随着技术条件和经济环境的不断变化，最初设计确定的开采境界很可能不再适用，由于最终境界的不确定性，造成开采的盲目性，严重影响开采的总体经济效益。虽然个别矿山也采用分期开采，但这种分期开采一般不是一开始就计划好的，而是由于采剥严重失调或是扩大生产规模的需要而进行分期扩帮，分期长，分期数很少，没有充分发挥分期开采的优越性；开采工艺另一个特点是采用单一铁路运输，由于铁路爬坡能力小，转弯半径大，灵活性低，工作线长，造成工作线布置受限制，工作帮坡角缓，新水平准备时间长，严重影响开采强度和开采顺序的合理性。此外，我国露天矿多为缓帮开采，剥岩量大，成本高。

C 露天采场逐渐进入深凹，开采条件恶化

我国大型重点露天矿多进入深部开采，矿山老化，生产条件恶化，开采难度大，生产率低，产量低，成本高。采场空间逐渐缩小，线路展线非常困难，线路曲线半径小，回头曲线或折返站多。不仅行车运行周期大幅度增加，而且使最终边坡角变缓，增大剥岩量。随着采场的延深，运距增加，运输周期增长，重车上行的路段逐渐增加，影响出车率及生产效率。目前多数矿山运输成本占作业成本40%左右。

D 资源综合利用总体水平低

铁矿资源共伴生组分有30余种，总的回收率仅为10%左右。攀枝花钒钛磁铁矿伴生有铜、镍、钴等10余种有益组分，包头地区铁矿共含金属铌80万吨，均未能得到很好利用。另外，我国重点露天矿山大多为采选联合企业，每年的排放尾矿达上亿吨，目前我国尾矿利用率仅为7.4%，远低于全国工业固体废物综合利用率43%的平均水平。

E 矿山安全隐患增多

随着采场的延深，露天边坡暴露面积越来越大，不稳定因素越来越多。另外，排土场和尾矿库不断加高，不稳定因素不断增大，排土场滑坡和尾矿库溃坝事故的隐患也在增加。

F 软科学技术水平落后

如果说装备水平低严重制约了我国露天矿生产向大规模、高强度和高效率发展，那么，软科学技术在露天矿应用的落后会大大降低给定装备水平条件下露天开采的经济效益。

20世纪80年代中期，我国露天矿的计算机应用从无到有，计算机应用和优化研究取得了很大的进展，尤其是在优化方法与算法上达到国际水平，但并未很好地用于露天矿的生产实践中，主要表现在应用的深度、广度及其发挥的作用十分有限。

G 人才流失严重

矿业人才流失的绝大部分是高级技术人员，主要在于矿山企业无偿获得矿产资源，没有经济利益的驱动性，因此，企业的经济效益没有与企业的管理水平、人才利用等联系起来，绝大多数企业未能形成合理的人才评价机制、培训机制、激励机制等人力资源管理体系。另外，行业工作环境相对较差、收入相对较低、企业竞争力较弱等多种因素也是矿业人才外流的原因。

0.3 发展方向

未来的矿山，在设备方面将继续向着设备大型化发展，在工艺方面将向着作业连续、高效开采发展，在环保方面向着无害开采、恢复生态环境的可持续发展模式发展，在管理方面向着现代管理发展，需要大力发展智慧矿山的研究，实现遥控开采、无人开采甚至自动开采。另外，在地球资源日益短缺的情况下，科技发达国家将继续探索月球开采问题。

0.3.1 设备大型化

矿山设备大型化将大幅度提高采矿强度和工作效率，降低生产成本。采矿装备在实现无轨化和液压化的基础上，将向大型化、遥控化和智能化方向发展。

0.3.2 工艺高效连续化

由于矿山设备逐步大型化和智能化，并采用大直径深孔爆破、间断—连续工艺等技术，生产工艺高效化使生产成本越来越低。

另外，矿业界不少专家极力推崇以连续切割矿岩设备来取代传统采矿工艺，一些公司投入巨资开发硬岩连续切割机，并研究移动式采矿机等。机械切割与爆破开采相比，其优越性在于：不需施爆，可明显提高边坡稳定性；连续切割的产出块度适于带式运输机连续输送，可实现连续采矿。但连续采矿机的可行性也受到挑战：采矿机作业对硬岩矿体形态的适应程度以及切割头的寿命和费用。

0.3.3 发展可持续化

矿山可持续化发展应该建立矿业生态系统，即以矿产资源开发加工为主体、固体废渣利用、土地生态修复、环境景观塑造、农林及旅游业协调发展的产业生态系统，主要解决以下 4 个关键问题：

（1）矿业生态系统中，资源环境价值评价及环境成本内在化问题。

（2）对矿业生态系统主要领域开展研究的问题。

（3）探索矿业生态工业园的组织结构及其运行机制问题。

（4）加强可持续发展意识，加强矿业生态工业园建设的问题。

0.3.4 管理现代化

除了技术进步对矿山经济效益的影响之外，矿山的管理水平也是决定矿山经济效益的重要因素之一。我国矿山企业管理现代化主要包括管理思想、管理组织、管理方法、管理手段、管理人才等方面，矿山企业管理现代化是改变矿山落后面貌的根本途径。

目前我国矿产资源开发利用的程度还比较低，采选冶技术还有相当大的开发空间。作为技术和管理人员，应时刻把握“充分、合理、高效开发利用矿产资源”的宗旨，充分发挥人力资源的作用，利用现代的先进生产工艺及管理经验，不断地进行科技创新。

0.3.5 矿山数字化与智能化

21世纪的矿山需要引进一种全新的采矿观念，构建一种全新的数字化与智能化矿山模式，或者说是高度现代化的无人采矿模式。

矿山数字化与智能化的关键技术主要包括智能感知技术、矿山数据高速传输技术、大数据分析技术、AI在矿山中的融合技术、综合管控技术、高效矿用地质模型及矿山开采优化技术等。

（1）矿床模型后续应用。目前，矿业软件已在我国金属矿山的矿床建模、露天矿境界优化、矿井开采规划等方面有了不同程度的应用，但是矿床模型在矿山生产中是如何发挥具体的、切实可行的指导作用，则需要在加强模型可靠性和动态性的同时，进一步扩大矿床模型的应用范围来明确。从广度上，需要将地质模型、经济模型、开采模型相结合；在深度上，则需要将矿床模型向后部延伸，在作业计划与排产、调度指挥、测量验收、经济分析等方面进一步发挥作用。

（2）适应智能开采的采矿工艺变革。传统的穿爆法采矿具有分散、不连续的显著特点，同时也是最为薄弱的生产环节。避免工人长时间工作在环境恶劣、危险源多的凿岩和运输是智能矿山建设的首要任务。有条件的矿山需要基于智能化采矿方式进行开采工艺技术的变革，采用生产效率高、凿岩作业相对集中、出矿点相对固定的采矿方法，以便于智能化凿岩与运输装备的高效应用。

（3）智能采矿成为国内外智能化的建设重点。矿山智能化工作大都围绕穿爆、采装、出矿、运输等开采环节的自动化与智能化开展，这些环节的自动化与智能化能够大大减少工作面的作业人员数量，使矿工远离危险区域，同时降低劳动强度、提高生产效率，为矿山带来显著的经济和社会效益。

（4）智能安全在我国的地位尤其为突出。安全生产管控是我国矿山最为重视且建设投入较多的项目，人员定位、安全监测监控、安全隐患排查与处置等系统在保障矿山生产安全方面发挥了重要作用。基于虚拟现实（VR）或增强现实（AR）的安全人员实训已经在一些矿山得到应用，并取得了很好效果。安全是生产的一部分，无安全不生产。生产过程的无人化与少人化是出于安全的目的，同时安全也与产量、作业量一样，成为生产过程的重要指标。

（5）虚拟现实技术真正进入生产应用。虚拟现实技术以其对现实生产系统的高度仿真，可以与大数据分析相结合，模拟、分析并动态控制矿山资源、成本、产量与供需的关系，为矿山生产管理与决策提供敏捷、直观的优化平台和工具，将在矿山经营策略形成、生产规划优化以及生产异常防控等环节发挥重要的作用。

（6）生态矿业、绿色矿山将作为智能矿山建设的核心目标之一。随着我国对于矿山绿色开发的日益重视，以节约资源、保护环境、安全均衡、生态和谐的方式组织生产，成为未来矿山生产运营的重要前提。为此需要对矿山开发过程中的生态足迹进行分析建模，根据数据融合和大数据建模的思路将矿山的生态效益加以量化、具体化和实体化，并进一步指导智能矿山的规划和建设。

0.3.6 月球开采

21 世纪的前 20 年是月球探测的又一个高潮，未来月球探测的主要目标是建立月球基地、开发与利用包括矿产资源在内的月球资源。

有人梦想把月球建设成为地球的“第八大洲”，但月球表面是一种高真空、无磁场、地质构造稳定、弱重力、高洁净和陨石袭击的环境，月球的白天长达 14 个地球日，强烈的阳光会使被照的地方迅速升温至 300 ℃，条件非常恶劣。要在月球上建立基地，实际开发利用月球资源和环境，还需一个漫长的过程。

要开发月球，需要解决以下问题：第一，要把月球资源探测清楚，绘出月球资源分布图；第二，必须解决月球开采所需要的能源、水、氧气和建材等基本条件的获取问题；第三，研究采矿机器人和无人开采技术；第四，解决如何将采出的资源运输到地球的问题，即地球人怎么能利用这些资源的问题。

0.3.6.1 月球开采所需要的基本条件

A 能源

月球上的能源极其丰富，主要有两种：一种是太阳能，另一种是核能。

a 太阳能

由于月球几乎没有大气层，每年到达月球范围内的太阳光辐射能量约为 12 万亿千瓦，相当于目前地球上一年消耗总能量的 2.5 万倍。假设在月球上使用光电转化率为 20%的太阳能发电装置，所发出的电能完全可以解决未来月球基地及月球开采冶炼等的能源供应问题。随着人类空间转换装置技术和地面接收技术的发展与完善，还可为地球提供源源不断的能源。

b 核能

月球上的氦-3 是在地球上很难得到的清洁、安全和高效的核聚变发电燃料，可提供便宜、无毒、无放射性的能源。把氦-3 开采出来后，一个方案是在月球上建造一个大型核电站，发的电能传送到地球，另一个方案是把氦-3 带回地球，在地球上建立氦-3 发电站。

无论采用哪个方案，都存在下面问题：如何从月壤中提出氦-3？怎样实现核聚变？目前，核聚变的控制问题已进入攻坚阶段。

B 水

在月球上要获得水也很容易，有两种方法：

（1）直接使用月球两极的大量冰水。月球的北极和南极有冰，这些冰都分布在太阳永远照射不到的圆坑里，温度始终保持在零下 150 ℃以下，因此不会融化和蒸发。据估计，这些冰总量可能达到 100 亿吨，相当于一个深 10 m、面积 1000 km^2 的湖泊，可循环使用。

（2）采用化学反应方法生成水。月球上的钛铁矿有 100 万～200 万亿吨，这些钛铁矿与月球上大量存在的氢反应可生成水。

C 氧气

既然有水了，要取得氧气也就不是难事了。月球上电能极其丰富，直接采用电解水的方法就可以得到氢气和氧气。

D 建材

月球上有硅、铁、铝、钛和钙等多种资源，可以用来直接生产建材，建造空间站、研究室、采冶厂房。月球的建筑应该是一个密闭空间，里面的压力、温度和引力等环境应与地球的自然环境类似。另外，建筑的外罩应该十分坚固，足以抵御流星、陨石等的袭击。月球没有大气层，阳光直射，所以外罩还应具有吸收和反射部分阳光的能力。

0.3.6.2 月球资源开采

月球开采方法也主要有露天开采和地采两种。

对于月球表层平均厚度达 10 m 的沙土矿，适合采用露天开采方法，由于这些沙土矿平均尺寸为 5~10 cm，因此，工艺相当简单，直接铲装即可。

对于月球表层以下的矿床，与地球上的开采方法相似，适合露天开采的范围也是采用经济合理剥采比来确定露采境界，不适合露天开采的可以采用地采方法。由于月球表面没有空气，采用爆破方法比较困难，因此更加适合采用连续机械切割，连续切割所需的电能倒不成问题。月球开采方面，主要应加强连续切割机、连续采矿机和数字矿山的研究。

0.3.6.3 冶炼及太空工厂

采出的矿石通过选矿、冶炼进行提取。氦-3 气体的提取方法比较简单。氦-3 气体是吸附在月球表面岩石上，采用加热的办法就可以提取。对于其他矿产，采用相应的选矿方法得到精矿，再通过冶金炉进行提炼，提炼生产所需的能源也主要来自廉价的太阳能。

从月球采矿并冶炼，然后把原料运回地球，从经济上来看，未必合算。可以在太空中建立工厂，造出成品后送回地球。有了原料，又有了充足的能源，这样，我们可以使地球上许多工厂停止冒烟，停止排放污水、废物，环境也会因此大大得到改善。另外，还可以利用太空重力等于零、绝对真空、容易得到几千度的高温及近于绝对零度的低温，以及由太阳辐射所带来的带电粒子在那里活动等特殊条件，制造出许多地面上所不能生产的具有特殊的强度、塑性及其他性能良好的合金和钢材，以及一些质量优异、性能卓越的新产品。例如高纯度的光通信纤维、高质量的半导体单晶、高激光效率的玻璃、特殊的合金等。这些设想是有根据的，部分产品已经在环绕地球飞行的天空实验室中研制成功，比如在这种实验室里制出的一种锑化铟单晶，用于计算机时，可使其尺寸减小 9/10。

我们不仅可以在月球上造出需要的产品，还可以在月球上创造出一个适合人类居住的人间世界。以此为据点，我们可向更遥远的星系发展。

不管人类对月球的未来有何种期待、何种梦想，都需要用行动去付诸实施。让我们期待着那一天，月球和其他星球能够成为我们人类的一个又一个的家园。

第一篇

露天开采基础

本篇阐述了露天开采的基础知识，概括了露天开采设计与矿山生产的关系、工艺过程以及矿山工程发展程序等方面的内容。

1 露天开采基础知识

本章课件　思维导图

埋藏在地下的矿床，千姿百态，地质条件复杂多变，要能最大限度地、安全地从矿床中采出各种矿石，必须对采矿技术以及对采矿有影响的矿床特征进行深入的了解和研究。

1.1 开采对象

地球自形成到现在大约有45亿年，在漫长的地质历史进程中，地壳时刻都在运动着、变化着，如高山夷为平地、沧海沦为桑田、坚硬岩石变成松散泥沙等，地球经过长期演变，地貌不断发生变化，形成了如今的外形。这种自然界引起的地壳组成物质、地壳构造和地表形态发生变化的作用称为地质作用。地质作用有的极为迅猛、激烈，如山崩、地陷瞬间可造成巨大灾害；有的却十分缓慢，长期持续，人们感觉不到，如岩石风化、海陆变迁、山脉隆起。

地质作用按其产生的动力不同分为内力地质作用和外力地质作用。由地球内部动力引起地壳物质成分、内部结构和地表形态发生变化的地质作用称为内力地质作用，表现形式为地壳运动、岩浆活动、变质作用和地震，不少矿产资源就是内力地质作用的产物；地壳表层岩石在地球外部能量作用下破碎、迁移和富集，形成沉积岩层和矿产，这种地质作用称为外力地质作用，如风化作用、剥蚀作用、搬运作用、沉积作用和固结成岩作用等。

1.1.1 岩石与矿石

岩石是组成地壳的物质基础，岩石按其成因，有岩浆岩、沉积岩和变质岩三大类。

矿石是一种有用成分含量达到了在一定技术经济条件下能为国民经济所利用的特殊岩石。矿石和岩石的概念是相对的，与矿石的加工技术水平密切相关。矿石的加工技术水平提高了，原来因有用成分含量低不能利用而列为岩石的，就能得到利用而列为矿石。

矿石矿物按矿物含量的多少可分为：（1）主要矿物，指在矿石中含量较多、且在某一矿种中起主要作用的矿物；（2）次要矿物，指矿石中含量较少、对矿石品位不起决定作用的矿物；（3）微量矿物，指矿石中一般含量很少，对矿石不起大作用的矿物。矿石中某些特征元素矿物，如镍矿石中微量铂族元素矿物，虽然其含量甚微，但有较高的综合利用价值，这类微量矿物仍有较大的经济意义。

矿石中除主要组分外，还伴生有益组分和有害组分。有益组分是可回收的伴生组分或能改善产品性能的组分，如铁矿石中伴生有锰、钒、钴、铌和稀土金属元素等；有害组分对矿石质量有很大影响，如铁矿石中含硫高，会降低金属抗张强度，使钢在高温下变脆，磷多了又会使钢在冷却时变脆等。

1.1.2　矿体、围岩与矿床

地壳中数量和质量都达到工业要求并具有开采价值的矿石自然聚积体称为矿体。矿体周围不能被利用的岩石称为围岩，在矿体上部的称为上盘围岩或顶板，在矿体下部的称为下盘围岩或底板。矿体与围岩的界限有的清楚截然，有的逐渐过渡。

自然界中分散存在的矿物富集到一定程度，并具有一定规模才能成为矿床，发生明显矿化的地点称为矿点。矿床由一个或多个矿体组成。

矿床分类方式较多。(1) 按矿床的形态分为固体矿床、液态矿床和气态矿床。固体矿床分布最广，液态矿床有石油、热卤水和地下水，气态矿床有天然气。(2) 按成矿作用方式，矿床可分为内生矿床（内力地质作用生成）、外生矿床（外力地质作用生成）和变质矿床（变质作用生成）。(3) 按矿产性质和工业利用情况可分为金属矿床、非金属矿床（如耐火黏土、萤石矿床）和能源矿床（如石油 、煤、天然气等）。

1.1.3　矿体产状与构造

地壳中的矿体都是在一定的地质时代形成，产在一定的地层中。未经剧烈地质构造的原始地层，老地层在下，新地层在上，这种规律称为地层的层序规律。

由于地壳运动，矿体随地层发生倾斜（见图 1-1（a））、弯曲（见图 1-1（b））、断裂，形成形态各样的地质构造，矿体有一定的形状、产状和规模。

(a)

(b)

图 1-1　地壳运动引起倾斜弯曲构造

（a）倾斜；（b）弯曲（逆冲推覆的牵引构造）

1.1.3.1　*矿体产状*

矿体产状即矿体在地壳中的空间位置和产出状态。

A　*产状要素*

产状要素有走向、倾向、倾角和厚度。

如图 1-2 所示，矿体层面与水平面 *ABCD* 的交线 *AB* 称为走向线，走向线两端的延伸方向称为矿体走向，表示矿体的空间水平延伸方向。

矿体层面上与走向线垂直并向下延伸的直线 *BH* 称为倾斜线。倾斜线在水平面上的投影线 *BC* 所指的方向称为倾向。

层面上的倾斜线 BH 与其在水平面上的投影线 BC 的夹角称为倾角。矿体按倾角可分为水平矿体（倾角在5°以下）、缓倾斜矿体（倾角在5°~30°）、倾斜矿体（倾角在30°~55°）和急倾斜矿体（倾角在55°以上）四类。

矿体厚度是指矿体的上盘与下盘之间的垂直距离或水平距离。对于急倾斜矿体，常用水平厚度；对于缓倾斜矿体、水平或倾斜矿体，常用垂直厚度，即真厚度。未加说明时一般指真厚度，如图1-3所示。

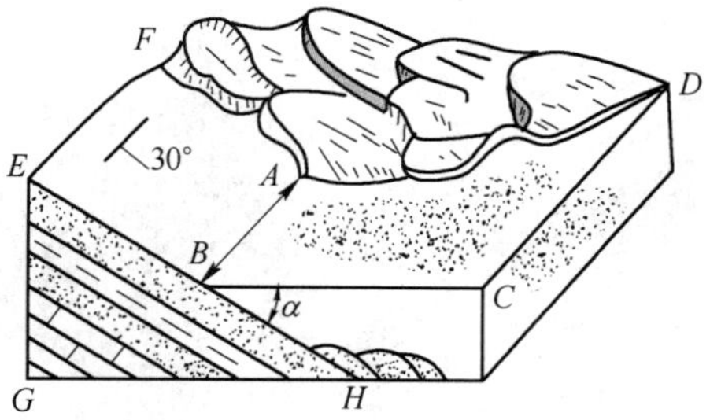

图1-2　矿体产状要素主体图解
ABCD—水平面；AB—走向线；BH—倾斜线；BC—倾向；α—倾角

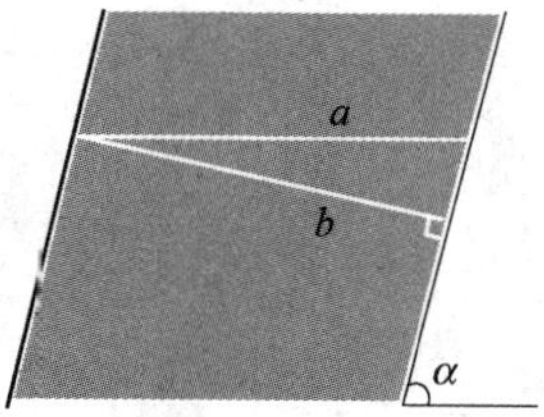

图1-3　真厚度与水平厚度的关系
a—水平厚度；b—垂直厚度；α—矿体倾角

矿体按厚度通常分为极薄矿体（厚度0.8 m以下）、薄矿体（厚度0.8~2.0 m）、中厚矿体（厚度2~5 m）、厚矿体（厚度5~20 m）、极厚矿体（厚度20 m以上）五类。

B　矿体的埋藏情况

矿体有出露地表的，也有隐伏地下的。隐伏矿体又分为埋藏矿体和盲矿体。埋藏矿体是指矿体生成后曾经在地表出露过，以后又被后来的沉积物、火山岩以及土壤层等所覆盖。盲矿体是指形成后从未出露过地表的矿体。

矿体的埋藏深度和延深情况，对找矿和采矿工作有密切关系，利用钻探、坑探、物探和化探等手段，可直接或间接地查明矿体的埋藏和延深情况。

C　矿体产状的变化情况

矿体沿走向和沿倾斜方向可能发生变化，经常有胀大、缩小、分枝、复合甚至尖灭（矿体逐渐变薄以至消失）、再现（尖灭的矿体在其尖灭点的延长方向上，在一定的距离内矿体又重新出现的现象）等，这对露天开采境界圈定及损失贫化等影响很大。

1.1.3.2　矿体形状

矿体的形状受成矿作用方式和成矿地质背景等多种因素控制，因此是多种多样的。根据矿体在三度空间延伸比例的不同，矿体形状主要有以下5种，如图1-4所示。

（1）矿脉：是充填在岩体裂隙中矿体，见图1-4（a），其大小变化很大，大的长可达几千米，厚可达几米到几十米。

（2）层状矿体：是与层状围岩产状一致的沉积或沉积变质板状矿体，见图1-4（b），形状简单，厚度稳定，走向和倾向方向延伸都较大。

（3）矿瘤：是各向均衡发展、直径可达数十米的矿体，见图1-4（c），直径在几米以内的称为矿巢，即通常所说的鸡窝矿。

(4) 透镜状矿体：是矿脉或矿层在延伸方向很快尖灭或收缩形成的矿体，见图 1-4 (d)。

(5) 柱状矿体：也称为筒状或管状矿体，上下延伸很大，而其他方向不发展的矿体，金刚石矿多产于这种矿体中。图 1-4 (e) 所示为金伯利岩中岩管型金刚石矿床，是柱状产出，向下延伸，浅的一般在 30~100 m，深的可达 1000 m。岩管出露地表的形状有圆形、椭圆形等各种形状，其直径从数十米到百余米，其出露面积通常在 500~600 m^2，大的岩管面积可达 20000~30000 m^2，金伯利岩管面积达 1625 m×1068 m。

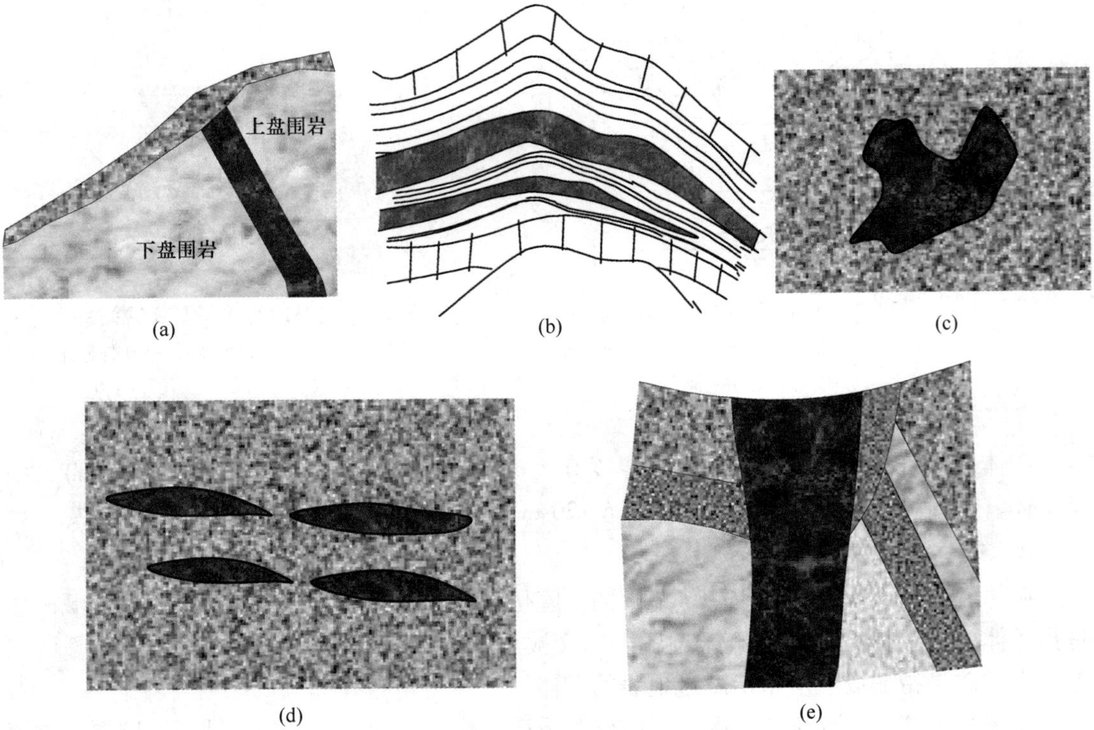

图 1-4　矿体形状

(a) 矿脉；(b) 层状矿体；(c) 矿瘤；(d) 透镜状矿体；(e) 岩管型金刚石矿床

1.1.3.3　*矿体地质构造*

矿体形成后，遭受明显的构造变动、岩浆扰动或风化作用时，矿体的产状受到改造甚至破坏，形成复杂的产状，如弯曲、错断、破碎以及原来位置经过移动（如原生露头矿变为坡积矿）等。常见的矿体地质构造可归纳为褶皱和断裂两大类。

A　褶皱构造

岩层在水平地壳运动作用下发生塑性变形，被挤成弯弯曲曲、但连续性与完整性仍保持完好的一种地质构造，如图 1-5 所示。岩层褶皱的弯曲部分称为褶曲，向上拱起的褶曲称为背斜，向下弯曲的褶曲称为向斜。背斜和向斜相间排列，彼此连接，连续出现。

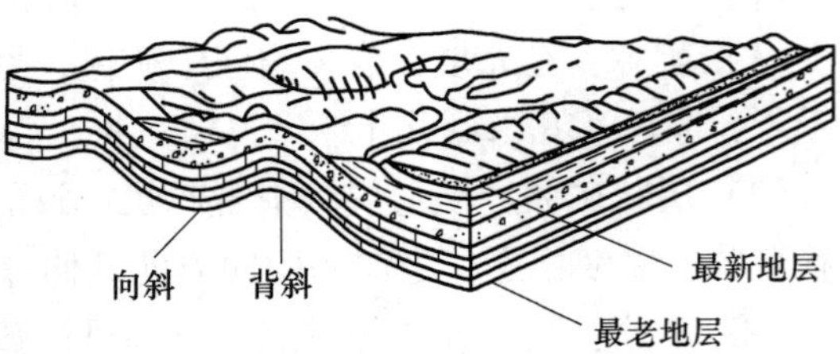

图 1-5　褶皱构造

B 断裂构造

断裂构造是指地壳运动使岩层遭到破坏，发生断裂和错动的一种地质构造。根据岩层沿断裂面相对位移的程度，断裂构造分为节理和断层两种。

节理是通常所说的裂隙，是断裂后不发生错动或错动不明显的断裂构造。节理很多，称为节理发育。节理裂隙会使矿岩的结合能力大大削弱，稳固性降低，特别是节理裂隙发育时更严重。

岩层沿断裂面发生明显位移或错动的断裂构造称为断层，如图 1-6 所示。断层有大有小，波及地表有深有浅。

如图 1-6（b）所示，上盘相对下降，下盘相对上升的断层称为正断层，为张力所造成。上盘相对上升，下盘相对下降的断层称为逆断层，为压力所造成，如图 1-6（c）所示。两盘沿水平方向或近似水平方向相对移动的断层称为平移断层，为地壳水平运动和岩层受力不均所造成，如图 1-6（d）所示。

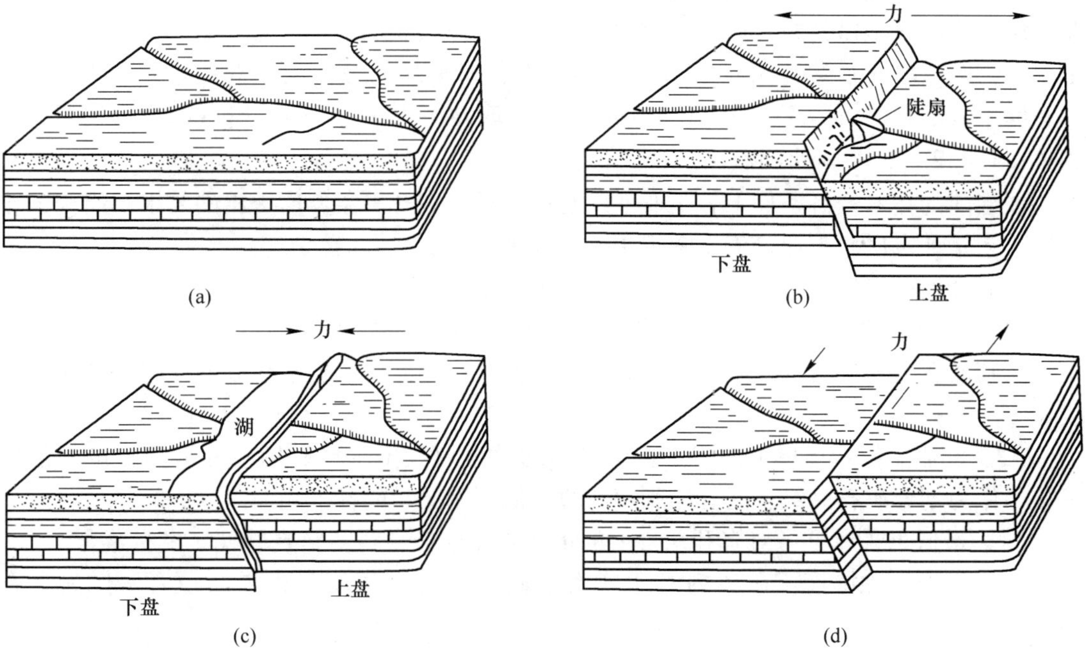

图 1-6 断层及其类型

（a）断裂之前；（b）正断层；（c）逆断层；（d）平移断层

岩层断裂后，断层面两侧岩体相对位移的水平距离称为水平断距，相对位移的垂直距离称为垂直断距（见图 1-7）。

节理和断层等地质构造是岩浆的通道，又是成矿物质富集的场所，成矿前产生的地质构造，不仅控制着矿体的规模、形状与产状，而且利于矿体的形成。成矿后产生的地质构造，对矿体起破坏作用。

断层使矿体遭受切割、破坏，甚至错失，出现破碎矿段，这都会给露天矿边坡稳定带来困难，使露天开采潜伏着隐患，威胁采矿安全，因此必须认真研究，慎重对待。

1.1.4　矿床的开采价值

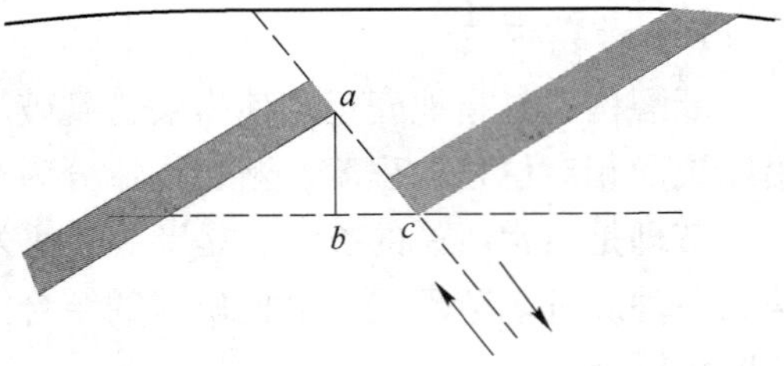

图 1-7　断距示意图
ab—垂直断距；*bc*—水平断距

一个矿床有无开采价值取决于矿石品位及储量，也取决于在一定时期内对矿石的需要程度，以及矿床产出地区的交通和工业发展条件。

矿体和围岩的界限取决于围岩中有用成分含量的高低。有的界限十分明显，眼睛即可区分，有的界限不明显，有用成分含量逐渐降低，需要取样化验，根据边界品位指标确定。

1.1.4.1　*矿石品位*

确定矿石与非矿石的主要依据是矿石品位。矿石品位是指矿石中金属元素或有用组分的含量，表示方法不同。大多数金属矿石是以其中金属元素含量的质量分数表示，有些金属矿石品位是以其中的氧化物（如三氧化钨、五氧化二钒等）的质量分数表示；大多数非金属矿物原料是以其中有用矿物或化合物的质量分数表示，如钾盐、明矾石等，有些非金属矿物则取决于矿物本身的物理、化学特性，如水晶及宝石类；贵金属矿石以 g/t 表示；原生金刚石矿石以克拉/t（1 克拉=0.2 g）或 mg/t 表示；砂矿以 g/m^3 或 kg/m^3 表示。

1.1.4.2　*矿产工业指标*

在当前的技术经济条件下，工业部门对矿产质量和开采条件所提出的要求，简称工业指标。它是评定矿床工业价值、圈定矿体和计算储量所依据的标准。

一般金属矿产的工业指标主要有以下几个：

（1）边界品位：是储量计算、圈定矿体时对单个矿样中有用组分含量的最低标准，用以区别矿石与非矿石的界限。有用组分含量低于边界品位的样品代表的地段一般为围岩或夹石。

（2）工业品位：指单个勘探工程所揭露的单个块段中主要有用组分平均含量的最低标准，作为划分矿石品级、区分能利用与暂不能利用储量的标准之一。

（3）最低可采厚度：对有开采价值的单层矿体的最小厚度（真厚度）的标准。

（4）夹石剔除厚度：矿体内等于或大于此厚度而含量低于边界品位者，作为夹石剔出。

（5）有害杂质允许的含量：如炼铁用的铁矿石中有害组分硫的含量要求小于 0.3%。

（6）伴生有益组分的含量：如钒钛磁铁矿矿床中，伴生五氧化二钒的含量一般要求大于 0.2%才具有经济价值。

视频-露天采场

1.2　露天开采综述

露出地表或靠近地表的矿体，往往可以采取剥除掩盖在矿体上部的表土及部分的两盘围岩的方法，使矿体暴露在外，以便把矿石采出来，这种方法就是露天开采。

国内外露天开采的实践证明，露天开采比地下开采具有许多突出的优点：（1）受开采空间限制较小，可采用大型机械设备，便于采用信息时代新技术，有利于实现自动化，开采强度和矿石产量大。（2）劳动生产率高，比地下开采的劳动生产率高 2~10 倍。（3）开采成本低，一般为地下开采的 1/3~1/2，损失贫化小，损失率不超过 3%~5%，贫化率不超过 5%~10%，可大规模开采低品位矿石。（4）基建时间约为地下开采的一半，且基建投资比地下开采低。（5）劳动条件好，工作比较安全。尤其是针对高温易燃矿体的开采，比地下开采安全可靠。但是，露天开采方法也存在一些问题：（1）在开采过程中，穿爆、采装、运输、卸载以及排土时粉尘较大，汽车运行排入大气中的尾气多，排土场的有害成分流入江河湖泊和农田等，对大气、水和土壤的污染可能危及人类身体健康、影响农作物和生物的生长和繁殖。（2）露天开采要把大量的剥离物运往排土场排弃，占用土地或农田。（3）气候条件如严寒和冰雪、酷暑和暴风雨等对露天开采有较大的影响。

总的来说，露天开采的优点是主要的，缺点是次要的。正由于它在技术上和经济上的优越性，决定了各国优先发展露天开采的总趋势。

虽然露天开采在技术上几乎能够开采各类矿床，但并不是在任何情况下经济上都是合理的。对那些埋藏浅、厚度大的矿体，采用露天开采无疑是最有利的；但对于埋藏深度大的矿体，露天开采的合理范围将取决于矿体的赋存情况和经济上允许的剥离岩石量与采掘矿石量的比值，要用经济计算的办法加以确定。露天开采的合理范围即露天矿最终境界，也是露天矿场开采结束时的采场位置。

露天开采的方法主要有机械法开采和水力开采两种。水力开采是用水枪射出高速高压的水流冲采矿岩，并用水力冲运矿岩，多用于开采松软的砂矿床。机械法是采用各种采、装、运机械设备进行开采，是最常用的一种露天采矿方法。机械法开采最常用的配套设备有穿孔钻机、单斗机械铲、电机车、汽车和胶带运输机等。

1.2.1 露天采场

动画-本钢南芬铁矿

一个露天矿开采的全部矿床或其一部分，称为露天矿田，从事露天矿田开采工作的矿山企业称为露天矿厂，进行露天采剥的工作场地称为露天采场。露天采场是露天开采所形成的采坑、台阶和露天沟道的总和，如图 1-8 所示。

图 1-8 一个虚拟的露天采场场景

由于矿体在自然界中赋存的条件是多种多样的，就其地形条件来看，有的矿体地处高山，有的在平地或缓丘，这就使露天矿山形成山坡和凹陷两种形态。矿山工程一般用平面图来表示，山坡露天的台阶线在平面图上表现为不封闭的线，而凹陷露天的台阶线是封闭的，把由不封闭变为封闭的第一根封闭线称为封闭圈。因此，区分山坡和凹陷两种形态时，常以封闭圈为界，封闭圈以上为山坡露天矿，封闭圈以下为凹陷露天矿，如图 1-9 所示。

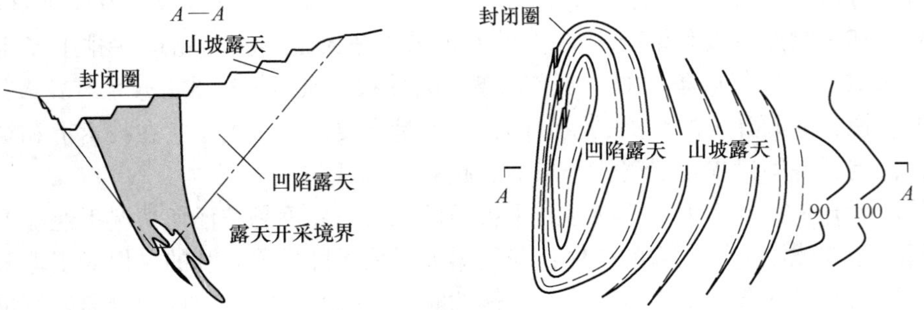

图 1-9　山坡露天、凹陷露天的划分示意图

对于一个露天矿山来说，可能从开始到终了一直以一种形态存在，也可能开始是山坡露天，到后期发展为凹陷、深凹露天矿。

露天采场内的矿岩通常划分为一定高度的分层，自上而下逐层开采，在开采过程中上下分层间保持一定的超前关系，构成了阶梯状，每个阶梯就是一个台阶或阶段，台阶的构成要素如图 1-10 所示。

如图 1-11 所示，台阶的命名通常是以台阶下部平盘（即装运设备站立平盘）的标高表示，如××水平。台阶的上部平盘和下部平盘是相对的，一个台阶的上部平盘同时又是其上一个台阶的下部平盘。

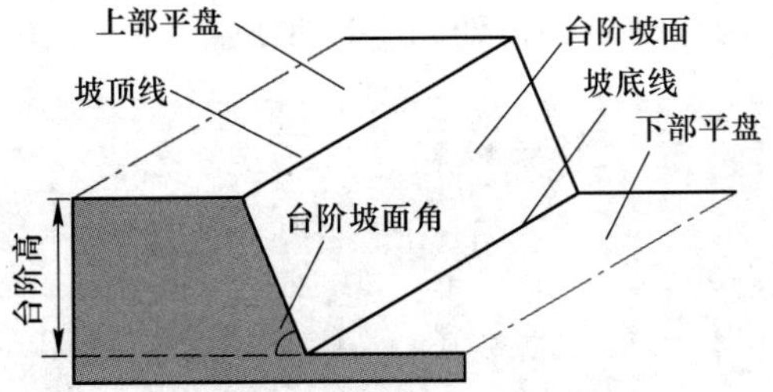

图 1-10　台阶构成要素

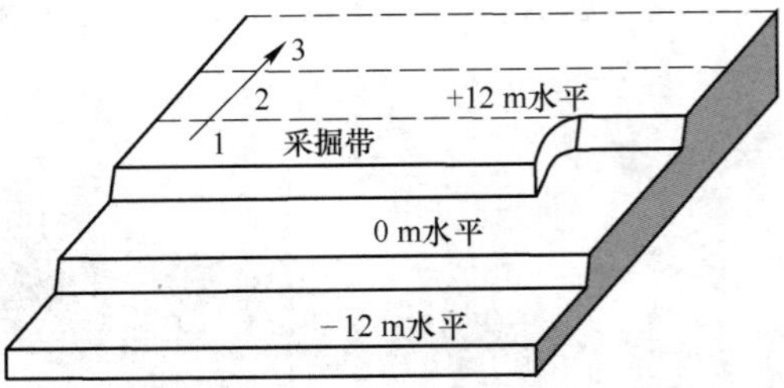

图 1-11　台阶的开采和命名

开采时又将台阶划分为一定宽度的条带，逐条顺次进行开采，这种条带称为采掘带。采掘带的宽度为挖掘机一次采掘实方岩体的宽度，由挖掘机的挖掘半径、卸载半径以及爆破参数来确定。在采掘带中，进行采掘作业的部分称为采掘工作面，具备采运条件的采掘带称为工作线。

如果采掘带较长，可沿长度划分为若干区段，这样的区段称为采区，采区的长度是一台电铲所占的采掘带长度。

具有正常采掘条件的台阶称为工作台阶。由若干工作台阶组成的露天矿边帮称为工作帮（图 1-12 中的 *DF*）。工作帮的位置是不固定的，随开采工作的进行不断改变。为进行正常生产，工作台阶需有足够的宽度，以布置穿孔、爆破、采装和运输等设备。

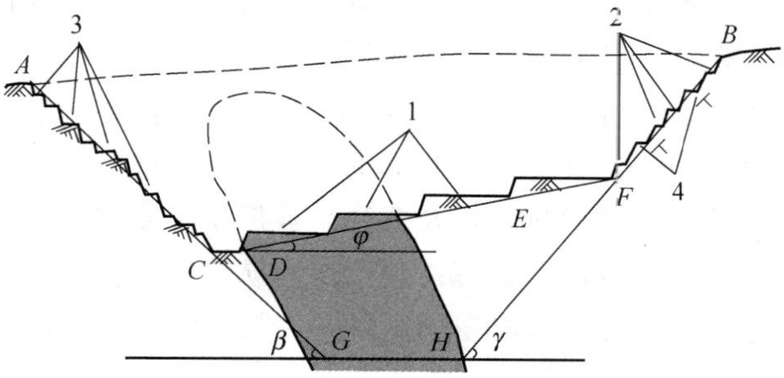

图 1-12 露天矿场构成要素

1—工作平台；2—安全平台；3—运输平台；4—清扫平台

通过工作帮最上和最下台阶的坡底线所作的假想斜面称工作帮坡面（图 1-12 中的 *DE*），工作帮坡面与水平面的夹角称为工作帮坡角（图 1-12 中的 φ）。

由结束开采工作的台阶组成的露天边帮称为非工作帮（图 1-12 中的 *AC*、*BF*）。非工作帮上常设置供运输用的运输平台、截拦块石滚落的安全平台和清扫滚落石块的清扫平台。

非工作帮是露天采场开采结束时的最终边坡或最终边帮。位于矿体下盘一侧的边帮称为底帮，位于矿体上盘一侧的边帮称为顶帮，位于矿体走向两端的边帮称为端帮。

通过非工作帮最上一个台阶的坡顶线和最下一个台阶的坡底线所作的假想斜面称为露天采场的非工作帮坡面，也称为最终帮坡面（图 1-12 中的 *AG*、*BH*），最终帮坡面代表露天采场边帮的最终位置，在分析研究问题时，常用来代表边帮的实际位置，可使问题简化并保证有足够的准确性。

最终帮坡面与水平面的夹角称为最终帮坡角或最终边坡角（图 1-12 中的 β、γ）；

最终帮坡面与地表的交线称为上部境界线（图 1-12 中的 *A*、*B*），与露天矿最终底面的交线称为下部境界线或底部周界（图 1-12 中的 *G*、*H*）。

1.2.2 露天开采设计与矿山生产

视频-露天开采设计与矿山生产

露天开采设计是露天矿建设的依据。露天矿的设计一般分为两个阶段，即初步设计和施工设计。通常所说的露天矿山设计即初步设计，其内容包括确定露天开采境界，验证露天矿生产能力，确定矿床的开拓方法及开采方式与采剥方法，选择设备类型及数量，计算辅助材料、燃料、动力、水及人员数量，确定矿山运输方式，编制矿山采掘进度计划，拟定矿区总平面布置，以及编制矿山基本建设概算和技术经济指标等。

初步设计经上级领导机关批准后，矿山即可进行开采。在一般情况下，露天开采需要经过下列步骤：地面准备、矿床疏干和防排水、矿山基建、正常生产、闭坑和土地的恢复利用等。

（1）地面准备：是指排除开采范围内和建立地面设施地点的各种障碍物，例如砍伐树木、改移河道、疏干湖泊、迁移房屋和道路等。

(2) 矿床疏干和防排水：在开采地下水很大的矿床时，为保证露天矿正常生产，必须预先排除一定开采范围内的地下水，即进行疏干工作；为防止地表水流入采场，采取截流的办法隔绝地表水的流入；未经疏干或没有得到彻底疏干或未能彻底拦截而流入矿坑的水以及直接降入露天采场的降雨，须在坑内布置排水设施排出。矿床的疏干、防排水不是一次完成的，要在露天矿整个开采时期进行这项工作。

(3) 矿山基建：要开采一个露天矿，首先要进行基本建设，之后才能投入生产。矿山基建工作是露天矿投产前为保证生产所必需的工程，包括建立地面运输系统、完成投产前的开沟工程和基建剥离量、建设排土场及修建工业厂房和水电设施等。上述工程都要在基建时期内完成。基建工作可以由专业基本建设工程队施工，完工后移交给生产单位进行生产，也可由生产单位自己施工。不管采用哪种方式，都必须按期完成设计规定的基建任务。

(4) 正常生产：露天矿的生产是按照一定的生产顺序和生产过程进行的。金属露天矿的矿岩都比较硬，首先需要用钻机进行穿孔，然后装药爆破、矿岩铲装并运出采场，其中矿石运往破碎加工车间或直接外运至用户，土岩则运往排土场排弃。因此，露天开采的主要生产过程有穿爆、采装、运输、排土四大工艺环节，这四个生产环节必须相互紧密配合，才能综合提高全矿的生产能力。

(5) 闭坑：是指露天开采结束期间所进行的矿山收尾工作。

(6) 土地的恢复利用：是指把露天开采所占用的土地，在生产期间或生产结束时有计划地覆土造田或土地他用。

1.2.3 露天矿山工程的发展程序

在露天开采的整个生产过程中，矿岩的采剥工作必须经过一定的生产环节，例如掘沟、剥离和采矿等，剥离和采矿又是以扩帮的形式进行的，每个生产环节都需要按照一定的工序（如穿孔、爆破、采装、运输和排土等）进行生产，所有这些工作统称为露天矿山工程。

掘沟、剥离和采矿是露天矿生产过程中的三个重要矿山工程。掘沟是为矿山纵向延伸（新水平准备）和水平扩展（开辟新水平工作线）掘进沟道。包括掘进出入沟和开段沟。其中出入沟是建立地表与工作水平之间以及各工作水平之间的倾斜运输通路，出入沟的沟底具有一定的坡度；开段沟是在每个水平为开辟开采工作线而掘进的水平沟道。开段沟沟底是水平的，如图 1-13 所示；剥离是为了揭露矿体而进行的采掘覆盖岩土和围岩的工作；采矿是随着岩石的剥离进行的矿石回采工作。

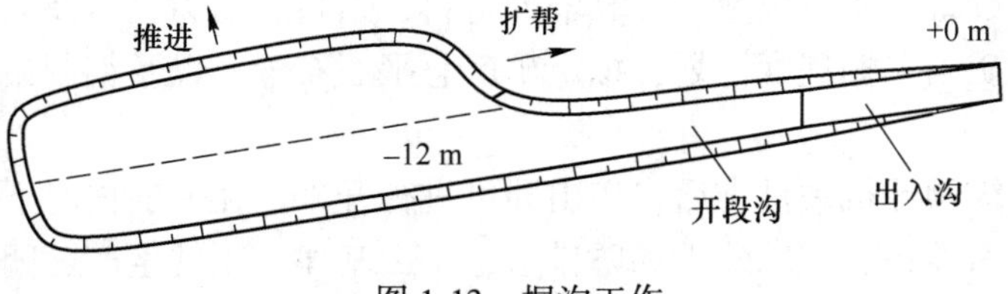

图 1-13 掘沟工作

露天矿山工程的发展是在露天开采境界内，自上而下逐层进行不断地掘沟和扩帮的过程。对同一个水平来说，首先掘进出入沟，然后掘进开段沟和扩帮；对于上下水平来说，掘沟和扩帮同时进行，即上部水平在扩帮的同时下部水平进行掘沟工程。如图 1-14 所示，当第 4 水平进行掘沟时，1、2、3 水平进行扩帮，其中第 2 水平采矿，其余水平剥离。随着掘沟及扩帮的不断进行，开采深度不断增加，直至最终开采深度。各个开采水平的工作线则从开段沟的位置不断从一侧（或两侧）向外推进，直至最终边界。露天矿场在发展过程中，逐步由小变大、由浅变深，不断采出矿石和剥离废石，直至最终开采境界为止。

采矿与剥岩之间的关系可概括成“采剥并举、剥离先行”，这也是露天矿生产的主要规律之一，在生产中违背这个方针就不能持续进行生产。剥离量与采矿量的比值称为剥采比（单位是 m^3/m^3、m^3/t），是衡量露采经济效益的重要指标。

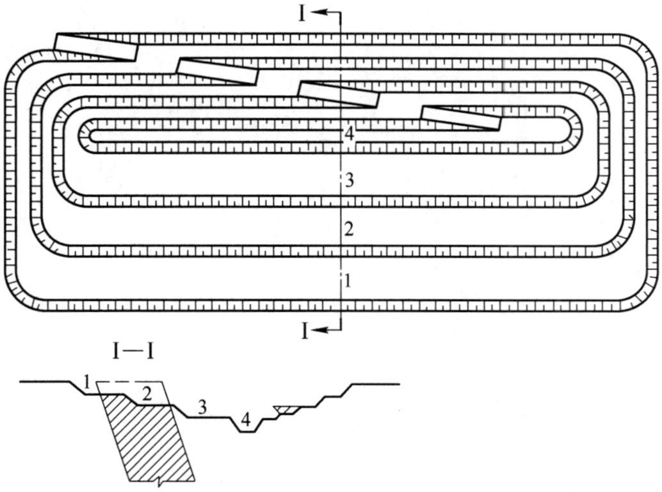

图 1-14　矿山工程发展示意图

第二篇

露天开采工艺

在金属露天矿生产过程中，矿山生产工艺较多，包括穿爆、采装、运输和排土等四大生产工艺，另外还有地质、防排水、边坡、环保四项辅助工作，露天采矿所有作业围绕这四大生产工艺进行，这些工作是相互联系、相互影响的。

露天开采工艺流程

2 矿山地质工作

本章课件 思维导图

从矿山建设初期到开采结束所进行的地质工作称为矿山地质工作，其目的是在矿山生产过程中，利用地质学的知识和手段进行矿床地质综合研究，掌握矿床地质规律，保证矿山生产的正常进行，监督与促进矿山资源的合理开发利用，尽可能延长矿山的服务年限。

矿山地质工作的具体任务是：

（1）在原地质勘探的基础上对近期开采范围内的地质构造，矿体的形态、产状与厚度，矿石的品种、品级与质量（有益与有害组分）以及矿床水文和边坡岩体力学地质情况进行生产勘探。在生产过程中，不断提高近期开采范围内矿产储量的级别，查清地质勘探阶段未探清和生产中新发现的边部和深部的矿体及地质情况，以增加可采储量。

（2）及时进行露天采矿工作面地质素描及原始地质资料的编录工作，并根据不同矿床地质条件的需要，进行化学分析采样、加工、化验和矿岩鉴定等工作。

（3）绘制矿山生产所需的各种地质图件，供编制采掘计划、作业计划及露天开拓设计以及矿山防排水设计使用。

（4）为满足选、冶加工技术的要求，保证输出矿石的质量均衡稳定，开展原矿质量管理工作，以降低损失率与贫化率。

（5）对矿产资源的开采利用进行监督检查，积极开展矿产综合利用的研究工作。

（6）为了掌握矿产资源保有量的动态变化，衡量矿山近期开采地段高级储量及三级矿量保有程度，进行矿量管理工作，定期分析矿量储备状况；按规定日期和内容，编制矿产储量平衡表上报国家有关机关，并依有关规定，合理注销储量。

（7）在矿山开采将要结束时，编写矿山开采完毕后的最终地质结论报告，总结矿床的赋存变化规律及地质和生产勘探工作的经验教训。

2.1 矿产储量计算与管理

矿产储量是矿床中有用组分或矿石的埋藏量，矿产储量计算为正确评价矿床的工业价值、合理进行开采设计、确定开采方法和开拓方式提供可靠的依据。在已经投产的矿山，储量是编制生产计划的基础资料，需要按年、季、月进行储量计算。

进行矿产储量计算时，应按矿床的不同储量级别分别计算开采前的总储量及各阶段的矿石和岩石量，还应计算生产勘探的升级储量，开采后也要计算保有矿量和矿石损失量。

对于黑色金属矿床及冶金辅助原料矿床而言，只需计算矿石储量。当矿石中含有可供综合利用的伴生有益组分时，应单独计算各组分的储量；对于有色金属矿床还要计算金属储量。

为了指导矿山生产，除按阶段或定期地计算储量外，还应进行矿量管理、矿量变动的统计和上报以及采区储量的注销等工作。

2.1.1　矿产储量的分类和分级

根据我国当前工业技术经济条件，并考虑远景发展的需要，将矿产储量分为两大类：

（1）表内储量：是指符合当前工业生产技术经济条件能利用的储量。

（2）表外储量：是指内含有益组分或矿物含量低、矿体厚度薄、矿山开采技术条件、水文地质条件特别复杂，或对这种矿产加工技术方法暂未解决，不符合当前工业生产技术经济条件，工业上暂不能利用而将来可能利用的储量。表外储量是在地质勘探时顺便求得的，一般不做专门勘探。

储量分级是反映所探明储量的精确程度和可靠程度。根据不同的勘探程度和工业用途，矿石储量可分四种：（1）开采储量（A 级）；（2）设计储量（B 级、C 级）；（3）远景储量（D 级）；（4）预测储量（E 级、F 级、G 级）。其中，开采储量和设计储量合称为工业储量。

为了满足矿山设计及初期开采的需要，要有一定比例的高级储量，而且希望它们尽量分布在矿体上部。设计中对高级储量的比例要求视矿床地质条件、矿山规模和开采技术条件而变化，通常大型矿山取值大，小型矿山取值小，某些小型的复杂矿山甚至允许用 C+D 级储量做设计。

即使是高级储量也有很大的误差。通常，A 级储量误差为±10%、B 级储量误差为±20%、C 级储量误差为± 40%，在设计时要注意这种储量波动。

2.1.2　矿体圈定

在圈定矿体边界线时，如果矿体和围岩界线清楚，可直接圈定矿体；如果矿体与围岩界线不清楚，则以工业指标为准，根据化验分析资料，结合矿体地质特征及其空间分布规律、勘探工程的见矿情况以及相邻剖面（或台阶）矿体的形态和产状等进行圈定。其步骤是：（1）在单项工程内依边界品位确定矿体上、下盘的边界线基点；（2）依最低工业品位、最低可采厚度和夹石剔除厚度划分出表内、外矿及夹石；（3）在横剖面图、台阶地质图或纵投影图上，采用内插法、中点法、自然尖灭法及外推法，将各种边界线基点连接起来，圈定矿体各种边界线（如表内储量可采边界线、表外储量边界线、矿石类型与品级边界线、零点边界线等）。

要正确圈定矿体，必须深入进行矿床地质研究，全面考虑矿床地质特点与成矿规律，按矿化规律圈定矿体，才能接近实际情况。决不能见矿就连，机械地圈定矿体。

2.1.3　常用的储量计算方法

矿山的储量计算参数包括矿体面积、厚度、平均品位、体重等。计算矿量时，应选择简便而准确的计算方法，一般有断面法、块段法等。

2.1.3.1　断面法

断面法分水平断面法与垂直断面法两种，储量计算基本公式为：

$$Q = \gamma V \tag{2-1}$$

式中，Q 为矿块储量；γ 为矿石体重；V 为矿块体积。

矿块体积计算分以下两种情况：

（1）当二断面对应的面积相差不大于40%时，采用式（2-2）计算：

$$V=(S_1+S_2)H/2 \tag{2-2}$$

式中，S_1、S_2为矿块相对应断面面积；H为断面间距。

当矿体在二断面间呈楔形尖灭时，简化为式（2-3）计算：

$$V=SH/2 \tag{2-3}$$

（2）当二断面对应的面积相差大于40%时，采用式（2-4）计算：

$$V=[S_1+S_2+(S_1S_2)^{1/2}]H/3 \tag{2-4}$$

2.1.3.2 地质块段法

地质块段法是一种算术平均法。计算方法如下：

（1）先将圈定的矿体按其地质条件（如不同厚度、不同的构造复杂地段等）、矿石类型、品级、勘探程度、储量级别、开采条件（如厚度变化、夹层多少、围岩的稳定性等）划分为不同的计算块段。

（2）求出每一块段的面积和各块段内的探矿工程的见矿平均厚度（用算术平均法求得）。

（3）以各块段面积分别乘以平均厚度，即可求出各块段的体积，进而求出其储量。

地质块段法计算简便快速，得到广泛运用。当每个块段内的探矿工程数量较多时，该方法的计算结果较为准确。

2.2 生产勘探

生产勘探是在地质勘探成果的基础上，在开采过程中，为了保证矿山的均衡正常生产或扩大矿山远景，提供准确可靠的地质资料而进行的直接为采矿生产服务的勘探工作，生产勘探又称开发勘探、开采勘探或生产探矿。

在生产勘探工作中应对以下内容进行重点研究：矿体深部形态和产状等变化；断层的性质和深部产状变化；穿插在矿体附近和内部的岩脉；矿石类型及化学组分的变化；水文地质条件的变化。

露天矿山生产勘探常用探槽（见图2-1）、浅井（见图2-2）、岩芯钻（见图2-3、图2-4）、爆破孔等取样，配合肉眼观察和快速化验，取得地质资料。可以单独使用一种技术手段，也可以将几种技术手段组合起来使用。

探槽取样多用刻槽法或刻线法。取样前应将槽底清理平整，沿矿体的厚度或矿石质量变化的最大方向，按一定规格刻成矩形的长槽（或窄而浅的沟槽）。金属矿床常用的刻槽断面规格（宽×深）为5 cm×(2~3) cm至10 cm×(3~5) cm。

在平台上布置探槽，一般应垂直矿体或矿化带走向，并尽可能与原勘探线一致。有时为了节省工程量可采用主干槽与辅助短槽相结合的方式，如图2-1所示。探槽施工根据需要随时都可以进行，也可以分期集中进行。

对于地质条件简单，又不要求选别开采的矿山，探槽取样可以成为主要或唯一的生产勘探技术手段。

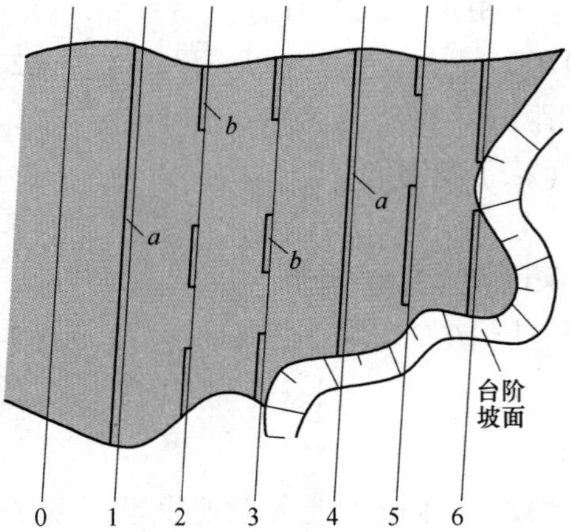

图 2-1 露天矿平台探槽的布置方式

a—主干槽；*b*—辅助槽；0~6—勘探线

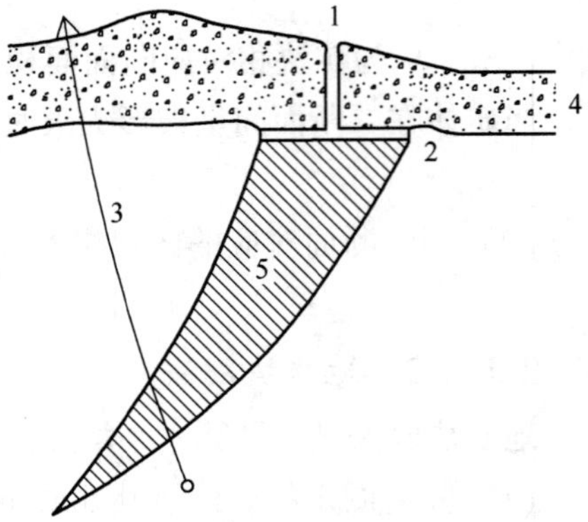

图 2-2 用浅井揭露矿体

1—浅井；2—穿脉；3—钻孔；
4—浮土层；5—矿体

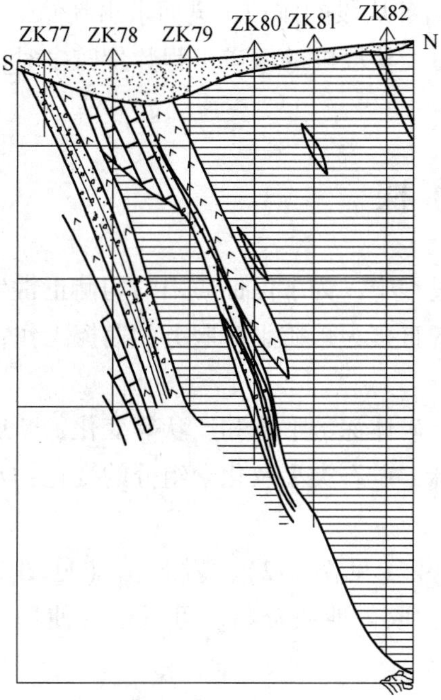

图 2-3 钻探工程

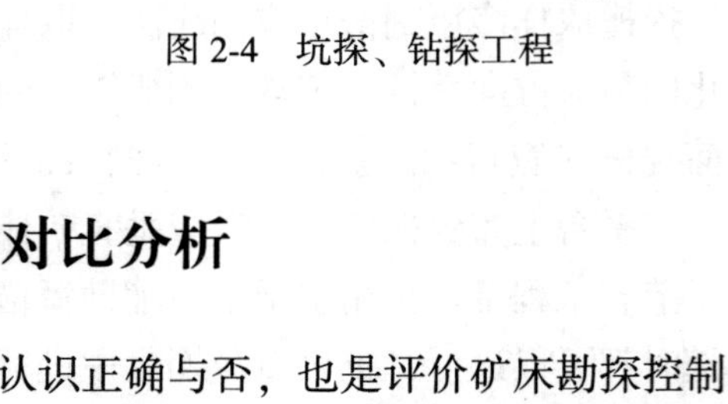

图 2-4 坑探、钻探工程

2.3 探采资料对比分析

矿山开采实践是检验人们对矿床地质规律的认识正确与否，也是评价矿床勘探控制程度的唯一标准。因此，在已有长期开采历史的矿山，应将开采揭露出来的资料与勘探时所取得的资料进行对比研究，这种对比研究称为探采资料对比分析。

探采资料对比分析是全面验证地质勘探成果的可靠性、确定勘探工程布置方式及其间距的合理性，以及定量评价勘探程度的最有效方法，也是消除因矿山多年开采而产生储量的累积误差，确保开采范围内保有储量可靠性的一种手段。

2.3.1 矿床勘探控制程度分析

对每个对比对象（矿带或矿体）的各主要对比参数，按误差标准分别进行单项误差结果分析。找出其最大、最小的变化范围以及平均误差，指出该单项误差相当于哪级储量精度所要求的控制程度，最后再将各项参数的误差进行综合分析，指出对矿带（或矿体）总的控制程度符合哪级储量的精度要求。

不能要求所有对比参数的单项误差全都合格才将其归属于该级储量的级别。即使大多数单项误差都符合要求，但有 1~2 项对矿山开采有重大影响的主要参数误差超过要求，也不能将其归属于该级储量，而应考虑降级。

2.3.2 矿体形态、产状、规模及其空间位置的变化分析

引起矿体形态、产状、规模及其空间位置变化的控制因素主要有下面四种。

2.3.2.1 因对构造控制不足而引起的变化

应查清控制矿体形态变化的主要构造形迹（褶皱或断裂）、相互关系及生成序次。一般来说，成矿后的断裂构造对矿体形态和产状的影响最大，对于断裂构造要根据其规模大小进行构造分级，并有不同的要求。

在一些矿区，矿体的边界直接受断裂控制，它不仅限定了矿体的自然边界，也控制了矿床储量规模。对于这类控制矿体边界的主要构造必须要有足够的工程予以控制。例如大孤山铁矿，其东部边界直接受主要断层 D_1 控制，勘探时认为断层 D_1 的产状比较缓，后经补勘发现深部产状变陡，使矿体边界向内收缩，储量减少 35%，致使采场端部境界发生较大的变化，如图 2-5 所示。

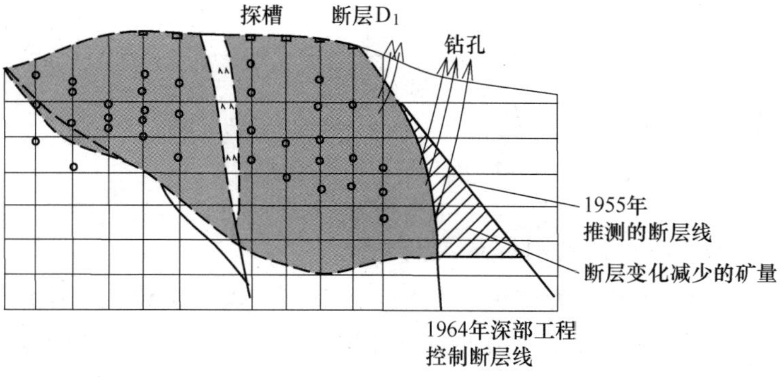

图 2-5 大孤山铁矿 D_1 断层产状变化纵投影示意图

对于影响矿体形态变化的断层要按产状进行分组，分别统计某个范围内勘探和开采时所揭露的某一组断层所出现的数目以及断层的间距。统计不同断层组使矿体顶板或底板产生断距的大小，分析不同断层组的相对位移及总体展布规律，衡量它们对矿体形态的影响程度，分析矿体边界水平位移对设计开采境界的影响。

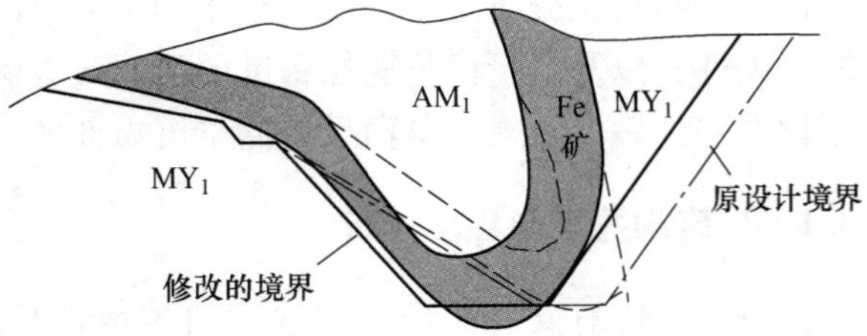

图 2-6 峨口铁矿补勘前后褶皱形态变动对比

对于沉积或沉积变质矿床，当矿层主要受褶皱控制时，准确地控制褶皱轴位置对确定露天开采境界有着重要的意义。例如，峨口铁矿勘探时对向斜两翼有所控制，但对向斜核部的控制程度不够，后经补勘发现轴部有较大的变化，修改了原露天境界，如图 2-6 所示。

2.3.2.2 因地质研究程度不足而引起的变化

山东金岭召口铁矿，属于硅卡岩型铁矿，勘探西部地段时沿用邻近铁山矿区的勘探间距（100 m×(15~100) m），而勘探东部地段时又放稀至 200 m×100 m。在基建施工时发现矿体变化较大，补勘后储量减少 18%。其中西部储量增加 31%，主要是原勘探时没有控制住矿体深部边界，补勘后证明矿体向深部的范围扩大了；东区储量减少 55%，主要是原勘探工程间距过稀，在圈定矿体时对矿体赋存规律缺乏研究，简单地见矿连矿，夸大了矿体规格，矿山规模由 50 万吨/年降到 24 万吨/年，拖延建设时间约 2.5 年，如图 2-7 所示。

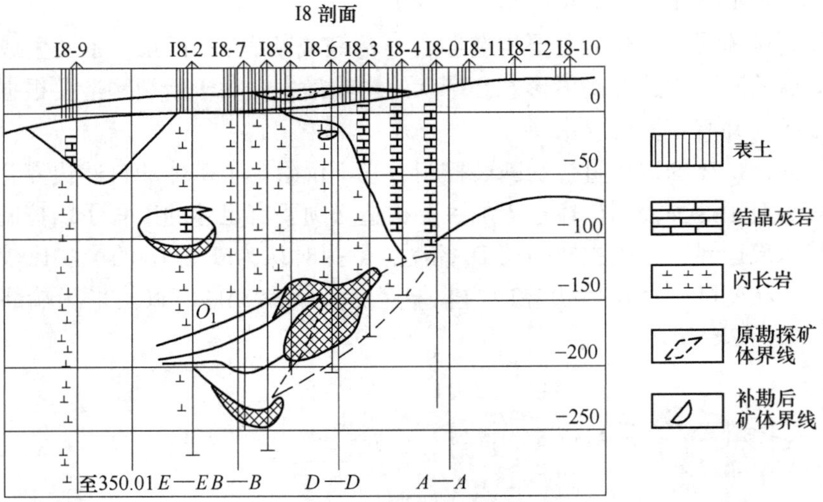

图 2-7 召口铁矿矿体变化对比

2.3.2.3 因工程控制不足引起的变化

河北邯邢地区团城铁矿，为硅卡岩型铁矿，原按 100 m×50 m 间距进行勘探，后按 50 m×(30~40) m 间距进行补勘，发现矿体总的产状由原来的向北倾斜变为向南倾斜，倾角变缓，矿体形态和规模也发生变化，储量由 618 万吨增至 850 万吨。产生这种变化的主要原因是工程控制不足，圈定矿体时也没有充分研究磁异常所反映的矿体产状特点，而是见矿连矿，如图 2-8 所示。

2.3.2.4 因钻探工程质量及制图技术误差而引起的变化

以白云鄂博铁矿钻孔测斜为例，勘探时打了 83 个孔，其中只有 3 个是直孔，但制图时一律画为直孔。后经测斜发现，钻孔弯曲度一般都随孔深增加而变大，最大可达

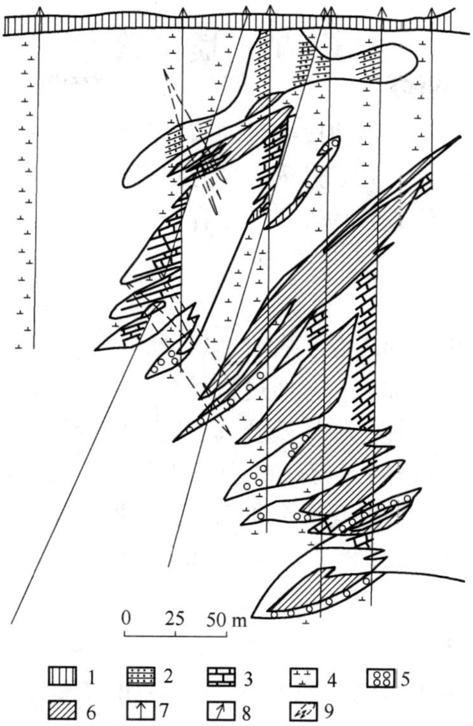

图 2-8 团城铁矿矿体产状变化对比

1—第四系；2—中碳统砂页岩；3—中奥陶统灰岩；4—闪长岩；5—硅卡岩；6—矿体；
7—地质勘探钻孔；8—生产勘探钻孔；9—地质勘探固定的矿体

74°45′，方位角偏差也随深度增加而增大，最大可达 109°12′。按测斜资料经工程投影所编制的剖面图，其矿体产状一律变陡，主矿体上盘倾角增大 5°～10°，下盘增大 2°～10°，最大达 23°，如图 2-9 所示。

由于矿体倾角的变化，引起矿体边界的位移，如 1250 m 水平矿体边界的水平位移一般为 30～70 m，最大达 140 m；主矿体由原来几个互不相连形态复杂的矿体，修改后变为形态较简单的矿体，如图 2-10 所示。由于产状的变化，矿体边界北移 35～65 m，使已形成的运输线路和上部开拓工程重新修改，引起 7500 万～15000 万吨采剥总量的变化。

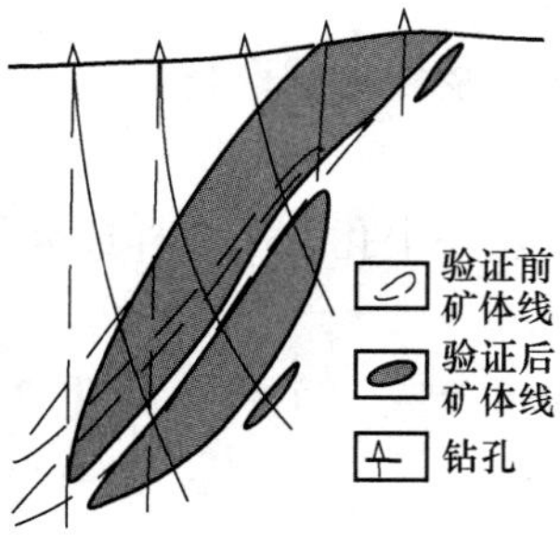

图 2-9 白云鄂博第 12 剖面
矿体形态和产状对比

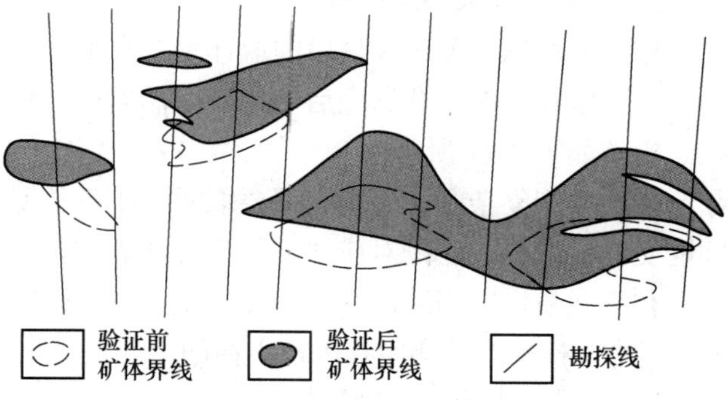

图 2-10 白云鄂博 1250 m 水平矿体形态对比

2.4　矿石质量管理

矿石质量管理主要包括开采前块段矿量的质量鉴定、开采地段出矿质量计划编制、对计划采出矿石的质量进行预计、开采过程中进行现场的矿石质量鉴定和检查、采下矿石的质量中和、输出矿石的质量检查管理等工作内容。

2.4.1　矿产取样

对有代表性的矿石、围岩的岩芯、岩粉、岩泥、碎块、精矿、尾矿等按一定的方式、规格、数量和要求进行取样、加工，并通过化学分析或物理测试等手段进行鉴定和研究，用以确定矿产质量或查明其物理机械性质及选矿效果的专门性工作，称为矿产取样。

矿产取样分为化学分析取样、矿石加工技术取样、矿床开采技术取样和岩矿鉴定取样等。矿山中质量检查和鉴定主要是化学分析取样。根据工作阶段、取样目的和取样对象的不同，化学分析取样分为地质取样、生产取样和商品取样。

2.4.1.1　地质取样

地质取样是在地质普查和勘探阶段对露头、钻孔或揭露所取得的矿岩进行的取样工作。通过化验，查明矿石和围岩的“原始质量”，为正确圈定矿体，评定其经济价值和合理的开发利用提供依据。常用的取样方法有刻槽法、刻线法及打块法等。

2.4.1.2　生产取样

生产取样是指在生产环节中所进行的取样工作，其贯穿从生产勘探、生产地质工作到采下矿石送到破碎厂的整个生产过程。

生产采样的对象是爆破前、后的矿石和部分围岩，目的是进一步圈定矿体边界、查明矿石质量，为矿山编制采出矿石的质量计划，进行矿石质量管理及矿石损失贫化计算提供资料。

按采样地点的不同，生产取样分为采场取样和采下矿石取样。

A　采场取样

采场取样可分为爆破前开采块段的取样和爆破后爆堆的检查取样。

a　爆破前开采块段的取样

露天采场爆破前开采块段的取样主要有平台探槽及炮孔取样。

炮孔取样是在炮孔钻完后用探管取样器在岩粉堆采取岩粉或岩浆样品的取样方法，炮孔岩粉堆如图 2-11 所示。

矿石类型复杂时，每个孔都要取样；矿石类型简单时，也可隔一个孔取一个样或采用间隔交错法取样或间隔对应法（沿矿体倾斜方向）取样。

在炮孔粉堆四周采用多点法取样，取样点要均匀等距，然后合成一个样，样重 2～3 kg。将取样的炮孔测绘在采样平面图上，进行编号。

b　爆破后爆堆的检查取样

在露天矿掌子面爆堆上用网格法拣块取样，也可按采样线拣块。方格间距视爆堆体积大小和矿石块度及质量变化程度而异，如图 2-12 所示。

图 2-11 炮孔岩粉堆

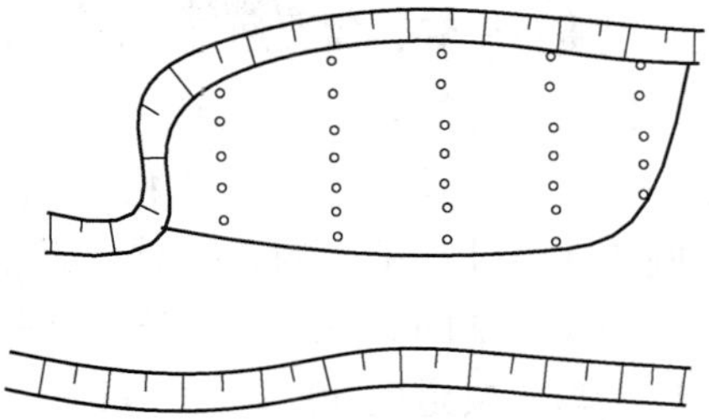

图 2-12 爆堆取样点布置

B 采下矿石取样

采下矿石取样可以直接在矿车或贮矿堆上进行。

矿车取样：一般采取每个矿车都取样，或隔一车或数车取一个样的方式。在矿车上可用网格法拣块取样，也可用三点、五点、七点或九点法进行取样。由于矿石在矿车中是无规律堆积，块度相差较大，取样点仅限于表面，因此矿车取样的代表性与正确性值得商榷。

贮矿堆取样：贮矿堆取样可用点线法采取。由于矿堆矿石的上下部品位各不一样，为保证样品代表性，可先在整个矿堆表面划一系列平行于堆底的相互间距为 0.5~1 m 的横线（最底下一条线距堆底约 0.25~0.5 m），然后在线上每隔 0.5~2 m 处布置一个采样点，用铁铲垂直于矿堆表面挖出深 0.5 m 的小坑，在坑底采样。

2.4.1.3 商品取样

商品取样是指从准备外运的火车、汽车和装运船只的皮带上对商品矿石所进行的取样，也称销售取样。目的是确定输出矿石的质量是否符合合同的规定。

2.4.2 矿石质量中和

矿石质量中和（配矿）是指利用矿山设计、开采、运输以及装卸等各个环节，按比例搭配不同品位的矿石，使之混合均匀，保证生产的矿石中有益组分和有害组分的平均含量达到矿石加工利用部门所要求的指标而采取的措施和手段。既要对矿石中有益组分进行中和，也要对有害组分进行中和，使一部分低品位的矿石通过配矿得到充分利用。这项工作贯穿了开采设计到矿石输出等一系列生产过程中。

2.4.2.1 矿石质量中和的原则

矿石质量中和必须遵循下列原则：

（1）凡两种矿石品位及特性相差悬殊时不能配矿，比如不能将贫铁矿配入平炉富矿中。

（2）不同类型的矿石不能配矿，比如作为浮选及焙烧还原用的赤铁矿不能与磁铁矿配矿，否则会造成金属流失。

（3）凡两种粒度相差过大的矿石不能配矿。如粒度 0~10 mm 的石灰石和 50 mm 的石灰石的用途各异，不能配矿。

（4）不能将含有害组分超过标准的矿石与优质矿石进行配矿。

2.4.2.2　*矿石质量中和的方法*

为实现质量中和，需要通过下列各环节进行。

A　设计时的质量中和工作

在进行矿床开采设计时必须了解矿床的质量分布特点，并考虑有利于质量中和的设计方案。例如在设计掌子面的方向时，应考虑矿床品位分布和产状要素的关系，使设计的工作面方向能够保证同时开采高品位与低品位矿石，便于配矿。某矿根据上述原则将工作面方向设计成与矿层走向30°交角，如图2-13所示。

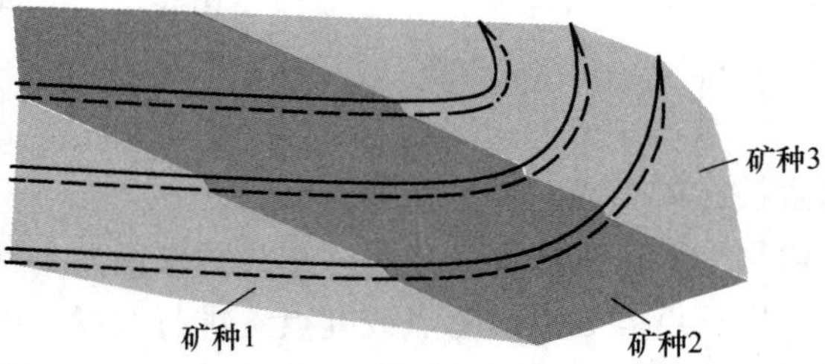

图2-13　某矿工作面方向与矿层走向斜交关系

B　编制采剥计划时质量中和工作

在编制年、季、月的采剥计划时，应有针对性地安排各爆破区、台阶矿石出矿顺序及产量比例，以便于质量中和工作。

（1）根据各采场矿石质量特点，合理安排各工作面、各爆区、不同品位矿石的出矿顺序及数量。

（2）合理安排不同品位的各爆破区的爆破量及爆破顺序，使爆破下来的矿石得以按比例搭配出矿。

C　生产过程中的质量中和工作

生产过程中的质量工作包括以下内容：

（1）栈桥上将不同品位的矿车进行编组对翻，或按比例对翻，进行质量中和。

（2）破碎后由皮带输入贮矿槽时，卸矿车往复移动，把矿石均匀地撒在贮矿槽内进行质量中和。

（3）在贮矿槽输出矿石时，有目的地搭配出矿，进行质量中和。

视频-穿孔

3 穿孔工作

本章课件　思维导图

穿孔工作是用凿岩机具在矿岩内钻凿一定直径和深度的定向爆破孔的作业，是金属矿山露天开采的首要工序，直接影响爆破、采装和运输等后续工序。穿孔工作一直是我国露天开采工作的薄弱环节，自20世纪60年代末期开始逐步采用牙轮钻机以后，露天矿的穿孔工作才获得了新的进展。

按破碎矿岩的方式，穿孔方式主要有冲击式、旋转式、旋转冲击式和火力穿孔。金属露天矿采用的穿孔方式主要有冲击式和旋转冲击式两类。

3.1 冲击式穿孔

冲击式穿孔的特点是依靠凿岩机的冲击作用进行破岩。凿岩的原理是向钎头施加一个垂直于岩石表面的冲击力，在这个冲击力的作用下，钎头凿入并破碎岩石。凿岩机必须同时进行冲击钎杆、旋转钎杆、推进钎杆和排渣四个动作。内回转凿岩机每冲击一次或几次就旋转钎头一个角度，外回转凿岩机的冲击与转钎动作是同时进行的，形成圆形炮孔。破岩以冲击动作为主，旋转动作为辅。

冲击式钻机主要设备有凿岩机、钢丝绳冲击钻机和潜孔钻机。一般用凿岩机（风钻）钻浅孔和小直径深孔，用潜孔钻机和钢绳冲击钻机钻大直径深孔。另外，露天凿岩钻车（架）由于主要凿岩机构是液压凿岩机，也属于冲击式钻机。

3.1.1 凿岩机

凿岩机的动力驱动有风动、液压、电动和内燃四种。风动式凿岩机以压缩空气驱使活塞在气缸中向前冲击，使钢钎凿击岩石，应用最广；电动式凿岩机由电动机通过曲柄连杆机构带动锤头冲击钢钎，凿击岩石；内燃式凿岩机通过柴油的燃爆力驱使活塞冲击钢钎，凿击岩石，适用于无电源或无气源的施工场地；液压式凿岩机依靠液压冲击钢钎，凿击岩石。

凿岩机钻具由钎头、钎杆和钎尾组成。钻浅眼时通常钎尾与钎杆为一整体，钎杆上的钎尾可安活动钎头；钻深孔时，钎尾、钎杆、钎头分开制作，随炮孔加深将钎杆逐根接长。

图3-1　钎头形式

钎头有一字形、十字形和丁字形，如图3-1所示。钻浅孔多用一字形片状合金钎头，钻深孔或在裂隙发育的岩石中钻浅眼，多用十字形或丁字形钎头。钎杆用以传递冲击能量和转矩，由六角形或圆形中空合金钢制成，中空是用来输送压风，起排碴作用。钎尾直接承受活塞冲击作用，形状与尺寸随凿岩机型号而定。钎尾、钎杆和钎头都需要根据使用条件和材质进行热处理，提高使用寿命。

凿岩机可以装在气腿上、钻架上或凿岩台车上进行钻眼，适用于小型露天矿中硬以上岩石中钻凿孔径 35~65 mm、孔深不超过 15 m 的钻孔，以及二次爆破。如图 3-2 所示，气腿式凿岩机常用于二次爆破。但近年来大型露天矿二次爆破推行使用碎石机，所以采用凿岩机进行二次爆破的情况也逐渐减少。

图 3-2　气腿式凿岩机二次爆破作业场景

3.1.2　钢丝绳冲击钻机

钢丝绳冲击钻机，俗称磕头钻。用钢丝绳悬吊 1~3 t 的钻具，向下冲击，靠钻头重力凿碎矿岩。由于钢丝绳冲击钻机只能穿凿垂直孔，技术落后，工人劳动强度大，效率低，穿孔成本高，设备笨重，辅助作业时间长，已逐渐被淘汰。

3.1.3　潜孔钻机

潜孔钻机的特点是回转机械置于孔外，只担负钻具的进退和回转，产生冲击动作的冲击器紧随钻头潜入孔底，得名潜孔钻机。

潜孔凿岩于 1932 年始于国外，首先用于地下矿钻凿深孔，后来用于露天矿。20 世纪 60 年代后期，国外牙轮钻机发展迅速，很快取代了潜孔钻机。20 世纪 70 年代，国外对潜孔钻机进行了大量的研制工作，高风压潜孔冲击器及球齿钻头的出现，解决了钻孔偏斜及钻头使用寿命过低这两大问题，作为中、大孔径凿岩设备，高风压潜孔钻机的应用又得以扩大。

1963 年我国试制露天潜孔钻机，1964 年定型并批量生产，首先将其用于石灰石矿，接着成为冶金、化工、建材等领域矿山的主要钻孔设备之一，纷纷取代了钢绳冲击式穿孔钻。

潜孔钻机如图 3-3 所示，主要机构有冲击机构、回转供风机构、推进机构、排粉机构和行走机构。

潜孔钻机具有结构简单、重量轻、价格低、机动灵活，行走方便、制造维护较容易、钻孔倾角可调等优点。

图 3-3　潜孔钻机

牙轮钻机在露天矿钻孔已占主导地位，潜孔钻机的钻孔效率和钻进技术不如牙轮钻机。在大型乃至中小型露天矿，潜孔钻机已被牙轮钻取代，但在中等硬度矿岩的中、小型露天矿，潜孔钻机仍广为使用。潜孔钻机除作为露天矿钻台阶爆破孔外，还可用于钻凿矿山的预裂孔、边坡处理孔及地下水疏干孔等。

3.1.4 露天凿岩钻车（架）

露天凿岩钻车（架）是指露天使用的顶撞冲击式钻孔设备。按钻车是否能够自主行走分为自行式和非自行式露天凿岩钻车。非自行式露天凿岩钻车也称为台架钻机。

20世纪80年代，随着液压技术的发展，全液压凿岩钻车开始在国外露天矿应用。21世纪以来，我国研制了全液压露天凿岩钻车，由凿岩机、推进器、钻臂、底盘、液压系统、供气系统、电缆绞盘、水管绞盘、电气系统和供水系统等组成，如图3-4所示。

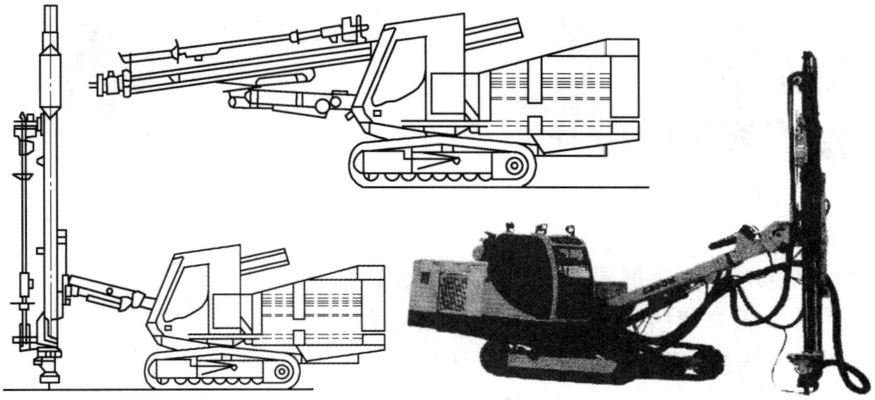

图3-4　全液压露天凿岩钻车

全液压凿岩钻车作为一种集机、电、液为一体的技术密集型产品，虽然造价高，对操作和维修的技术要求高，但具有如下优点：

(1) 整机重量轻，装机功率小，机动性强。

(2) 凿岩钻车钻孔方位多，最小的钻车（架）方位可以达到横向各45°，纵向0°~105°，是其他钻机无法达到的。所以，凿岩钻车可用于钻凿各种方位的预裂爆破孔、修理边坡、锚索孔、灌浆孔等边坡处理及清除根底、二次破碎等辅助钻孔设备。

(3) 凿岩钻车爬坡能力强，机动灵活，可在复杂地形上进行钻孔作业。

(4) 露天凿岩钻车主要用于硬或中硬矿岩的钻孔作业，钻孔直径一般为40~100 mm，最大孔径可达150 mm，孔深可达30 m，最深可达50 m。

(5) 液压凿岩钻车的能耗低，钻速快。能耗为潜孔钻机的1/4，钻速为其2.5~3倍，在中小型露天矿可取代潜孔钻机作为主要钻孔设备，是很有发展前途的设备。

3.2 旋转冲击式钻机

露天矿使用最广泛的牙轮钻机属于旋转冲击式钻击，如图3-5所示。牙轮钻机的钻具包括钻头和钻杆。钻头以三牙轮钻头居多，用合金钢制成，如图3-6所示。

图 3-5 牙轮钻机外形

图 3-6 三牙轮钻头

牙轮钻机钻孔时，依靠加压、回转机构通过钻杆对钻头提供足够大的轴压力和回转扭矩，牙轮在孔底滚动中连续地挤压、切削冲击破碎岩石。有一定流量流速的压缩空气，经钻杆内腔从钻头喷嘴喷出，将岩碴从孔底沿钻杆和孔壁的环形空间不断地吹至孔外，直至形成所需孔深的钻孔，原理如图 3-7 所示。

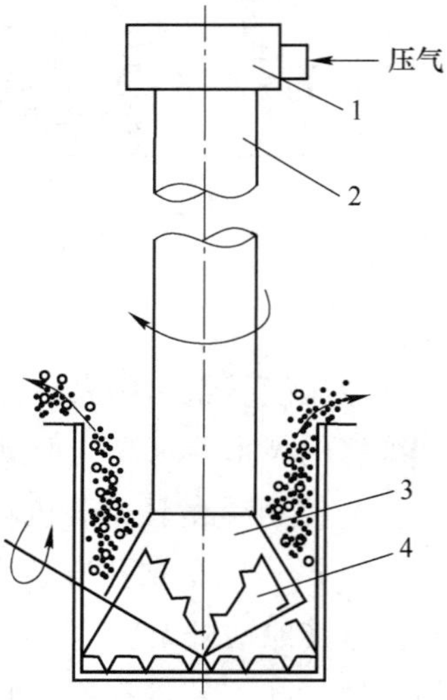

图 3-7 牙轮钻机工作原理
1—加压回转机构；2—钻杆；
3—钻头；4—牙轮

无论是穿孔效率还是穿孔成本，牙轮钻机都具有无可比拟的优越性。牙轮钻机钻孔效率高，生产能力大，作业成本低，机械化、自动化程度高，适应各种硬度矿岩钻孔作业，是当今世界露天矿使用最广泛的钻孔设备。国内、外牙轮钻机一般在中硬及中硬以上的矿岩中钻孔，孔径为 230~380 mm，孔深为 14~18 m，多为垂直孔。

牙轮钻机价格贵，重量大，初期投资大，要求操作人员有较高的技术管理水平和维护能力。

3.2.1 牙轮钻机的选型

牙轮钻机选型时应注意以下几点：

（1）在满足矿山年钻孔量的同时，牙轮钻机选型还要保证设计生产要求的孔径、孔深、倾角等参数。

（2）根据矿区自然地理条件选择设备和配套部件。如高海拔、高寒、炎热气候地区，对主要设备配套部件如空压机、变压器、除尘、液压及电控系统等，都有特殊要求。

（3）动力条件。动力源往往决定选用钻机的类别，大中型矿山一般选用电动力。

（4）中硬以上的矿岩采用牙轮钻机优于其他钻孔设备。

（5）牙轮钻机是露天矿技术先进的钻孔设备，适用于各种硬度矿岩的钻孔作业，大中型矿山钻孔设备首先要考虑选用牙轮钻机。

（6）国外牙轮钻机工作可靠，寿命长，但价格昂贵，零部件供货周期长，是否选用，应进行综合分析对比后确定。

牙轮钻机应围绕着增强生产能力和作业效率，提高可靠性和安全性，改善操作环境和工作条件，不断改进结构，推出新机型。尤其是在大型钻机上，可使用随机计算机来自动控制钻机主要工作参数以及对钻机主要工作过程进行 GPS 数字定位和监控，提高钻孔效率，降低故障率和生产成本。

牙轮钻机总的发展趋势是规格向大型化、高效化发展，系统向全自动化、智能化发展，结构向简单化、高可靠性、高适应性发展，操作向提高舒适性和易维修性方向发展。在发展大型牙轮钻机的同时也应注意中小型牙轮钻机的发展。

3.2.2 牙轮钻机主要指标

3.2.2.1 生产能力

牙轮钻机台班生产能力可通过计算方法获取或参考类似生产矿山直接选取，计算方法如下：

$$A = 0.6vT\eta \tag{3-1}$$

式中，A 为牙轮钻机的台班生产能力，m；v 为牙轮钻机的机械钻进速度，cm/min；T 为班工作时间，h；η 为工作时间利用系数，通常取值为 0.4~0.5。

由式（3-1）可知，影响生产能力的因素主要有钻速和时间利用系数。

A 钻速

牙轮钻机的钻进速度是牙轮钻机重要技术指标，它与钻机性能、钻头形式、轴压、钻头转速、孔径、排碴风量和矿岩硬度等因素有关，可按式（3-2）近似计算。

$$v = \frac{3.75Pn}{9.8 \times 10^3 Df} \tag{3-2}$$

式中，P 为轴压，N；n 为钻头转速，r/min；D 为钻头直径，cm；f 为岩石坚固性系数。

a 轴压

一般来说，轴压越大，则破碎的岩碴粒度也越大，而破碎单位岩体所消耗的能量越小。但轴压太大，钻头寿命会缩短。根据经验，对岩石施加的压力若等于或大于岩石抗压极限强度的 1.3~1.5 倍时，岩石能顺利破碎。

轴压 P 与钻速 v 成正比，但却不是严格的直线关系，钻头单位面积上的作用力 P/S（S 为钻头与岩石的接触面积）和岩石抗压强度 σ 之间的关系，有 4 种情况，如图 3-8 所示。

当轴压 P 很小，P/S 小于 σ 时，岩石仅以表面磨蚀的方式进行破碎，此时，轴压 P 与钻速 v 呈直线关系，如图 3-8 中 ab 段所示。

随着轴压 P 的增加，虽然 P/S 值还是小于 σ，但因钻头轮齿频繁地冲击岩石，使岩石产生疲劳破坏，出现局部的体积破碎。此时，钻速 v 随轴压 P 的 m 次方而变化，硬岩时 $1.25 \leqslant m \leqslant 2$，软岩时 $m<3$，如图 3-8 中 bc 段所示。

当轴压 P 增大到 $P/S=\sigma$ 时，钻头轮齿对岩石每冲击一次均可获得有效的破碎，此时，破碎效果最佳，能量消耗也最低，如图 3-8 中 cd 段所示。

当轴压 P 达到极限轴压 P_K 时，钻头轮齿被压入岩石中，牙轮体与岩石呈表面接触，轴压再增加也不会提高钻速，如图 3-8 中 de 段所示。

b　转速

转速与钻速基本上成正比关系，如图 3-9 所示。

直线 1 为轴压 P 较小时的转速 n 与钻速 v 的关系。此时，岩石以表面磨蚀的方式破碎，钻速 v 随着转速 n 的增加而增加，两者是直线关系。

曲线 2 为轴压 P 增大后转速 n 与钻速 v 的关系。此时，岩石是体积破碎，开始时转速与钻速同时增大，当超过极限转速后，转速增加而钻速反而降低。因转速太大，轮齿与孔底岩石的作用时间过短，未能充分发挥轮齿对岩石的压碎作用，同时，也加速钻头的磨损和钻机的震动。为了获得良好的钻进效果，软岩转速一般选用 70～120 r/min，中硬岩石选用 60～100 r/min，硬岩选用 40～70 r/min。

曲线 3 为轴压 P 继续增大后转速对钻速 n 的影响，变化情况与曲线 2 大致相同。

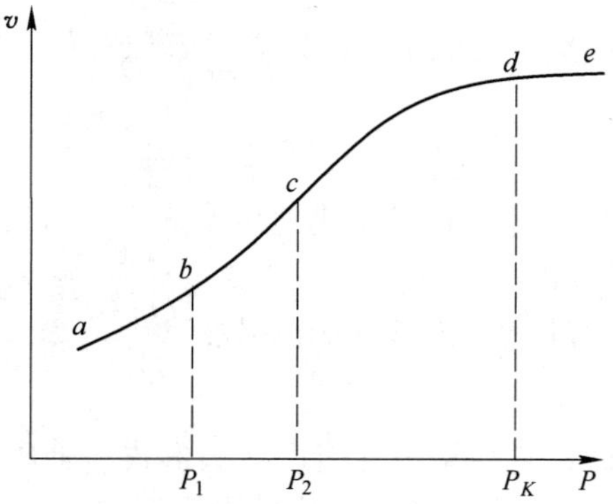

图 3-8　轴压 P 与钻速 v 的关系

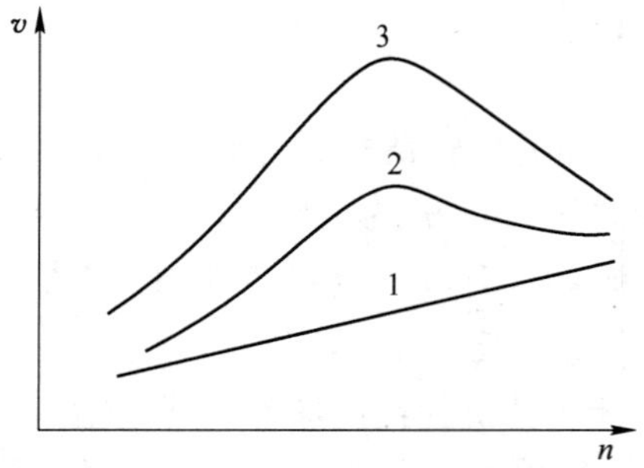

图 3-9　转速与钻速的关系

从上述曲线变化情况可知，钻速 v 受轴压 P 和转速 n 两者的综合影响，必须正确选择其工作参数。为了取得最佳的工作状况，国内外均在研制牙轮钻机的自动控制装置。据资料，牙轮钻机采用自控后，穿孔速度可提高 10%～20%，钻头寿命可提高 35%～40%，穿孔成本却降低 10%～15%。

c　钻孔直径

当轴压 P 和转速 n 一定时，钻孔直径与钻速 v 成反比。但是，钻孔直径加大以后，往往能获得显著的爆破效果，所以，钻孔直径增大时，只需要相应加大轴压和转速。采用大孔径穿孔已成为国内外矿山的一致趋势。

d　排碴风量

排碴风量是牙轮钻机穿孔的重要工作参数之一，对钻进速度和钻头寿命均有很大影响。排碴风量不足，会造成岩碴重复磨碎，降低钻进速度和钻头寿命；排碴风量过大，从孔底吹起的岩碴将增大对钻头、钻杆的磨蚀作用。

B　钻机工作时间利用率

影响钻机工作时间利用率的主要因素有两个：一是因组织管理不科学造成的外因停歇

时间，二是钻机本身故障所引起的内因停歇时间。国产牙轮钻机的时间利用率低主要是后一种因素造成的。

3.2.2.2 废孔率

计算牙轮钻机效率时要考虑废孔率，选取废孔率可采用类比法。据统计，孔径为250 mm时，废孔率为5%~7%，孔径为310 mm时，废孔率为4%~6%。

3.2.2.3 设备数量

露天矿所需牙轮钻机的数量可按式（3-3）确定：

$$N = \frac{A}{Qq(1 - e)} \tag{3-3}$$

式中，N 为所需设备数量，台；A 为设计的矿山年采剥总量，t；Q 为每台牙轮钻机的年穿孔效率，m/a；q 为每米炮孔的爆破量，t/m；e 为废孔率，%。

计算钻孔设备数量时，每米炮孔爆破的矿岩量 q，一般应按设计的矿岩爆破孔网参数分别进行计算，也可参照相关设计手册选取。

牙轮钻机不设备用，但不应少于2台。

4　爆 破 工 作

本章课件　思维导图

爆破工作是金属露天矿山开采的又一重要工序，通过引爆炮孔内装入的炸药瞬间释放出巨大能量破碎矿岩，并把矿岩从矿体中剥落下来，按工程要求破碎成一定的块度，形成一定的爆堆，其目的是为采装、运输和粗破碎工作提供破碎矿岩。矿山爆破费用占矿石总成本的5%~20%。因此，爆破工作的好坏不但直接影响矿山采装、运输和粗破碎的设备效率，而且影响矿山开采的总成本。

4.1　矿 用 炸 药

早在汉代中国人就会用硫黄、硝石和木炭 3 种成分配制黑火药。火药的研究始于古代炼丹术，古人为求长生不老而炼制丹药，炼丹起火启示人们认识并发明火药，如图 4-1 所示。到了 13 世纪，火药才从中国经过印度传给阿拉伯人，又由阿拉伯人和火药武器一起经过西班牙传入欧洲。

图 4-1　炼丹起火而发明的火药

17 世纪 20 年代，火药开始用于采矿业。1866 年，瑞典诺贝尔发明了以硅藻土为吸收剂的硝化甘油炸药，随后又研制成功胶质硝化甘油炸药，成为新一代矿用炸药。与此同时，还相继出现了以硝酸铵为主要成分的各种粉状炸药。20 世纪 50 年代先后发明铵油炸药和浆状炸药，20 世纪 70 年代研制成乳化炸药。液氧也曾作为炸药被某些矿山应用。

爆破矿岩的炸药要求安全性好，威力高，材料来源广，成本低，加工简单，便于机械化装药。

我国矿山使用的炸药主要有铵梯炸药、铵油炸药、铵松蜡炸药、浆状炸药、水胶炸药、乳化炸药等。

4.1.1 铵梯炸药

铵梯炸药也称硝铵炸药，由硝酸铵、梯恩梯（TNT）、木粉等组成，其组成特点是有7%~20%的单质炸药梯恩梯作为敏化剂。

铵梯炸药由于具有雷管的起爆感度，经常作为铵油炸药和含水炸药等低感度炸药的起爆药包。

铵梯炸药中加入铝粉、镁粉等金属粉或黑索金、太安等高能炸药，制成高威力、高爆速和高猛度炸药，可用于特硬岩石、特殊爆破和爆炸加工等领域。

铵梯炸药中加入惰性稀释剂（如砂子、硅藻土等）制得低威力、低爆速和低猛度炸药，可用于软性介质爆破、不耦合装药控制爆破及爆炸焊接等特殊爆破工程。由于铵梯炸药具有较高的爆轰感度和较小的临界直径，采用小直径装药是用于不耦合装药控制爆破的另一重要途径。

铵梯炸药生产工艺简单，产品质量重现性好，起爆感度高，爆破威力高，性能好，可用雷管直接起爆，而且原料丰富，一直是国内外广泛使用的工业炸药品种之一，特别适合无水场合的各种小直径爆破。20 世纪 60 年代前铵梯炸药曾是主要矿用炸药。最典型的代表品种为 2 号岩石铵梯炸药，配比为：硝酸铵 85%，梯恩梯 11%，木粉 4%，另加入微量的防潮剂等，如图 4-2 所示。

图 4-2　铵梯炸药示意图

铵梯炸药最主要的缺点是吸湿性和结块性严重，另外，敏化剂 TNT 对人体有毒性和对环境造成污染，TNT 制造成本较高，不能用于潮湿和有水的爆破作业，不利于长期贮存，尤其是在潮湿的季节难以生产，现已逐步被铵油炸药、浆状炸药和乳化炸药等取代，用量逐渐下降。

4.1.2 铵油炸药

铵油炸药由 94%~95%的多孔粒状或粉状硝酸铵与 5%~6%的柴油混合制成。

多孔粒状铵油炸药是铵油炸药的特征品种，加工简便，成本低，不易结块，流散性好，便于就地配制和机械化装药，但敏感度较低，只能采取强力起爆方式，须用起爆药柱起爆。用粉状硝酸铵时，为防结块，须加适量木粉。由于贮存稳定性比较差，多采用机械化的连续“现场混制”的制作和装药相结合的方法，适合大孔径、大药量的无水露天大爆破场合使用。

为了增大爆轰感度、装药密度、爆炸威力和抗水性能，人们研制成功了“重铵油炸药”。它是多孔粒状铵油炸药（或多孔粒状硝酸铵）和乳化炸药（或乳胶基质）的机械混合物，具有这两种炸药的综合特点，广泛应用于水孔或非水孔的大爆破工程中。

4.1.3 铵松蜡炸药

铵松蜡炸药由硝酸铵、松香、石蜡和木粉混合而成，有的品种添加少量柴油，威力接近铵梯炸药，有一定防水性，在我国不少矿山使用。

4.1.4 含水炸药

含水炸药包括浆状炸药、水胶炸药和乳化炸药。含水炸药的特点是含水，水在含水炸药中具有很重要的作用。

首先，水是含水炸药的基本成分，水的存在使含水炸药具有较好的流变性。在水胶炸药中，水是胶结剂的主要溶剂，可以保持炸药性能的相对稳定；在乳化炸药中，水是氧化剂的重要溶剂，是造成分散相为均匀溶液的唯一介质。

其次，水的存在对含水炸药的性能具有一定的影响，它改变了人们对炸药中不能含有水的传统观念，彻底改善了工业炸药抗水性的难题。炸药中含有适量的水，可以增大或改变炸药的密度，爆速、爆压等爆炸示性数。

4.1.4.1 浆状炸药

浆状炸药由水、氧化剂、敏化剂、胶结剂、起泡剂（或多孔物料）和交联剂等组成。氧化剂为硝酸铵和硝酸钠，敏化剂为梯恩梯、铝粉或甲醛胺硝酸盐等，胶结剂为田菁胶、聚丙烯酰胺和古尔胶等，起泡剂为亚硝酸钠，交联剂为重铬酸钾或硼砂。

浆状炸药的特点是其组分中有10%~20%的水。水对其他组分起到良好的分散作用，使氧化剂与可燃剂均匀混合，接触良好，而且以水抗水，完全消除了粉状硝铵炸药的吸湿与结块问题，解决了工业炸药的抗水问题，同时改善了工业炸药的爆轰性能。浆状炸药的密度较大，可达1.2~1.4 g/cm^3，爆速为3500~5000 m/s，爆轰的临界直径较大，有时达到96~130 mm，经不断研究，也出现临界直径小的浆状炸药。浆状炸药具有抗水性强、安全性好、密度高、稠密度可调、体积威力大等突出优点。浆状炸药广泛用于露天矿大炮孔坚硬岩石和有水炮孔爆破。在寒冷地区，需采用抗冻浆状炸药。

4.1.4.2 水胶炸药

水胶炸药是在浆状炸药的基础上利用有机胺硝酸盐（如甲胺硝酸盐）作为敏化剂，同时进一步使用和改进了化学交联技术而生产得出，可用于普通雷管起爆，具有较高感度。水胶炸药的出现使含水炸药又向前发展了一步。

4.1.4.3 乳化炸药

乳化炸药是20世纪70年代才发展起来的，由水、氧化剂、燃料、起泡剂（或多孔物料）、乳化剂等主要成分组成。氧化剂为硝酸铵和硝酸钠，燃料为矿物油等，起泡剂为亚硝酸钠。最早的乳化炸药是非雷管敏感的，必须借助中继起爆药来引爆。后期通过改进，乳化炸药也具有雷管感度，可用雷管直接起爆。

乳化炸药是含水炸药的典型代表，具有抗水性好（抗水性能优于浆状炸药）、爆炸威力高、密度大、机械感度低、加工使用安全、成本低等优点，在国内外得到广泛的应用。

与浆状炸药和水胶炸药相比，乳化炸药物理性能稳定，原料成本低，成形性能较低，爆炸威力适中。

与硝铵炸药和铵油炸药相比，乳化炸药抗水性优良，几乎不吸湿，不易结块，可以较长时间浸泡在水中，特别适宜在有水场合爆破，密度一般在0.95~1.30 g/cm^3。

乳化炸药主要不足之处是装药不方便，也不易装填成药卷，影响生产效率。另外，不宜长期贮存。

4.2 起爆器材

起爆器材是能够安全可靠地按要求的时间和顺序激发炸药爆炸反应的装置或材料。矿用起爆器材包括导火索、导爆索、雷管、继爆管、导爆管和起爆药包等。

4.2.1 起爆药包

采用威力较高的起爆炸药作为起爆药包，有利于传爆的稳定性和能量的释放。

起爆浆状炸药采用黑索金与梯恩梯按一定比例混合制成的起爆药包。黑梯药包重量5~7 kg，黑索金与梯恩梯比例为1∶1、5∶6、1∶13等。我国东北地区的一些矿山采用以黑索金为主，经压制而成的“强力起爆弹”来代替黑梯药包，不仅威力高，而且使用方便、经济。该起爆弹是由塑料导爆管、引爆雷管、85 g压制的黑索金和金属外壳组成。

起爆铵油炸药一般采用2号岩石炸药作为起爆药包，起爆药量一般不超过炮孔装药量的3%。但对多孔粒状硝酸铵或铵油炸药来说，因其感度较低，为增加起爆能力，在起爆药包周围散装一些2号岩石炸药，可获得较好的起爆效果。

4.2.2 雷管

雷管是爆破工程的主要起爆材料，它的作用是产生起爆能来引爆各种炸药及导爆索、传爆管等，一般用雷汞等容易发火的化学药品装在金属管里制成。雷管分为火雷管和电雷管两种。电雷管分为瞬发电雷管和延期电雷管，而延期电雷管又分为秒延期电雷管和毫秒延期电雷管。

雷管由管壳、正、副起爆药和加强帽组成，如图4-3所示。正起爆药用二硝基重氮酚、叠氮化铅或雷汞等，副起爆药用黑索金或泰安。

毫秒延期雷管是在引火装置与起爆药之间插入一段导火索，引火装置点燃导火索，由导火索长短控制延期时间。毫秒延期雷管利用延期药的药量和配方控制毫秒延期时间，是实现微差爆破的重要器材。

火雷管与电雷管的区别主要在于引爆装置不同，火雷管用导火索引爆，电雷管用电引火头引爆，电引火头由绝缘脚线、桥丝（电阻丝）和引燃剂构成。

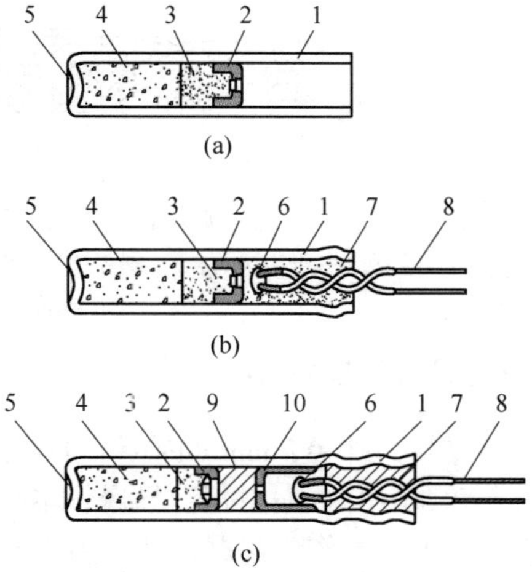

图4-3 雷管

（a）火雷管；（b）瞬发电雷管；（c）毫秒延期电雷管
1—管壳；2—加强帽；3—正起爆药；4—副起爆药；5—集中穴；6—电桥丝；7—密封塞；8—脚线；9—延期药；10—大内管

4.2.3 导火索

导火索又称导火线，是一种传递火焰的索状点火器材，常用于引爆火雷管与黑火药。我国制造的导火索外径不大于6.2 mm，一般导燃时间为100~125 s/m。导火索一般为白色，或在外层线用一根其他颜色的线代替一根或数根白线做不同产品的区分标志，结构如图4-4所示。

4.2.4　导爆索及继爆管

导爆索是一种传递爆轰波的索状器材，药芯用泰安或黑索金（三次甲基三硝胺）制成，结构与导火索基本相同，但可直接起爆炸药，自身需用雷管起爆。导爆索有标准高能、低能和煤矿安全导爆索等品种。导爆索起爆的主要优点是网路连接简便，使用安全，不受杂散电流、静电和射频电的影响，与继爆管配合使用，可实现非电毫秒爆破，但成本高，起爆网路不能用仪表检查。导爆索一般为红色，结构如图 4-5 所示。

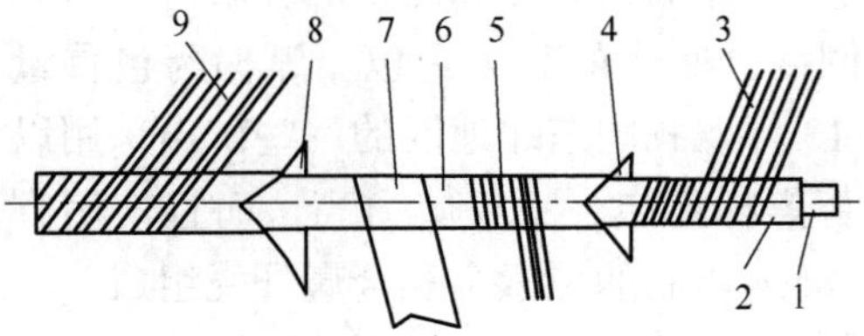

图 4-4　导火索结构

1—芯线；2—药芯；3—内层线；4—内层纸；
5—中层线；6—防潮层；7—中层纸；
8—外层纸（挂涂料）；9—外层线

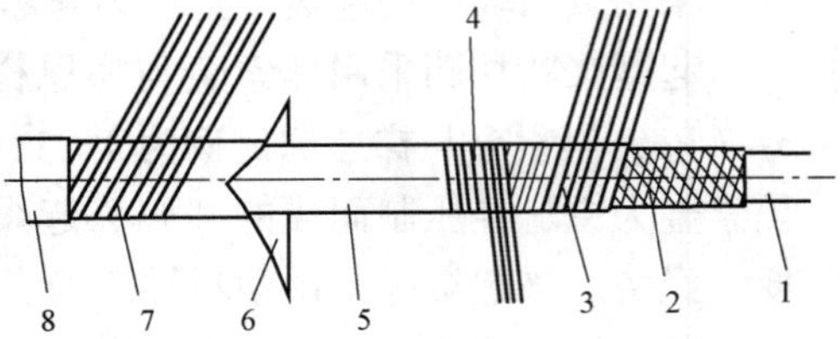

图 4-5　导爆索结构

1—芯线；2—黑索金药芯；3—内层棉纱；
4—中层棉纱；5—内防潮层（沥青层）；
6—纸条；7—外层棉纱；8—外防潮层

继爆管是在深孔和硐室大爆破中与导爆索配套使用的非电毫秒延期起爆器材。由非电毫秒延期火雷管、消爆管和导爆索组成，分单向和双向两种，结构如图 4-6 所示。

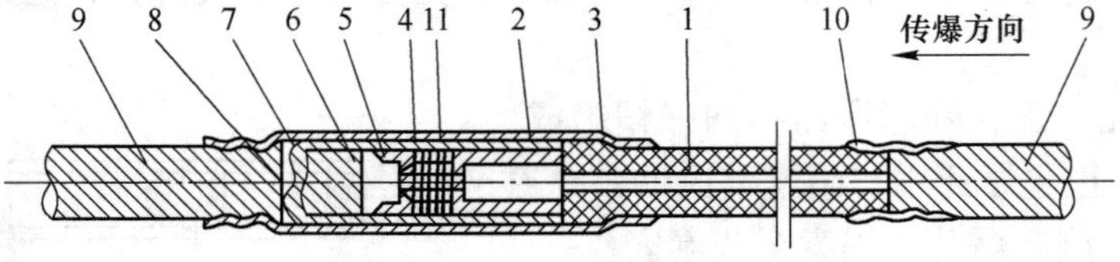

图 4-6　继爆管结构

1—消爆管；2—大内管；3—外套管；4—缓燃剂；5—加强帽；
6—正起爆药；7—副起爆药；8—雷管壳；9—导爆索；10—连接管；11—纸垫

4.2.5　导爆管起爆系统

导爆管为外径 3 mm、内径 1.4 mm 的塑料管，内壁涂有 16~20 mg/m 薄层的炸药，密度只有 0.36~0.4 mg/cm^2。导爆管本身不能搭接传爆，也不能起爆猛炸药，可用起爆枪、雷管、导火索等作为起爆元件，激发导爆管内薄层炸药以 1700~2000 m/s 的速度在管内传播，通过联结元件，向各分支导爆管继续传爆，并按一定顺序引爆非电延期雷管。该系统使用安全、网路简易、操作方便、成本低。

导爆管起爆系统属于非电起爆系统，由四部分组成。

（1）击发元件。其作用是击发导爆管，主要有以下形式。

雷管击发：用作击发元件的雷管称击发雷管，通过引爆雷管击发固定在雷管壁上的导爆管。

击发枪、火帽：击发枪可用运动会的发令枪改装，枪身加一枪管，枪口插入导爆管，枪管尾部有一火台，火台上火帽，击发锤击发火帽后便可击发导爆管。

导火索、电起爆器等击发。电起爆器如图 4-7（a）所示。

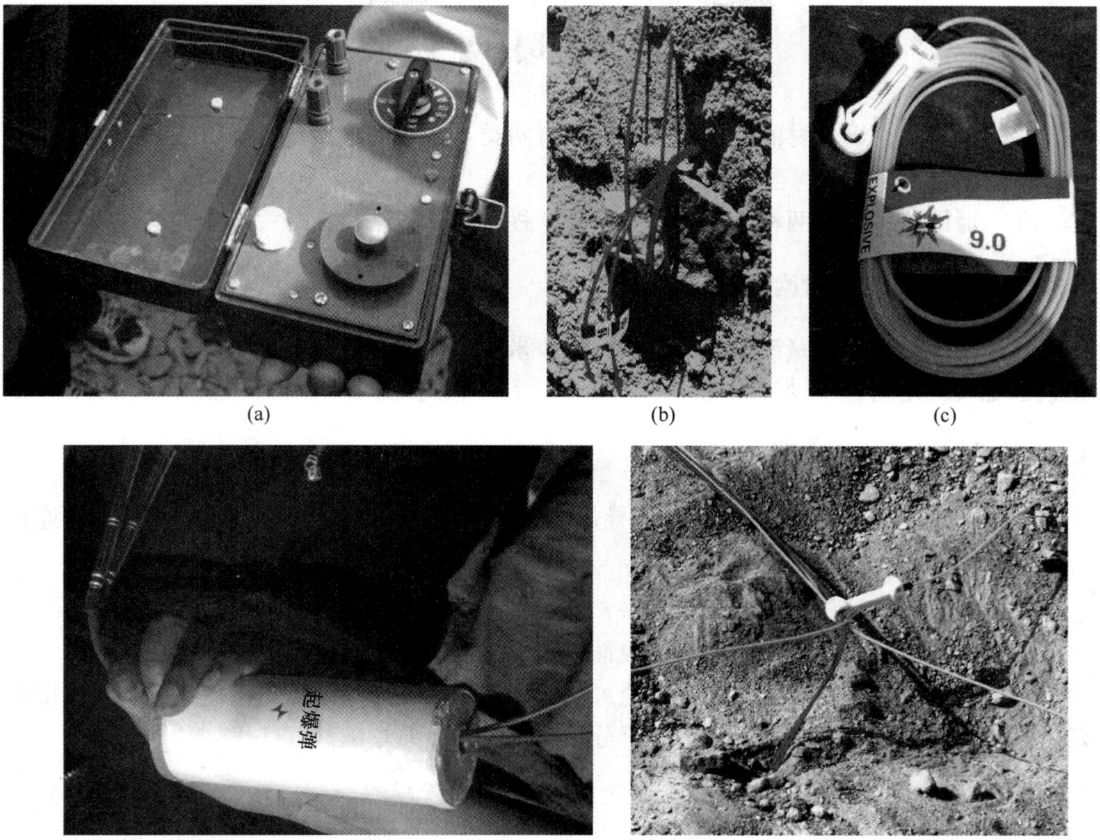

(a) (b) (c) (d) (e)

图 4-7　导爆管起爆系统组成及炮孔连线图

（a）电起爆器（击发）；（b）导爆管（传爆）；（c）传爆雷管（传爆）；（d）起爆弹；（e）炮孔连线

（2）传爆元件。由导爆管、传爆雷管组成，其作用是将击发元件的冲击波信号传给各起爆元件，如图 4-7（b）、图 4-7（c）所示。

导爆管有较好的防水性能，在 20 m 的深水下仍能稳定传爆，遇火只能燃烧不爆炸，在 20~50 ℃的温度下爆速不变。冲击、摩擦、枪击不爆炸。

传爆雷管的结构与普通火雷管相同，其作用是将一根导爆管的冲击波传给两根以上的导爆管，起分支作用。

（3）起爆元件。它是系统的工作元件。其作用是起爆炸药或导爆索，由火雷管和非电毫秒延期雷管、起爆弹等组成，如图 4-7（d）所示。

（4）联结元件。用来连接击发元件、传爆元件和起爆元件，如：用于导爆管和被其击发的雷管的联结元件称为卡口塞；用于固定击发、传爆雷管和被其击发的导爆管的连接元件称为联结块。导爆管、卡口塞和雷管联结在一起称为组合雷管。如图 4-7（c）、图 4-7（e）所示。

导爆管起爆系统不受杂电、静电、雷电、射频电、高压感应电的干扰，可最大限度地减少早爆的危险性，但不能导通检查，不能用于有瓦斯、煤尘爆炸的地方。

4.3 起爆网路

根据使用的起爆器材的种类，起爆方法有两类：电爆网路和非电爆网路。金属矿山一般不使用电爆网路。

非电爆网路主要有两种方式：导爆索配毫秒继爆管网路和导爆管配毫秒雷管网路。

4.3.1 导爆索配继爆管网路

导爆索配继爆管网路连接比较简单。一般采用孔外延时，同段串联、并联均可，以导爆索不交叉、使用量最少为原则。

4.3.2 塑料导爆管起爆网路

根据所用的延时形式不同，塑料导爆管起爆网路有孔内延时和孔外延时两种连接方式。

4.3.2.1 孔内延时的导爆管网路

常用的网路连接方式有簇联法（见图 4-8）和并串并法（见图 4-9）两种。

孔内延时的优点是联线方便，安全可靠，网路不易破坏。缺点是微差爆破的排数受到延时雷管段数的限制，因此，只适用于分段数量少的微差爆破。

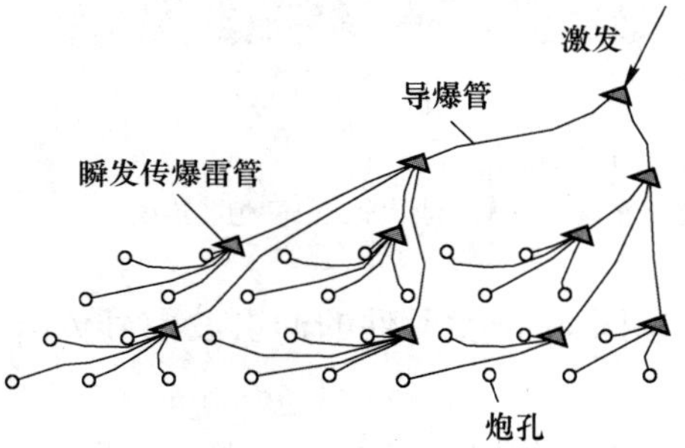

图 4-8　簇联法

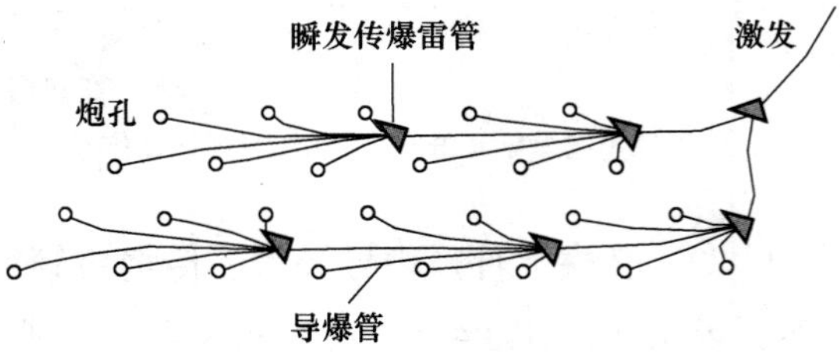

图 4-9　并串并法

4.3.2.2 孔外延时的导爆管网路

孔外延时的最大特点是用同一段的延时雷管来实现多段等间隔微差爆破。但选择雷管的延时时间不得超过 100 ms，否则会破坏网路。这种延时形式最适合于斜线顺序爆破方案。

如图 4-10 所示，采用导爆四通，可实现全爆区连接的管网化和轴向传播爆轰。

除采用导爆四通进行孔外延时，还常使用加强复式网路，如图 4-11 所示。

在设计导爆管起爆网路时，不能采用环形网路，即传爆的初始位置与终止位置不能相隔太近。应特别注意采用正确的连接方法，防止拒爆事故的发生。

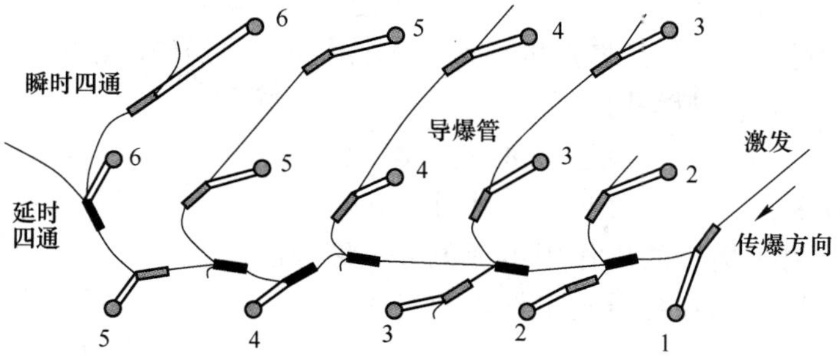

图 4-10 导爆四通孔外延时的网路

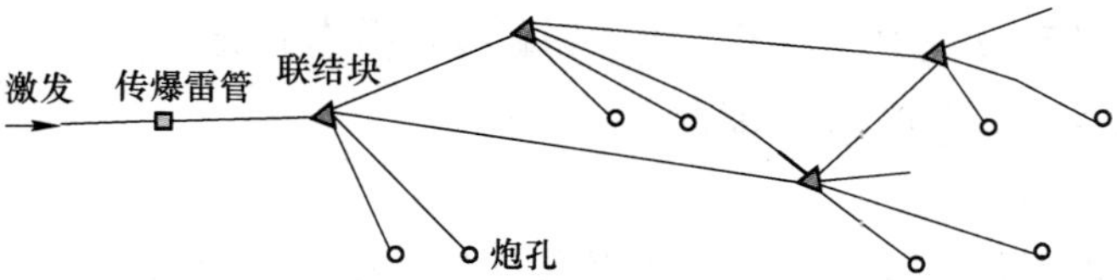

图 4-11 复式套联法

为了保证爆破作业的安全可靠，防止拒爆，一般在较大规模爆破时使用联合起爆法起爆，同时敷设两种起爆网路。

4.4 露天矿山爆破方法

视频-弓长岭独木矿区爆破

露天矿山爆破主要有生产台阶的深孔爆破和临近边坡的控制爆破。

4.4.1 生产台阶的深孔爆破

4.4.1.1 露天矿生产爆破的要求

露天开采生产爆破的基本要求有以下方面。

A 有足够的爆破贮备量

露天开采一般以采装工作为中心组织生产。为了保证挖掘机连续作业，要求工作面每次爆破的矿岩量，至少能满足挖掘机 5~10 昼夜的采装需要。

B 保证合格的矿岩块度

露天爆破后的矿岩块度，既要小于挖掘机铲斗允许的块度，又要小于粗碎机入口的允许块度，即：

按挖掘机要求 $a \leqslant 0.8V^{1/3}$

按粗碎机要求 $a \leqslant 0.8J$

式中，a 为允许的矿岩最大块度，m；V 为挖掘机斗容，m^3；J 为粗碎机入口最小宽度，m。

C 要有规整的爆堆和台阶

爆破后形成的松散矿岩堆，称为爆堆。爆堆的尺寸对采装、运输工作都有很大的影响，爆堆的高度及宽度要适宜。爆堆过高，影响挖掘机作业安全；爆堆过低，挖掘机铲斗装不满；爆堆前冲过大，增加了挖掘机事先清理工作量，也妨碍了运输线路；爆堆前冲过小，说明矿岩碎胀不佳，破碎效果不好。

爆破后的台阶工作面也要规整，不允许出现根底、伞岩等凹凸不平现象，如图 4-12 所示。此外，在新形成的台阶上部，往往由于爆破的反作用出现龟裂，称为后冲作用，它对下一循环的穿孔爆破工作影响极大，也应尽可能避免。

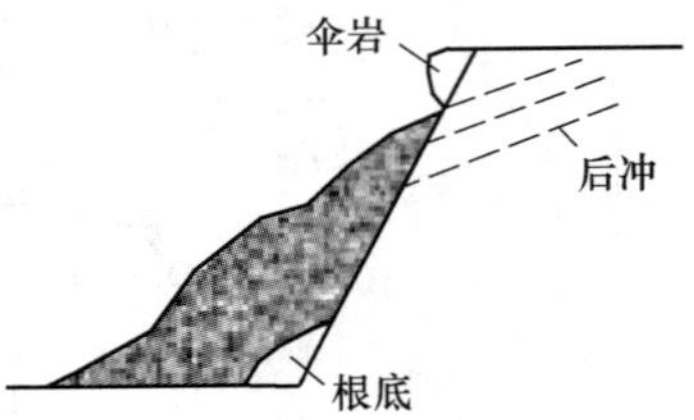

图 4-12　露天矿爆破的弊病

D　保证工作安全

爆破是一种瞬间发生的巨大能量释放现象，因此安全工作很重要。在开采过程中，除了要注意爆破技术操作的安全外，还要尽可能减轻爆破震动、空气冲击波及飞石对周围的危害。

E　降低生产成本

评价爆破工作的经济合理性，除了从爆破本身衡量外（如延米爆破量、单位矿岩爆破成本等），还要从采装、破碎等总的经济效益去评价。

4.4.1.2　露天矿生产爆破的常用方法

露天矿生产爆破方法有浅孔、深孔、硐室、药壶和外覆爆破法。浅孔爆破法一般用于小型矿山开采、山头处理、平台的局部采掘和二次爆破工作。硐室爆破法是在基建和特殊情况下，为进行大量抛掷或松动岩石，保证基建剥岩或筑坝工作的提前完成而采用的方法。药壶爆破法一般是在穿孔工作比较困难的情况下，将深孔孔底或某部位扩大，形成药壶而增加孔底装药量的爆破方法。外覆爆破法一般用于二次破碎及处理台阶根底等。

深孔爆破法是露天矿的主要爆破方法，使用最广。在二十世纪五六十年代期间，我国露天矿山的深孔爆破，多采用单排孔齐发爆破，爆区规模小，每次爆破量一般只有5 万~7 万吨，而且常有根底出现，大块率高达 4%~7%，由于二次爆破量大，爆堆条件差，电铲能力不能充分发挥，一般 4 m^3 电铲台年效率只有 100 万吨左右。采用多排孔微差爆破以后，每次爆破量达 20 万~30 万吨，有时甚至可达 50 万吨以上，大块率降低为1%~2%，电铲效率也获得大幅度的提高。与浅孔爆破法相比，其主要优点是：劳动生产率可提高 3~4倍，炸药单位消耗量降低 20%~40%，一次同时爆破量大，可满足现代化的采运设备高效率生产的要求。

台阶深孔爆破的炮孔布置有垂直、倾斜或水平三种方式，其中垂直深孔应用最多，倾斜深孔次之，水平炮孔应用极少，如图 4-13 所示。

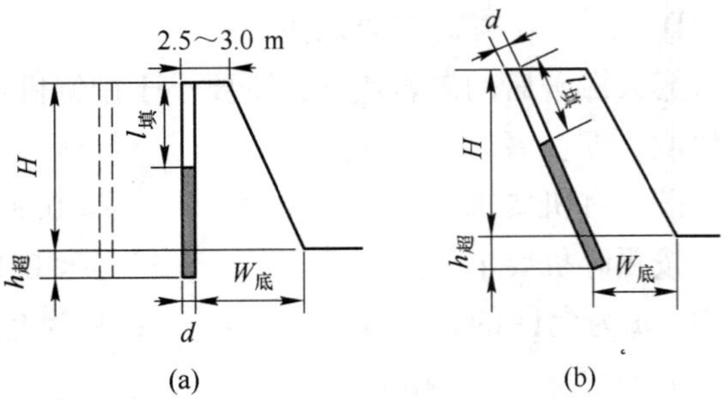

图 4-13　垂直深孔与倾斜深孔
（a）垂直孔；（b）倾斜孔

与垂直深孔相比，倾斜深孔具有许多优点：

（1）爆破抵抗线沿孔深全长均相等，矿岩破碎较均匀，根底少，大块率低；

（2）在相同的爆破技术条件下，孔

位距台阶坡顶线距离，斜孔远比垂直孔大，人员和设备作业安全。

（3）斜孔钻机的钻孔角度可以调整，容易保持设计的坡面角，爆破后坡面平整。

（4）爆堆高度和宽度易于控制，有利于电铲作业。

尽管有上述优点，但由于缺少大直径斜孔钻机，且斜孔装药不方便，大直径（$D \geqslant$ 250 mm）斜孔爆破还没有得到推广。

随着挖掘机斗容和露天矿生产能力的急剧增大，要求每次爆破量也越来越多。露天开采广泛使用多排孔微差爆破、多排孔微差挤压爆破以及高台阶爆破等大规模爆破方法。

4.4.1.3 微差爆破

A 孔内微差爆破

孔内微差爆破是利用微差爆破的基本原理，在同一深孔内将药包分成上、下两个独立的起爆系统，并使其间实行瞬间延时，可加强炮孔底部爆破作用，改善爆破质量，减震效果好，是增强爆炸能量作用的一种较好方法，孔内微差装药结构如图 4-14 所示。

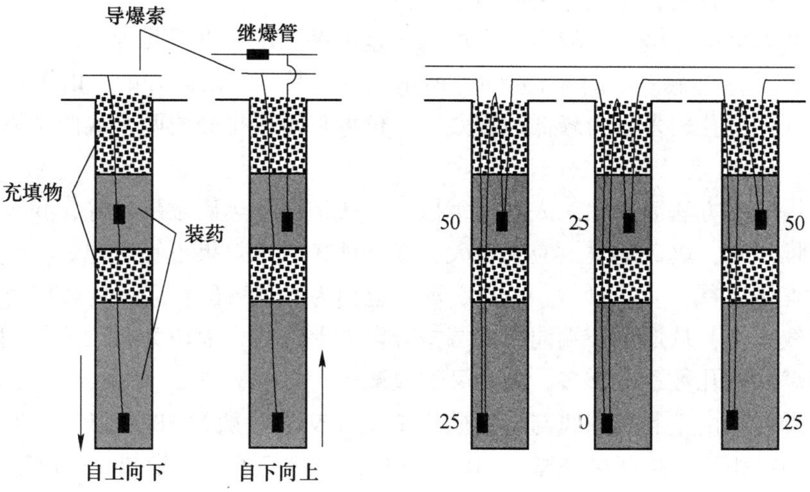

图 4-14 孔内微差装药结构（单位：ms）

B 多排孔微差爆破

多排孔微差爆破是排数在 4~6 排或更多的微差爆破。

多排孔微差爆破参数的确定主要与矿岩性质、抵抗线、降震要求和起爆器材等有关。依据矿山的主要经验，常用的微差间隔时间为 25~75 ms，坚硬矿岩取小值，软岩取大值。

多排孔微差爆破的主要优点有：

（1）大块率和根底显著降低，爆堆整齐，后冲较小，电铲效率高。

（2）明显地减弱了爆破地震效应。

（3）增加了一次爆破量，减少了电铲移动次数和辅助作业时间。

C 多排孔微差挤压爆破

多排孔微差挤压爆破是工作面残留有爆堆情况下的多排孔微差爆破。爆堆的存在为挤压创造了条件，一方面能延长爆破的有效作用时间，改善炸药能的利用和破碎效果；另一方面能控制爆堆宽度，避免矿岩飞散。

多排孔微差挤压爆破技术的应用，大大地提高了露天开采强度。在开采过程中，不须把工作线分成穿孔、爆破和铲装3个区段依次进行，可以在同一区段内同时进行穿孔、爆破和铲装工作。为了提高出矿能力，在相同长度的工作线上，还可以同时布置多台电铲作业，设备调配灵活，爆破质量较好。因此，微差挤压爆破已成为改善爆破质量、减少工序间的干扰、提高设备效率、促进矿山生产能力进一步提高的一项有效技术措施。

4.4.1.4　布孔和起爆顺序

矿山常用的布孔方式基本上有两种：三角形布孔和矩形布孔，如图4-15所示。三角形布孔常用于排间微差爆破，后排孔爆破时可以补充前排孔间的爆破作用，对处理拒爆工作比较方便，但不利于装药和填塞工作的机械化。矩形布孔常用于掘沟爆破或台阶斜线顺序爆破，布孔方便，易实现装药填塞机械化。

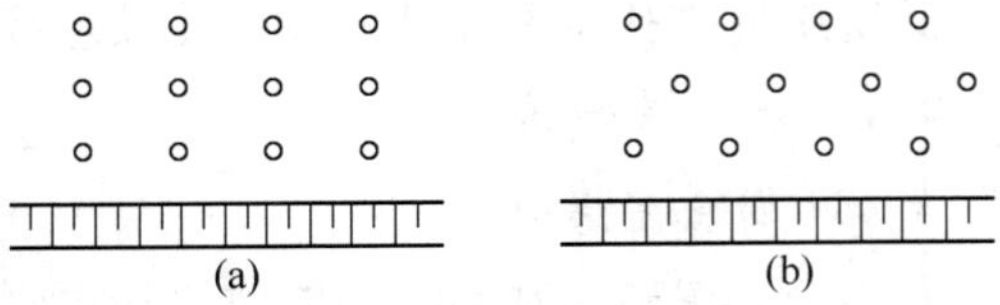

图4-15　布孔方式
(a) 矩形布孔；(b) 三角形布孔

多排孔微差爆破起爆形式较多，常用的微差起爆顺序有以下几种：

(1) 排间顺序起爆。如图4-16 (a) 所示，一般是从自由面开始，由第一排向后逐排起爆。如果同一排孔较多，为降低地震效应，也可将每一排分成两个或两个以上的区段进行微差起爆。

这种起爆顺序方法简单，工人容易掌握，一般情况下爆破效果较好，我国露天矿应用最广。但爆堆较宽，爆破地震效应仍较大，在坚硬矿岩中效果不够理想。

(2) 对角线起爆。如图4-16 (b) 所示，也称为梯列爆破，应用比较广泛。各起爆列线与台阶眉线斜交，从爆区一端向另一端按分段微差进行，前段为后段相继创出新的自由面，同时起爆的炮孔数逐段增多，最后又逐段减少。

这种起爆方式由于起爆列线与台阶眉线斜交（交角一般为30°~45°），当岩石运动动能一定时，抛掷距离比排间微差减少30%~40%，电铲扫道工作量减少70%，为陡帮开采创造了有利条件；能提高并改善矿岩爆破效果，降低地震效应，减少后冲，台阶整齐；比排间微差起爆方式后冲减少2.5~3.0 m，爆破后台阶龟裂范围也相应减小。

(3) 波浪式微差起爆。如图4-16 (c) 所示，排与排之间都有微差，加强了岩石的碰撞和挤压，从而获得较好的破碎效果。这种起爆方式能减小爆堆宽度，降低地震效应，但易残留根底，使用不普遍。

(4) 中间掏槽起爆法。如图4-16 (d) 所示，首先在中间掏槽孔形成槽沟状自由面，随后再依次起爆两侧各排。掏槽孔的孔距一般要缩小20%，超深增加1 m，装药量增大20%~25%。掏槽孔的排列方向宜顺着结构面走向，常用于堑沟掘进。

4.4.1.5　爆破参数

爆破参数主要是指底盘抵抗线、孔间距、排距、超深、孔径和装药量等。

爆破参数一般根据矿岩特性、装备水平，先用类比法进行初步选定，随后在生产实践中经多次反复检验和改进，才能得出较为合理的爆破参数。

A　孔径

深孔直径是基本的爆破参数，它与穿孔、装运设备的选择以及矿岩的破碎效果都有密

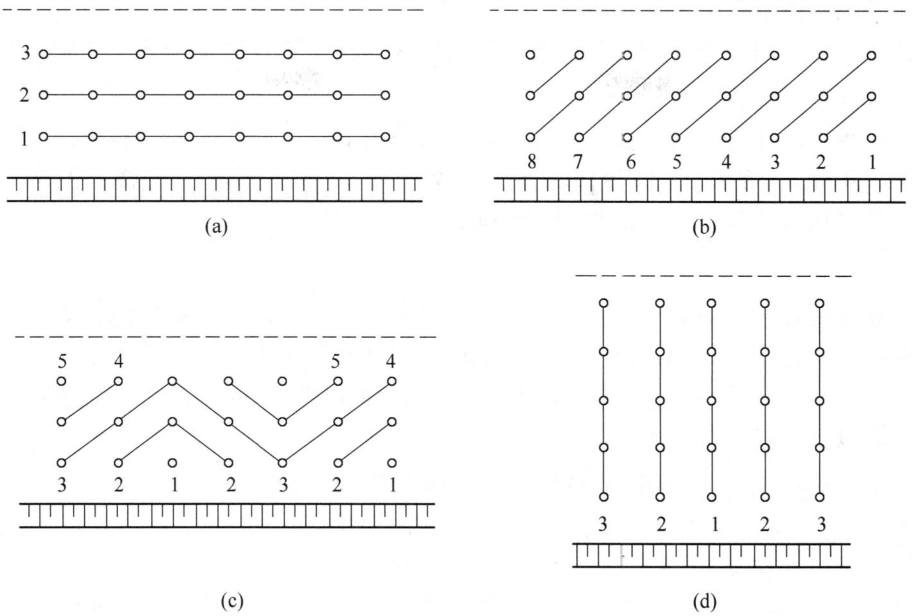

图 4-16 起爆方式

（a）排间顺序起爆；（b）对角线起爆；（c）波浪式微差起爆；（d）中间掏槽起爆

切关系。在露天开采工程中，由于广泛采用多排孔微差爆破或多排孔微差挤压爆破，增大药包直径，可以延长药包爆炸分解过程，从而延长了爆炸气体对孔壁作用的总时间，使裂缝扩展并强化破碎过程。

B 底盘抵抗线

露天深孔爆破有两种抵抗线，即最小抵抗线和底盘抵抗线。最小抵抗线是指由第一排孔装药中心至台阶坡面的最小距离，底盘抵抗线是指从台阶坡底线到第一排孔中心轴线的水平距离，如图 4-17 所示。在进行深孔爆破设计时，为了克服底盘的最大阻力和避免留根底，一般采用底盘抵抗线，而不采用最小抵抗线。

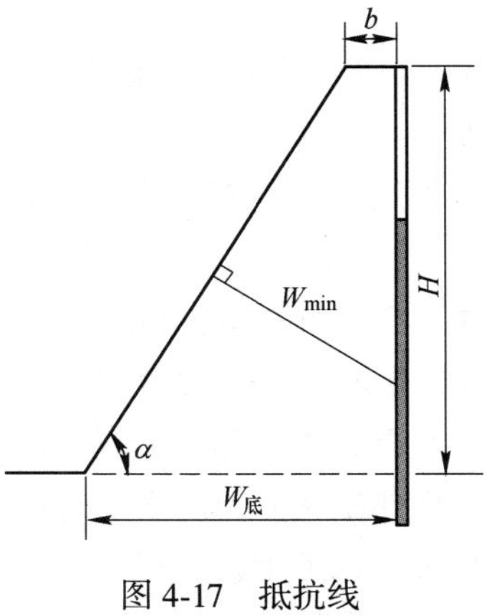

图 4-17 抵抗线

底盘抵抗线是影响矿山深孔爆破的重要参数，选取过大，爆破质量不佳，产生根底的几率增多；选取过小，爆破能量不能得到充分利用，爆破效率降低，不仅浪费了炸药，而且增加了穿孔工作量。

另外，在穿孔作业时，设备不能距台阶坡顶线太近，否则作业不安全。根据钻机安全作业要求，底盘抵抗线至少应为：

$$W_{底} = H\cot\alpha + b \tag{4-1}$$

式中，α 为台阶坡面角，一般为 60°~75°；b 为从炮孔中心至坡顶线的安全距离，一般为 2.5~3.0 m；H 为台阶高度，m。

采用挤压爆破时，由于台阶前面有爆堆，钻机作业安全，前排孔可以尽量靠前，底盘抵抗线可相应减小，有的矿山底盘抵抗线与后排孔排距相等。

C　炮孔密集系数和炮孔间距

实践表明，矿岩在爆破作用下的破碎程度和均匀性，不仅取决于炸药和矿岩性质，还取决于深孔在台阶上的布置。

当抵抗线值已经确定时，孔网布置可用密集系数表示，即孔距 a 与抵抗线 $W_{底}$ 的比值（$a/W_{底}$）。目前，一般矿山采用的炮孔密集系数为0.6~1.2。由于微差爆破的推广，炸药的爆破能量利用较有效，可以适当地加大炮孔的密集系数。

D　超深

如果超深值过大，装药的药柱过低，大部分药包位于超深中，爆炸能量的主要部分消耗在底板以下原岩中，药包远离应该破碎的原岩，使台阶上部矿岩破碎质量恶化，大块率提高。另外，造成台阶底盘过分破碎，使下一台阶穿孔困难，钻机效率明显下降。如果超深过小，底盘则容易产生根底。

超深值（$h_{超}$/m）一般按底盘抵抗线或孔径来确定：

$$h_{超} = (0.15 \sim 0.35)W_{底}$$

或

$$h_{超} = (10 \sim 15)D \tag{4-2}$$

式中系数可根据矿岩坚固性选取，坚固性高，取较大值，反之，取较小值。

在多排孔爆破时，第二排以后的各排孔的超深，应取较大的系数值，但当台阶底部有较弱岩层或明显的水平层理时，也可以不要超深。

E　装药量的计算和炸药单位消耗

a　单排孔装药量的计算

单排孔装药量（$Q_{单孔}$/kg）计算方式如下：

$$Q_{单孔} = qW_{底}aH \tag{4-3}$$

式中，q 为炸药单耗，kg/m^3；$W_{底}$为计算的底盘抵抗线，m；a 为深孔间距，m；H 为台阶高度。

采用式（4-3）计算单孔装药量后，还需要根据每孔最大可能容药量进行验算：

$$G = q_{线}(L - l_1) \tag{4-4}$$

式中，G 为每孔最大可能容药量，kg；$q_{线}$为线装药密度，即每米炮孔可能装药量，kg/m；L 为炮孔长度，m；l_1为填塞长度，m。

计算完毕，如果 G 值大于或等于 $Q_{单孔}$的计算值，则认为装药量是合适的。

炸药单耗 q 值的大小与矿岩的裂隙性、炮孔孔壁规则程度、炸药性能和装药密度等因素有关，也随炮孔直径大小而变化。

b　多排孔爆破装药量的计算

多排孔爆破时，第一排孔的装药量同上。但从第二排起，因爆破时受前面各排矿岩的阻力作用，故其装药量应有所增加，可按式（4-5）计算：

$$Q = KqabH \tag{4-5}$$

式中，K 为岩石阻力夹制系数，当采用微差爆破时，K=1.1~1.3，当采用齐发爆破时，K=1.2~1.5，第二排孔取下限，最后一排孔取上限；b 为排距，m。

采用多排孔微差爆破，尤其是采用多排孔微差挤压爆破，炸药单位消耗量有明显增高的趋势。虽然单位炸药消耗量增大会使穿爆费用增加，但由于改善了一次爆破质量，二次爆破工作量减少，采装、粗碎效率提高，从而补偿了穿爆增加的费用。从矿山实际生产经验来看，在大量使用廉价的铵油类炸药的情况下，适当提高炸药单位消耗，对改善爆破质量、提高电铲和汽车效率、降低矿石综合成本是有利的。

F 矿山爆破安全距离

爆破时必然会产生爆破地震、空气冲击波、碎石飞散及有害气体，因而危及爆区附近人员、设备、建筑物及井巷等的安全。因此，爆破设计时必须确定爆破危害范围，并指定安全距离。安全距离主要包括爆破地震的安全距离、爆破空气冲击波的安全距离、个别碎石飞散的安全距离、电力起爆的安全距离以及爆破有害气体扩散安全距离等。

a 爆破地震安全距离

炸药在岩体中爆炸后，在距爆源一定距离的范围内岩体产生弹性震动波，即爆破地震。地震强度主要与炸药量、爆源距离、岩石特性、爆破方法以及地质地形条件有关。

b 爆破空气冲击波的安全距离

爆破空气冲击波的安全距离主要依据以下方面确定：对地面建筑物的安全距离、空气冲击波超压值计算和控制标准、爆破噪声、空气冲击波的方向效应与大气效应。

c 个别碎石飞散的安全距离

露天爆破时，有些岩石飞散很远，危及周围人员、牲畜和建（构）筑物。飞石事故超过爆破事故总数的1/4。

4.4.1.6 装药结构

A 连续装药

目前，大多数矿山都使用连续装药结构。同一炮孔中一般装一种炸药，个别情况下在炮孔底部装威力较高的2号岩石炸药或胶质炸药，上部装铵油类炸药，用以克服底盘抵抗线较大的爆区。

B 间隔装药

为改善破碎质量，可采用分段装药。一般分为两段，上、下药柱的药量比有1：2、1：6或1：9不等。药柱之间的间隔一般为1.5~2.0 m，可采用岩碴分隔，也可采用空气间隔。

空气间隔装药是比较理想的。由于空腔的存在，降低了爆破初始脉冲压力峰值，部分能量贮存在空气中，避免局部过早破碎和抛射而造成爆炸气体提前逸出，延长炮孔的爆破作用时间，使炸药能量沿炮孔的分布趋于均匀，增大拉、剪破坏，减小爆破粉碎区，扩大了爆破破碎区，降低爆破震动强度，提高爆破能量利用率，从而改善爆破效果。

4.4.1.7 炮孔排水

水孔是露天矿深孔爆破的难题之一，一般采用防水的浆状炸药进行爆破。水量不大时可采取必要的排水措施，使用铵油类炸药进行爆破。

矿山生产中常用的排水方法有：人工打水、小药包爆炸排水和压气排水。

4.4.1.8 装药和填塞工作

我国露天矿山的装药和填塞工作以往都是手工操作，但该方法劳动强度大、效率低、安全防护差。现逐渐采用装药车和炮孔填塞机进行作业，改善了爆破作业条件，图4-18为装药车装药情况。

图 4-18　装药车装药情况

炮孔装药后需要在药包上放置填塞物，填塞物可用钻孔岩粉、砂或碎石，防止炸药爆炸过程中能量的损失，使炸药充分传爆，并防止在空气中产生强烈的冲击波。必须保证填塞质量，禁止采用无填塞爆破，填塞时不得破坏起爆线路，禁止捣固直接接触药包的填塞材料或用填塞材料冲击起爆药包。

选择合理的填塞长度，在很大程度上取决于岩石的物理力学性质和原岩的裂隙性。因为爆炸气体的流失，主要发生在孔壁的裂缝上，所以，合理的填塞长度应使爆炸气体从填塞物中的流失量小于从深孔孔壁裂缝的流失量。但填塞长度又不宜过大，否则会造成台阶上部岩体破碎效果恶化。

根据矿山长期生产实践经验，填塞长度应大于 16 倍孔径，而小于 32 倍孔径，否则，将影响爆破效果，并会造成岩块飞扬或发生根底。

也有矿山试用了半填塞爆破，即将炮孔不装药部分只装填 1/3～1/2 长度的填塞物，减少填塞工作量，但常常发生岩块飞扬，危害工人和设备安全，不宜广泛采用。

有些矿山采用在孔口距主药包 2～4 m 处放置 10～20 kg 的小型锁闭药包，利用其爆破下向作用力，起填塞物作用，取得较好的爆破效果。

4.4.2　临近边坡的控制爆破

临近边坡爆破的目的是尽可能地把爆破对边坡的影响控制在最小范围内，解决边坡稳定问题。目前矿山采取的主要方法有多段顺序微差爆破、预裂爆破、缓冲爆破和光面爆破。这几种方法可概括为：微差爆破是基础，临近边坡宜“缓冲”，重要地段要“预裂”，清理边坡要“光面”。图 4-19 为清理边坡的光面爆破效果。

4.4.2.1　多段顺序微差爆破

微差爆破的地震效应主要取决于最大分段药量。当成倍地增加段数，降低最大一段药量，可显著降低地震效应。多段顺序微差爆破方案如图 4-20 所示，由图中可以看出，雷管段数是按一定比例排列的，同段孔连线与台阶坡顶线交角为 25°左右。

多段顺序微差爆破优点是简单，避免雷管延时误差大而跳段出现闷炮，同时又可以用多段雷管降震，改善了爆破质量。其缺点是雷管的段数需增多。

4.4.2.2　预裂爆破

预裂爆破的特点是沿设计境界线边缘钻一排较密集的预裂孔，在主爆孔起爆前先起

图 4-19 清理边坡的光面爆破效果

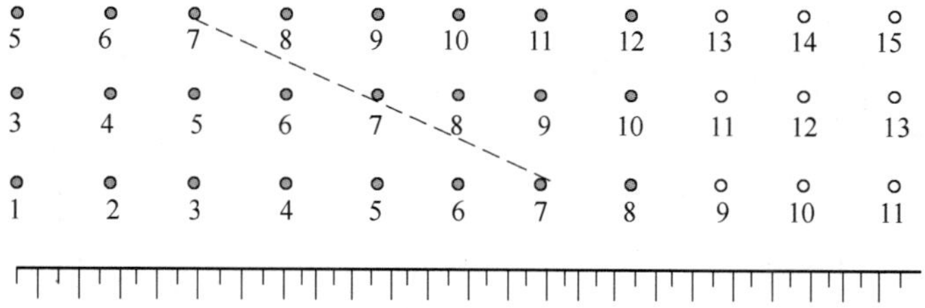

图 4-20 多段顺序微差爆破方案示意图

爆，炸出一条预裂带，借以吸收和反射主爆孔爆破能量，从而降低地震效应，保护边坡完整或减少边坡维护工作量。

A 固定坑线开拓的掘沟中应用预裂爆破

预裂爆破常用于露天矿固定坑线开拓的掘沟工作中，随堑沟掘进，同时进行预裂爆破，一次形成固定边帮。预裂孔有斜孔和垂直孔，预裂孔底部应根据岩性不同而适当增加药量。

图 4-21 为某矿采用倾斜预裂炮孔布置示意图，缓冲孔的药量比主爆孔减少 10%～20%，在硬岩中预裂孔底 1 m 处，一般增加 1 kg 的药包。

图 4-22 为垂直预裂孔布置方式，药量比主爆孔减少 20%～30%，孔底装一个 15 kg 的药包。

掘沟预裂爆破的主爆孔均采用“梯”形和“V”形微差爆破掏槽，最大分段药量一般不超过 2 t。

B 临近边坡的预裂爆破

临近边坡的预裂爆破主要用于扩帮形成的边坡，一般在临近边坡 15～20 m 处采用。预裂孔的施工因受穿孔设备的限制，普遍采用垂直孔，其炮孔布置如图 4-22、图 4-23 所示。

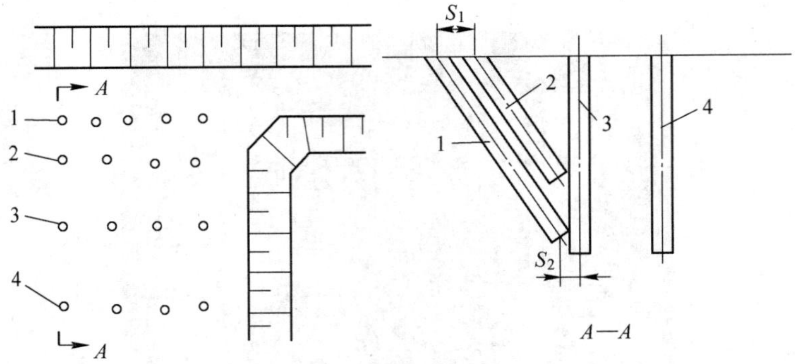

图 4-21 应用于掘沟的预裂爆破炮孔布置示意图

1—预裂孔；2—辅助孔；3—缓冲孔；4—主爆孔

辅助孔起辅助破碎作用，一般运用于硬岩，与预裂孔的排距为 2.5~3.0 m，孔距为 3~4 m，孔深 7~8 m，药量 30~45 kg，为最后一排起爆。S_1 为辅孔与预裂孔的排距，S_2 为缓冲孔与预裂孔孔底水平距离。硬岩为 1~2 m，软岩为 1.5~2.5 m。

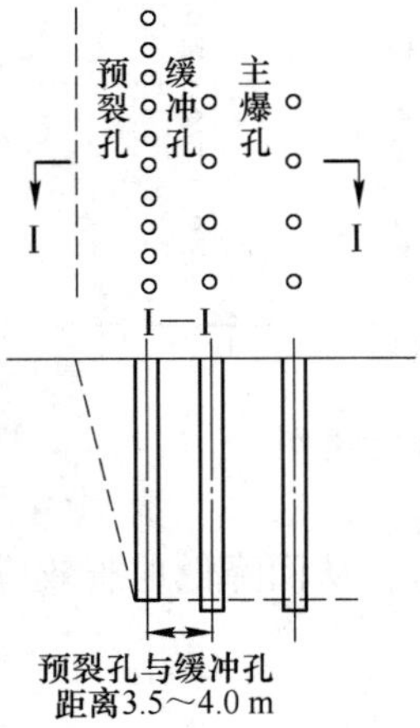

图 4-22 预裂爆破炮孔布置

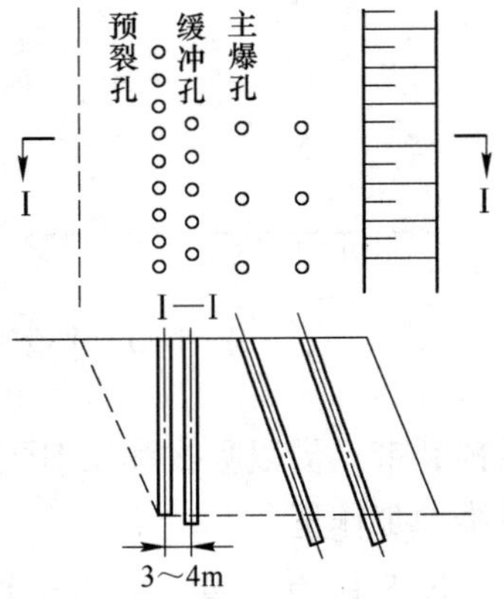

图 4-23 临近边坡的预裂爆破炮孔布置

主爆孔都采用微差爆破，为确保预裂带的减震效果，应尽量减少主爆孔对预裂面的破坏作用，预裂孔应按减震爆破布置，并适当减少孔距、排距和超深。

C 预裂爆破参数

预裂爆破参数主要包括孔径、孔间距和线装药密度等。这些参数及装药结构是否合理是决定预裂爆破成功与否的关键。

(1) 孔径和不耦合系数：根据矿山现有设备，尽量选用小直径钻机，钻孔直径的变化范围为 150~250 mm。采用小孔径可以提高穿孔速度，缩小孔距及每孔装药量，提高预裂效果。

不耦合系数是钻孔直径和药包直径之比。预裂钻孔壁与炸药之间形成一个环形间隙，可以降低爆轰波的初始压力，保护孔壁并防止其周围的岩石出现过度粉碎。此外还可延长爆破作用时间，有利于预裂缝的发展。实践表明，不耦合系数要大于 2，以 2~5 为宜。

（2）孔间距：合理的孔间距应使相邻钻孔的炸药爆炸后产生的应力波相互影响和叠加，保证沿炮孔中心连线拉开一条平整的裂缝。一般孔间距为孔径的8~13倍，硬岩取大值，软岩取小值。

（3）线装药密度：指每米炮孔的实际装药量（不包括孔底增加的药量），一般为0.6~3.5 kg/m。

（4）填塞高度：孔口填塞高度的大小关系到孔口段的预裂效果，一般为3~4 m，多数矿山进行填塞，少数矿山不填塞，从提高爆炸能利用率来看，填塞是有益的。

（5）起爆方式与起爆时差：预裂孔一般采用导爆索同时起爆。预裂孔一定要超前主爆孔起爆，其时差以能形成预裂带为准，一般为50~100 ms，硬岩取小值，软岩取大值。部分矿山根据工程需要，预裂孔超前数月引爆，也取得了较好的效果。

（6）装药结构与装药工作：装药结构有连续装药、径向间隙和垂直方向间隔装药三种。从应用效果看，采用径向间隙连续装药因药量沿炮孔长度均匀分布，预裂效果较好，但施工困难。装药都是采用手工操作，即将所需的塑料袋药卷捆在导爆索上徐徐放入炮孔内。工艺复杂，劳动强度大。

（7）预裂炮孔超前爆破距离：预裂带必须超前主爆孔爆破时产生的松动和破裂范围。否则，将使边坡岩体遭到破坏，影响边坡的稳定性。矿山预裂炮孔的超前爆破距离一般为15~20 m。

与普通爆破相比，预裂爆破减少了边坡岩体的破碎，提高了坡面的平整度和边坡的稳定性，减震效果可达40%~60%，破坏范围可减少到60%，预裂面的不平整度为±20 cm；坚硬岩石保留孔痕大于80%，软岩大于50%。

4.4.2.3 缓冲爆破

缓冲爆破选择从前排到后排递减的药量比例，末排孔较密，分段装药，临近边坡的最后几排钻孔不仅抵抗线递减，而且每孔装药量也递减，以减少爆破对边坡的震动和破坏，炮孔排列如图4-24所示。

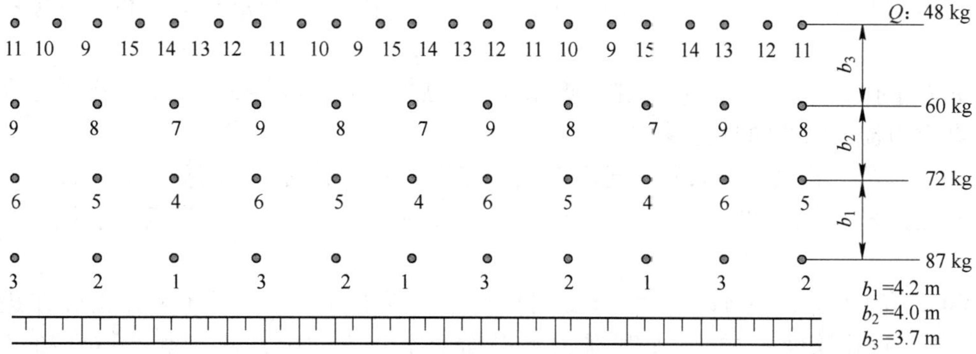

图4-24 缓冲爆破炮孔排列示意图

由图4-24可看出，从前排到末排缓冲层是变化的，由于末排是密集孔，临近边坡一排孔的药量分布均匀，又采用分段装药，在末排使用多段微差爆破。缓冲爆破降震率一般低于预裂爆破，宜在松软的岩种中使用。

4.4.2.4　光面爆破

光面爆破是沿边界线钻凿一排较密的平行钻孔，孔内装少量炸药，在采掘主钻孔爆破之后再进行起爆，从而沿密集钻孔形成平整的岩壁，是一种清理边坡的有效方法，如图4-25所示。

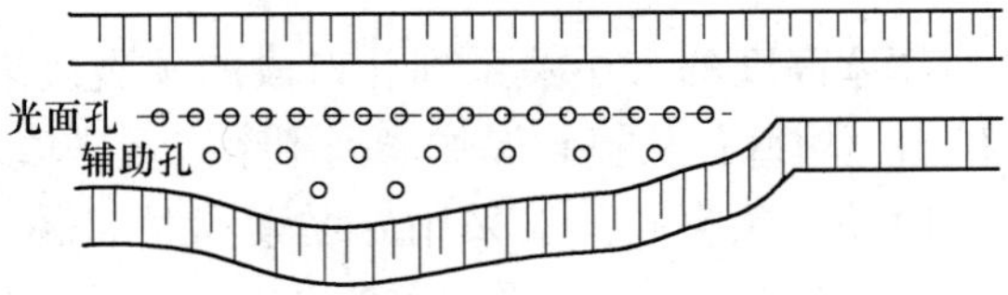

图4-25　用光面爆破清理

光面爆破和预裂爆破有许多相似的地方，其根本区别在于起爆时机。由于光面爆破孔距较大，穿爆工作量要小些，但降震效果不如预裂爆破。

采用光面爆破时，要注意下列几个问题：

（1）爆破参数。光面爆破的参数选择和预裂爆破很相似。由于光面爆破是最后起爆，夹制状态轻于预裂爆破，所以参数也比较大。

光面爆破的最小抵抗线一般是正常采掘爆破的0.6~0.8倍，其间距是自身抵抗线的0.7~0.8倍，即：

$$W_G=(0.6\sim0.8)W$$
$$a_G=(0.7\sim0.8)W_G \tag{4-6}$$

式中，W_G、a_G分别为光面爆破的最小抵抗线和钻孔间距；W为正常采掘爆破的最小抵抗线，m。

光面爆破的孔径一般等于正常采掘钻孔的孔径，有条件时宜取小值。不耦合系数一般为2~5，线装药密度为0.8~2 kg/m。

（2）装药起爆：光面钻孔中的炸药最好是爆速低、传爆性能好的炸药，我国一般用铵油炸药或岩石炸药。药卷尽可能位于钻孔中央，周围留有环形空隙，和预裂爆破要求相似。

光面钻孔的起爆要迟于前几排采掘钻孔，通常滞后50~75 ms。光面钻孔的起爆也以用导爆索为佳，以便同时起爆。

（3）最后几排钻孔的爆破：光面爆破的作用主要是形成平整的壁面，它并不能反射或抑制正常采掘爆破的地震效应，因而临近边坡的最后几排钻孔的装药量、抵抗线都宜缩小。

（4）施工要求：光面钻孔的施工同样要平（钻孔平行）、正（钻孔正好在边界线上）、齐（钻孔深度一样）。尤其在边界平面的垂直方向上，钻孔偏差不许超过15~20 cm，否则壁面很难平整。

5 采装工作

本章课件　思维导图

采装工作是用采掘设备将矿岩从整体或经过爆破破碎的矿岩堆中采掘出，并装入运输容器，运至破碎机的受矿仓或一定地点的工作。采装工作是露天矿生产过程的中心环节，其他工艺过程如穿孔爆破、运输、废石排弃等都是围绕采装工作展开的。采装工作的好坏对露天矿的生产能力、矿床开采强度及最终经济效果有着非常重要的影响。

采装工作所用的机械设备有单斗挖掘机、索斗铲、轮斗挖掘机和前装机等。由于金属矿山矿岩一般比较坚硬，生产中主要采用单斗挖掘机和前装机。

视频-采装

5.1 挖掘机

挖掘机是一种历史悠久的挖掘装载设备。早在 1835 年，美国发明了以蒸汽为动力的轨道式单斗挖掘机。20 世纪初出现了履带式和轮胎式挖掘机，相继采用了电动机、汽油机和柴油机作为动力。1925 年，美国生产了斗容为 3.05 m^3 的 120B 型电力驱动全回转履带行走的挖掘机，使装载设备的发展进入了一个新阶段，达到了完善设计和精确结构的状态。在以后的年代里，虽然挖掘机的结构、材质在不断改进，性能、效率也在不断提高，但其基本构造与工作特点没有根本的改变，仍保持其原来的形态。

5.1.1 挖掘机主要工作参数

挖掘机由工作部分、回转部分、走行部分和电气部分组成，构造如图 5-1 所示。

图 5-1　挖掘机结构

挖掘机主要工作参数如图 5-2 所示，包括以下几方面：

（1）挖掘半径（R_w）：挖掘时由挖掘机回转中心至铲斗齿尖的水平距离。

最大挖掘半径（R_{wmax}）：铲杆最大水平伸出时的挖掘半径。

站立水平挖掘半径（R_{wz}）：铲斗平放在站立水平面的挖掘半径。

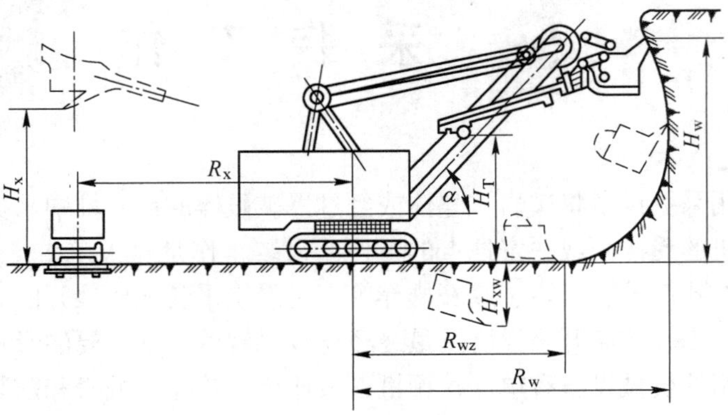

图 5-2　挖掘机工作参数

（2）挖掘高度（H_w）：挖掘时铲斗齿尖距站立水平的垂直距离。

最大挖掘高度（H_{wmax}）：铲杆最大伸出并提到最高位置时，铲斗齿尖距站立水平的垂直距离。

（3）卸载半径（R_x）：卸载时由挖掘机回转中心至铲斗中心的水平距离。

最大卸载半径（R_{xmax}）：铲杆最大水平伸出时的卸载半径。

（4）卸载高度（H_x）：铲斗斗门打开后，斗门的下缘距站立水平的垂直距离。

最大卸载高度（H_{xmax}）：铲杆最大伸出并提到最高位置的卸载高度。

下挖深度（H_{xw}）：铲斗下挖时铲斗齿尖距站立水平的垂直距离。

5.1.2　挖掘机作业方式

5.1.2.1　正常爆堆作业方式

在露天矿山的装载作业中，根据运输设备与挖掘机的相对位置不同，装车作业方式分为平装车、上装车和联合装车三种。

A　平装车

挖掘机与运输设备位于同一水平，如图 5-3 所示。

(a)　(b)

图 5-3　工作面平装车

（a）汽车运输；（b）铁路运输

B 上装车

运输设备与挖掘机分别位于台阶的上、下两个水平，如图 5-4 所示。

C 联合装车

运输设备位于台阶的中间平盘。

实际生产中，最常使用的是平装车，上装车一般在掘沟工程铁路运输中应用。

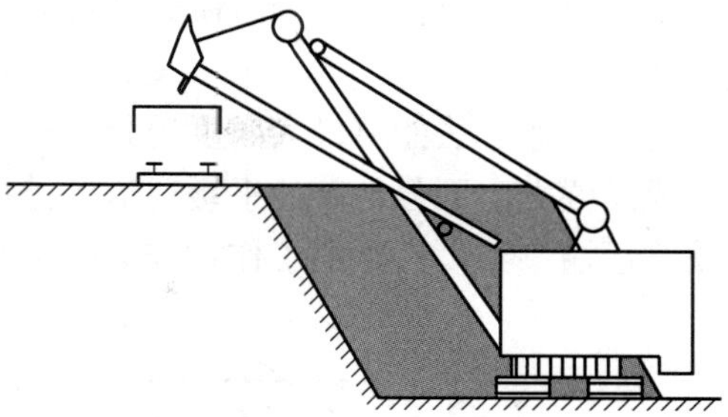

图 5-4 工作面上装车示意图

5.1.2.2 特殊采装作业方法

当矿体构造复杂、矿体内岩石夹层较多，或矿床中具有多种不同品级矿石时，为了满足产品质量和品级的要求，最大限度地降低矿石的损失与贫化，在装载过程中必须采用特殊的采装作业方法，实现不同品级矿石和夹层岩石的分采。

A 分区爆破采装

当台阶水平方向分别赋存不同种类、品级的矿石，或矿岩接触时，按矿石品种、品位或矿岩交界分成小区，分别进行爆破采装。如图 5-5 所示，Ⅰ区是岩石，Ⅱ区是矿石，先爆破采装Ⅱ区，再爆破采装Ⅰ区，使矿石损失贫化达到最小。

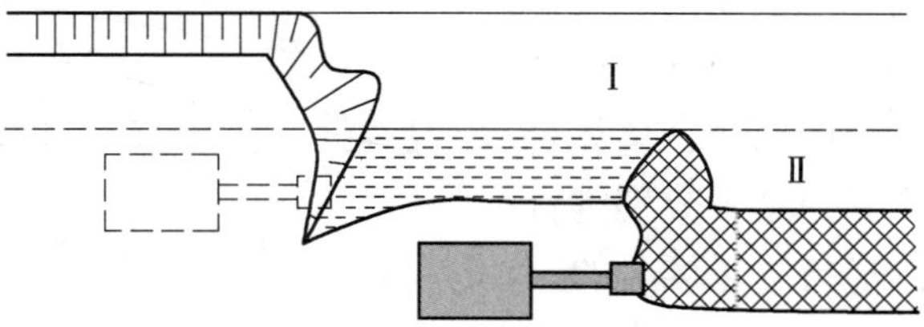

图 5-5 分区爆破采装示意图

B 分段爆破采装

当台阶垂直方向内局部赋存有矿石（或岩石）层时，可根据其赋存深度，采用分段爆破的方法进行处理，爆破后，用挖掘机将这部分矿石（或岩石）装车运走，如图 5-6 所示。

C 分层采装

当开采缓倾斜或水平的薄矿体群时，可以把整个台阶按矿岩接触线划分成两个或数个分台阶，进行分层开采。

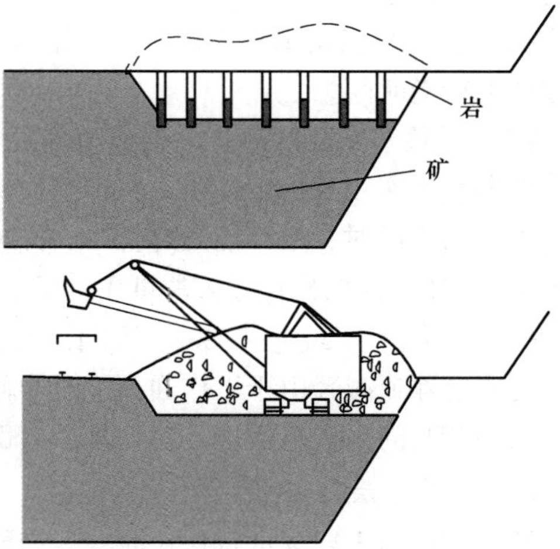

图 5-6 分段爆破采装示意图

首先，爆破上部分台阶，其次，从台阶下部平盘垫出一条通往上部分台阶的平缓通道，供挖掘机上下行走，如图 5-7（a）所示。当上部分台阶推进到一定距离，下部分台阶暴露出一定面积以后，即可开始在下部分台阶穿孔爆破。这时上、下分台阶同时进行作业。下部分台阶爆破后，挖掘机返回，采装下部分台阶，同时在上部分台阶穿孔爆破。如此上、下分台阶交替阶梯式推进，如图 5-7（b）所示。

这种作业方法能够最大限度地降低矿石损失和贫化，保证提供不同品级的合格矿石。但需要设置上、下分台阶的平缓通道，挖掘机上下往返频繁，有效作业时间减少。如果采用铁路运输，铺设铁路的工作量较大，进而影响经济效益。

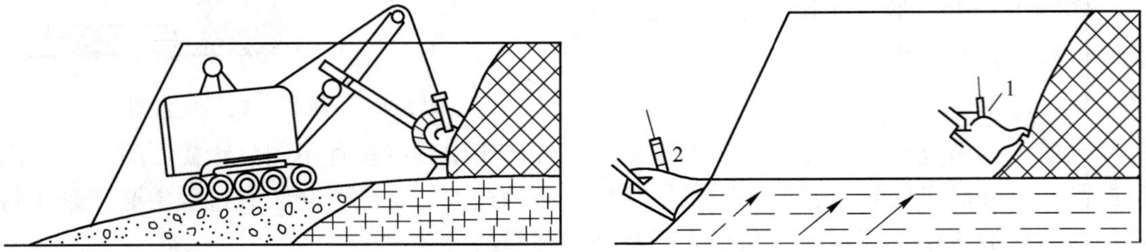

(a) (b)

图 5-7 阶梯式采装

（a）挖掘机行走通道；（b）采装顺序

D 三角掌子区段的采装作业

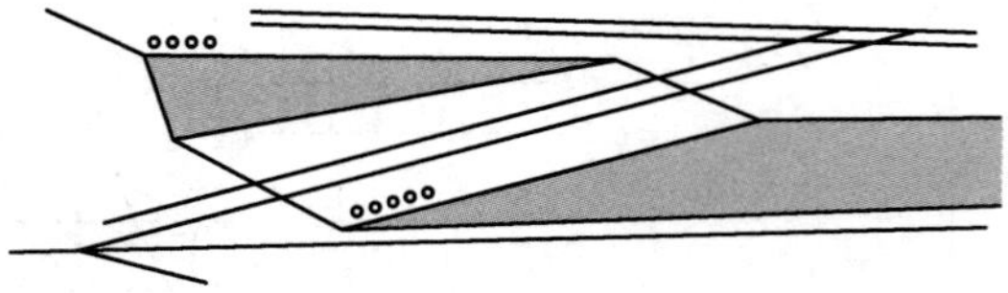

图 5-8 移动坑线三角掌子面

在露天开拓中，为了降低初期剥采比和减少基建剥岩量，常采用移动坑线开拓。在设置移动干线的台阶部分，整体台阶被划分成上、下两个三角掌子分别进行采掘。如图 5-8 所示，三角掌子区段的工作面高度是变化的，给挖掘机采装作业带来一系列的困难：

（1）在开采上部三角掌子时，挖掘机要在斜坡道上作业，列车在坡道上频繁起动和制动，安全性较差。

（2）在开采三角掌子区段时，工作面一分为二，增加了挖掘机移动次数和移动距离，也增加了行走时间。

（3）三角掌子区段都有一部分工作面高度过小，挖掘机满斗系数降低，生产能力下降。根据生产实践及标定证明，4 m^3挖掘机在爆破块度中等的较松软的岩石中，当工作面高度小于 2. 5 m 时，生产能力降低 10%～20%；当工作面高度大于 2. 5 m 时，生产能力降低 5%。同样的挖掘机在爆破块度中等的、但比较坚硬的岩石中，当工作面高度小于 4 m 时，生产能力降低 20%～30%；当工作面高度大于 4 m 时，生产能力降低 5%～10%。

为了消除或减轻由于工作面高度过小而引起的不良影响，有经验的司机会在列车入换时间和待车时间内进行倒堆，将低处矿岩倒至上部。

E 在黏土层区作业

挖掘机在黏土层区进行作业时，生产能力仅为在非黏性矿岩中作业的 50%～70%。挖掘机生产能力降低的主要原因有两个方面：

（1）下沉问题。黏土含有水分，为柔软的塑性体，抗压支撑力小，挖掘机在黏土层区采装时容易下沉，每下沉一次需要用一定的时间处理。

为防止挖掘机在黏土层作业时发生下沉，可以采用旧坑木、砌铺岩块或防护钢板来垫护地基的方法。

(2) 糊斗问题。黏土中含水分、铲斗表面粗糙以及气温骤然变化引起冻结、糊斗等问题，使黏土粘在齿尖和前齿床部分甚至铲斗内部，挖掘机无法继续进行工作。

为了减少和克服黏土黏糊铲斗，常采用不安齿尖的无齿铲斗或将铲门切去一部分，解决铲斗关门问题，冬季加热铲斗克服冻粘问题，安排生产计划时将有黏土的采区在干燥季节开采，这些技术措施对解决糊斗问题都比较有效。

5.2 挖掘机生产能力

研究挖掘机生产能力的目的，首先是在组织采区生产时，可以分析影响因素，克服不利条件，加强薄弱环节，充分挖掘生产潜力，提高劳动生产率；其次是在制订矿山采剥计划或进行新建矿山的设计时，有利于制订生产定额，指导生产。

5.2.1 挖掘机生产能力及数量的确定

5.2.1.1 挖掘机生产能力的确定

挖掘机生产能力是指在某一计算单位时间内，从工作面装入运输容器中的矿岩实方体积或吨位。确定生产能力一般有对比法和分析计算法两种。

A 对比法

对比法比较简单，在制订矿山采剥计划和新建矿山设计时常被采用。

对于现生产的矿山，制订采剥计划时可根据本矿近年来实际统计的挖掘机生产能力，并结合生产具体条件对比分析，考虑采取措施后可能达到的指标来确定挖掘机生产能力。

对于新建矿山，一般应先进行理论计算，再参照条件类似的其他矿山挖掘机生产能力选取。由于各矿山自然条件不可能完全相同，在选用其他矿山指标时，要注意分析具体情况，如山坡露天、深凹露天、运输方式、矿岩性质、设备检修情况、司机操作技术水平和生产组织管理水平等。

B 分析计算法

工程上常用的生产能力有技术生产能力和工作生产能力两种。

a 技术生产能力

技术生产能力是指在某一具体矿山技术条件（工作面尺寸、矿岩性质、装载条件等）下不间断采装时，挖掘机所能达到的生产能力。它是考虑了铲斗装满程度、矿岩松散系数和工作循环时间后，连续工作的生产能力，也是采取措施后可能达到的最大生产能力。技术生产能力是评定司机工作的指标，但不能作为生产定额。

技术生产能力可用式（5-1）确定：

$$Q_j = 3600EK_w/t \tag{5-1}$$

式中，Q_j为挖掘机技术生产能力，m^3/h；t 为挖掘机工作循环时间，s，一般通过测时求得平均值；E 为铲斗容积，m^3；K_w为挖掘系数，又称实方满斗系数。K_w 值可以通过测定 K_M和 K_S值而得出，$K_w = K_M/K_S$（K_M 为满斗系数，K_S为矿岩在铲斗内的松散系数），但不易准确，故 K_w 通常用以下方法测得：$K_w = V/(NE)$，其中，V 为某一时间内，采出的实方矿岩体积，可用矿山测量方法测出或称量岩石装车的总重量再除以岩石容重，m^3；N 为挖掘该矿岩量的总斗数。

K_w 值与岩石性质和构造、爆破块度、铲斗外形以及操作方法等因素有关，不同的岩性 K_w 值差异较大。

b　工作生产能力

工作生产能力考虑了矿山实际工作中受到爆破、运输、设备维修等各方面影响，即考虑了时间利用系数。

挖掘机班生产能力的计算式为：

$$Q_B = Q_J T\eta \tag{5-2}$$

式中，Q_B 为挖掘机班生产能力，$m^3/(台 \cdot 班)$；T 为班工作时间，h；η 为班工作时间利用系数，即铲装时间占班工作时间的比例。

5.2.1.2　*矿山所需挖掘机数量*

矿山所需挖掘机数量计算公式为：

$$N = A/Q_a \tag{5-3}$$

式中，N 为挖掘机台数，台；A 为年采剥量，万立方米/年；Q_a 为挖掘机台年效率，(万立方米/年)/台；Q_a 值可通过计算或参考挖掘机实际台年生产能力，并考虑效率降低因素选取。

露天矿生产配备的挖掘机不考虑备用数量，但不应少于两台。如果采矿和剥离作业的工作制度不同、设备型号不同以及生产效率相差较大时，可以分别计算采矿和剥离作业所需要的挖掘机台数。此外，若矿山还有其他工程，如修路、整理道路和边坡及倒堆等，还可考虑备有前装机、铲运机和推土机等辅助设备。

5.2.2　提高挖掘机生产潜力的途径

全矿挖掘机总能力也就是矿山剥采总量，因此，挖掘机生产能力是一项很重要的技术经济指标。充分发挥挖掘机的能力，对保证或超额完成矿山计划的剥采量有着直接的关系。

我国生产矿山挖掘机的生产潜力很大。目前，先进露天矿挖掘机平均生产能力比全国平均水平高一倍，而个别单台设备所达到的指标又比先进露天矿平均指标高一倍。

影响挖掘机生产能力的因素是多方面的，如挖掘机的类型、挖掘机的结构和挖掘矿岩性质、气候条件（如南方炎热的天气、北方严寒的冰冻期）等都不同程度地影响挖掘机生产能力。

这里主要讨论挖掘机选型以后的技术影响因素及提高能力的途径。

5.2.2.1　*装载工作循环时间*

挖掘机的一个作业循环可分为挖掘装载、满斗回转、卸载、空斗回转到工作面 4 个步骤。假设完成这 4 个步骤所需的时间分别为 t_1、t_2、t_3、t_4，则装载工作循环时间为：

$$t = t_1 + t_2 + t_3 + t_4 \tag{5-4}$$

工作循环时间与铲装矿岩性质、矿岩爆破破碎质量、车辆停放位置、装车回转角度以及司机的操作技术水平有关。据统计，挖掘机两次回转时间占工作循环时间的 60%～70%，因此，提高回转速度，减少回转时间对缩短工作循环时间具有很大意义。

这就要求司机熟练掌握操作技术，采用合理的铲装顺序，即由外向内、由下向上铲装，减少铲装阻力，要求“稳、准、快、满”和平行作业，从而缩短工作循环时间。

另外，司机可利用等车时间将工作面清理好，把工作面的矿岩倒至靠近汽车停放的位置，使挖掘机回转角度不大于 90°，也可有效地缩短工作循环时间。

5.2.2.2 挖掘系数

挖掘系数是通过满斗系数和松散系数计算的，因此提高满斗系数是提高挖掘系数的关键。

满斗系数是挖入铲斗内松散矿岩的体积与斗容之比，与矿岩性质、爆破块度及操作技术有关，其中最主要的是爆破块度。当爆堆分散、大块和根底较多时，挖掘机工作循环时间增加，满斗系数降低。

降低大块率主要从两方面着手，一是改善爆破质量，二是选用大尺寸铲斗。当然，电铲已定的情况下只能改善爆破质量，可采用多排孔微差挤压爆破、选择合理的装药结构、调整爆破参数、适当增加单位耗药量等措施，减少不合格的大块和根底，使爆破后爆堆的形状和尺寸有利于挖掘机安全高效作业。

5.2.2.3 班工作时间利用系数 η

挖掘机班工作时间利用系数是挖掘机的纯工作时间与班工作时间之比。即：

$$\eta = (T - t_T)/T \tag{5-5}$$

式中，T 为班工作时间，h；t_T 为每班内挖掘机停歇或非铲装作业的总时间，h。

这一系数是影响挖掘机生产能力的重要因素，取决于空车供应情况、采掘带宽度和采掘顺序、交接班制度、挖掘机的调动、设备故障情况、动力供应情况以及其他辅助作业的时间等。

5.2.2.4 及时向工作面供应空车

及时向工作面供应空车可从以下几方面考虑：

（1）以电铲为核心，配备足够的运输设备，即选择合理车铲比问题，解决这类问题比较复杂，常采用统计分析法和计算机模拟法。

（2）合理组织运输工作，如采用 GPS 卡车自动化调度系统。

（3）合理配设线路，提高线路质量，适当加快车辆运行速度，改善车辆入换条件，尽量减少铲等车的时间。

汽车在工作平盘上调车入换方式如图 5-9 所示。

图 5-9（a）、图 5-9（c）为同向行车，即空重汽车在工作平盘上运行方向相同。这种方式调车简便，工作平盘上只需要单车道，所占平盘宽度小。但这种方式需要两个出口，增加了掘沟及扩帮量。

图 5-9（d）、图 5-9（e）为迂回供车，即汽车在工作平盘上进行迂回调车，空车与重车运行方向相反。这种方式台阶只需要一个出口。但平盘上要设双车道，占用平盘较宽，特别是在迂回部分，要求平盘宽度很大，使工作帮坡角变缓，生产剥采比较大。

图 5-9（b）、图 5-9（f）为折返供车，即汽车要经过折返倒退进入工作面，停至挖掘机适当装车位置。重车沿与空车相反方向驶离工作面。也只需要一个出口，并可在没有宽阔的迂回调车平盘时使用，但工作面调车时间较长。

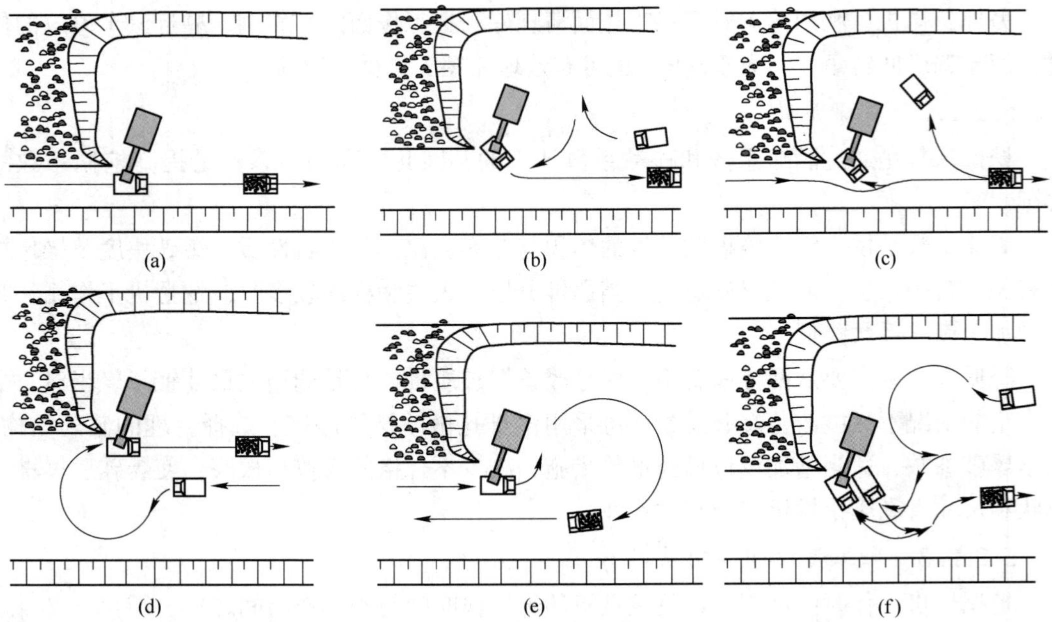

图 5-9 汽车在工作平盘上供车

（a）直进式；（b）折返式；（c）直进、折返式；（d）外回返式；（e）内回返式；（f）回返、折返式

5.3 前装机在露天矿的应用

视频-前装机

前装机是一种自装自运的多用设备，但使用前装机完全代替挖掘机进行正规采装作业，则强度不够。因此，在大型露天矿，前装机只能作为临时代替挖掘机进行装车作业，并作为其他辅助作业如清理工作面场地、修筑与维护道路、堆积散落和低爆堆的矿岩、配矿、移动电缆、协助推汽车等的设备，是露天矿不可缺少的；在中小型露天矿山可以用它代替挖掘机装载，并兼作辅助设备。

5.3.1 轮胎式前装机的基本构造与技术参数

前装机有轮胎行走式和履带行走式两种。虽然履带式前装机的牵引力和铲取力较大，越野和爬坡等性能较好，但行走速度低、不灵活，转移作业地点有时需要拖车，因此，露天矿山大多采用轮胎式。

轮胎式前装机主要组成包括传动系统、制动系统、转向系统、工作液压系统四个部分，如图 5-10 所示。其主要技术工作参数有铲斗容积、最大卸载高度、最大卸载高度的卸装距离、铲取力和牵引力。

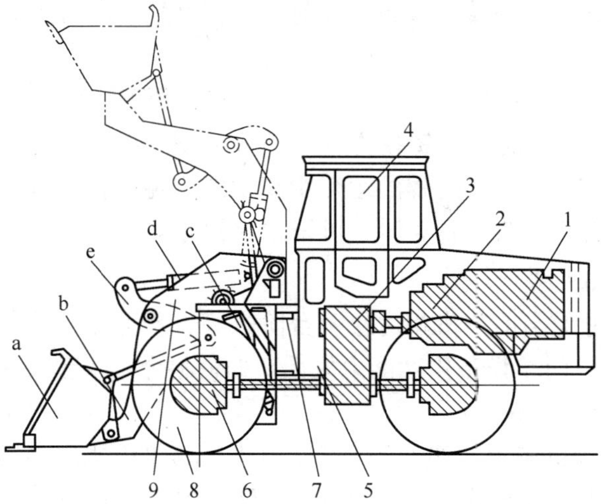

图 5-10 ZL 系列前端式装载机主要组成

1—柴油发动机；2—液力变矩器；3—行星变速箱；4—驾驶室；
5—车架；6—前后桥；7—转向铰接装置；8—车轮；9—工作机构
a—铲斗；b—动臂；c—举升油缸；d—转斗油缸；e—转斗杆件

5.3.2 前装机的作业方式

5.3.2.1 前装机作为主要采装设备

前装机作为露天矿山的主要采装设备时，常与汽车配套使用，其效能取决于与汽车的布置形式和采场工作面尺寸。

A 前装机与汽车配合使用方案布置形式

a 前装机与汽车斜交

如图 5-11（a）所示，汽车与工作面布置成 30°～45°角。前装机向工作面前进和驶往汽车卸载时，都必须转向才能达到目的。此方案在国外采用比较广泛。

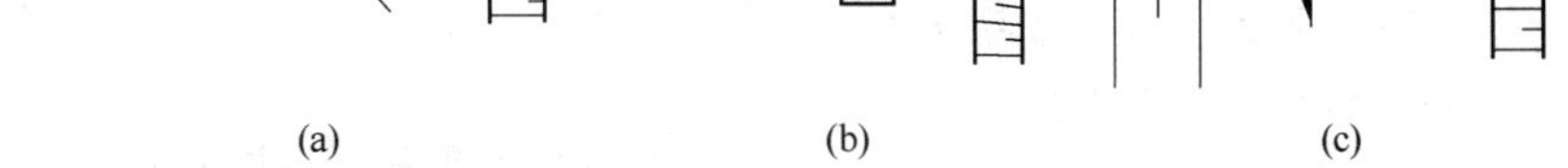

图 5-11 前装机与汽车配合时的装载工作布置

（a）前装机与汽车斜交；（b）前装机与汽车直交；（c）前装机与汽车平行

b 前装机与汽车直交

如图 5-11（b）所示，使待装汽车往返平行于工作面，作业循环时间较长。主要适用于带刚性车架结构的轮胎式前装机或履带式前装机，以及工作面狭窄或前装机不可能转向的作业场所。

c　前装机与汽车平行

如图5-11（c）所示，前装机铲挖方向与汽车行驶方向平行，汽车可以布置在干线上。这种方案增加了前装机工作过程的运行距离，但避免了汽车在不好的工作面上运行。当矿山的工作面条件恶劣，难于行车时，可采用这种方案。

B　采场工作台阶尺寸

采场工作台阶尺寸应与前装机相适应。台阶过高，作业不安全，但台阶又不能过低，工作面高度小于2~5 m时，设备生产能力太低。据资料介绍，台阶高度为2~20 m时都可使用前装机，一般为8~15 m。

斗容为3 m^3的前装机向10 t级汽车装载，工作台阶的宽度一般为25~28 m；斗容为5 m^3的前装机向25 t级汽车装载，工作台阶的宽度可为30~35 m。如果前装机与移动式破碎机和胶带机相配合，则应根据布置情况和前装机的最小转弯半径确定工作面宽度。

5.3.2.2　前装机作为装运卸设备

前装机作为装运卸设备时，影响其生产效率的主要因素是运距和坡度。

A　合理运距

用前装机代替挖掘机与汽车配合工作时，由于目前各车所考虑的因素不尽相同，其合理运距数据差别较大。如日本石灰石矿山的合理运距推荐以100~150 m为宜。俄国矿山则认为，前装机的合理运距与矿山产量、前装机载重量及道路条件有关，当矿山年产量为30万~50万吨时，合理运距为100~300 m。美国一些公司认为，如果前装机的采装运一次工作循环时间不大于3 min时，运距则是合理的（实际运距也相当于100~300 m）。

B　运输方案的布置

前装机作为装运卸设备时，可直接向溜井、移动式破碎机的受矿仓以及其他转载设备卸载，布置方案都应在合理运距范围内，工作面的具体布置如图5-12所示。

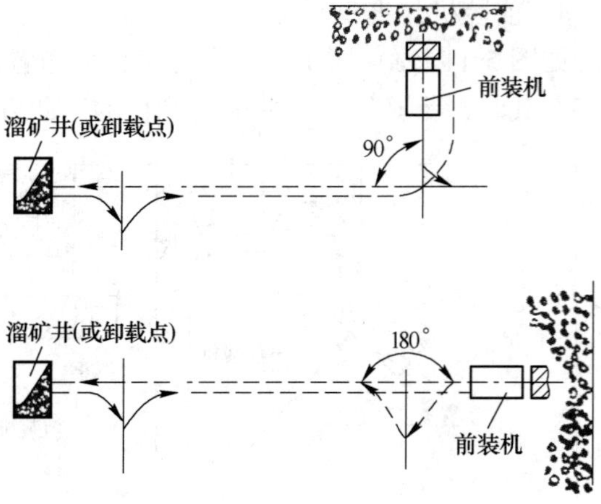

图5-12　前装机向溜井（或卸矿地点）卸载的工作布置

5.3.2.3　前装机作为辅助设备

前装机一机多能，在大型露天矿的辅助作业中也得到了广泛应用。如爆岩的堆积、工作面及漏斗中不合格大块岩石的挑运、修建和维护道路、转移剥离的岩石、平整采场和排土场、给露天设备运送油料及备品备件等。此外，还可用于掘沟工程作业。

前装机进行辅助作业的工作面布置方案根据现场具体条件而定。

当用前装机掘沟时，沟的坡度应小于20%，沟的宽度可以减小到6 m（用挖掘机和汽车时的宽度一般为18~19 m），如果堑沟很深，可以分层掘进，一般每个分层高度为3~6 m。

5.3.3 轮胎式前装机的评价

5.3.3.1 轮胎式前装机的优点

轮胎式前装机具有以下优点：

(1) 行走速度快，工作循环时间短，装载效率高。据资料介绍，斗容为5~8 m^3的前装机时速可达35 km以上，比电铲快30~90倍，每个工作循环仅需40~45 s，平均台班生产能力可达3500~4000 t；自重较轻，相当于同斗容挖掘机重量的1/4~1/3，制造成本仅是挖掘机的1/8~1/6，减少矿山设备投资。

(2) 爬坡能力强，机动灵活性好，可在挖掘机不允许的斜坡工作面上进行装载作业，尤其是在缺少电力的新建矿山工地也能正常进行工作，可加快矿山建设。

(3) 调度方便，一机多能，在采装作业中可有效地进行铲、装、运、推、排和堆集等多项作业；在中小型矿山可取代电铲和汽车；在新开工作面、狭小工作面及其他条件较差的工作面上，也能自如地进行装载作业。露天境界底部采用前装机，可以增加露天境界无剥离开采深度，爆破后还能用于清理工作面，清理中即可装载，不需其他辅助设备。因此可降低矿山生产的综合费用。

(4) 折旧年限仅为挖掘机的1/8~1/4，工作5~6年即可更换新的和比较先进的设备。

(5) 比挖掘机容易操纵，司机培训时间短。一台装载机仅需一名司机，节省人、财、物力。

5.3.3.2 轮胎式前装机的缺点

轮胎式前装机的缺点如下：

(1) 挖掘能力小，前装机在原地装车的生产能力低于挖掘机的生产能力。在装载条件困难的工作面，轮胎式前装机的生产能力几乎是挖掘机生产能力的二分之一。当爆破质量不好、大块较多时，其工作效率将明显降低；对于黏性较强的物料需松动后方能进行铲装或其他辅助工作。

(2) 轮胎磨损较快，轮胎使用寿命较短。虽然已有加装保护链环或采用垫式履带板等措施减轻轮胎磨损，但轮胎寿命也不过在1500 h左右。轮胎费用在生产费用中所占比重仍然很大，为40%~50%，甚至高达60%，另外修理费用高。

5.3.3.3 轮胎式前装机的适用范围

合理地采用大型前装机作为露天矿的装载设备，可使工艺过程简单化、提高铲装运作业效率、降低作业成本，国外采矿界对此都很重视。凡是采用挖掘机装载矿岩的中小型露天矿，现在都力求采用前装机。目前世界各国露天矿所使用的装载设备中，挖掘机和轮胎式装载机两者约各占50%。

轮胎式前装机的适用范围主要包括以下方面：

(1) 在中小型露天矿可代替挖掘机和汽车作为主要采装运设备，也可与汽车联合作业。

(2) 在大型露天矿，配合挖掘机在复杂条件下（如选别开采、工作面尽头、爆堆分散、挖掘堑沟等）进行采装工作及其他辅助作业。一般是2~3台挖掘机配备一台前装机。

(3) 可用于坡度较大的工作面进行采、装、运联合作业。

6 运输工作

本章课件 思维导图

露天矿运输是一项将采出矿石运出采场并送到指定卸载点，把剥离物运往排土场，以及将生产人员、设备和材料送到工作地点的作业，是开采工艺主要生产工序之一。运输系统的投资占矿山总投资的40%~60%，运输成本占矿石成本的30%~40%。因此，露天矿的运输方式及系统的合理性直接影响露天矿生产的经济效益。

目前，大中型露天矿采用的运输方式有单一运输和联合运输两类。单一运输有公路、铁路方式，联合运输主要有铁汽联合、铁汽与卷扬（串车、箕斗）、平酮溜井、胶带联合等方式。本章对这些运输方式的主要环节分别作单体讲述。

6.1 铁路运输

铁路运输是一种比较经济和有效的方式，也是露天矿山主要运输方式之一。20世纪80年代以前，国内露天矿的开拓方式一般选择铁路运输，铁路运输在露天矿曾起过主要作用。

随着矿山转入深凹开采后，采场作业空间尺寸逐渐缩小，运输条件恶化，布线困难，铁路运输在窄短的深凹露天矿的应用受到很大限制，运输方式逐渐改为铁汽联合方式或铁汽胶带联合等间断或间断连续运输方式。

6.1.1 铁道

我国铁路运输采用两种轨距，准轨轨距为1435 mm，窄轨轨距主要有900 mm、750 mm、762 mm和600 mm四种。大型矿山一般情况下采用准轨铁路运输，中小型矿山多采用窄轨铁路运输。铁路线包括钢轨、轨枕、道床、钢轨扣件、防爬器、道岔等。

6.1.1.1 钢轨和轨枕

钢轨的作用是直接支撑和引导机车，它们通过扣件连接在一起固定车辆两侧的车轮，承受来自车轮的压力并传递给轨枕。钢轨的基本形状为工字形，它由轨头、轨腰和轨底三部分组成，如图6-1所示。

轨枕是钢轨的支座，用扣件将钢轨扣紧于轨枕之上。轨枕的作用是承受自钢轨传来的垂直力和水平力并将其分布于道床，保持钢轨的方向、位置和轨距，依靠其弹性来缓冲动力荷载。

6.1.1.2 道床

道床是在路基面上用碎石铺成的道碴层，其作用是将轨枕传来的压力较均匀地传给路基，缓和车轮对钢轨的冲击，排除轨道中的雨水，阻止轨枕的移动，增加线路的稳定性。

因此，要求道床材料是坚硬、稳定、利于排水的物料。

如图 6-2 所示，道床横断面参数有道床的宽度、厚度和道床边坡。

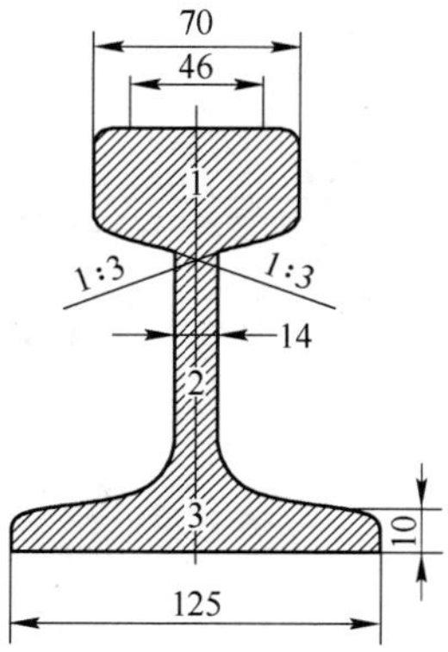

图 6-1　钢轨的基本形状（单位：mm）
1—轨头；2—轨腰；3—轨底

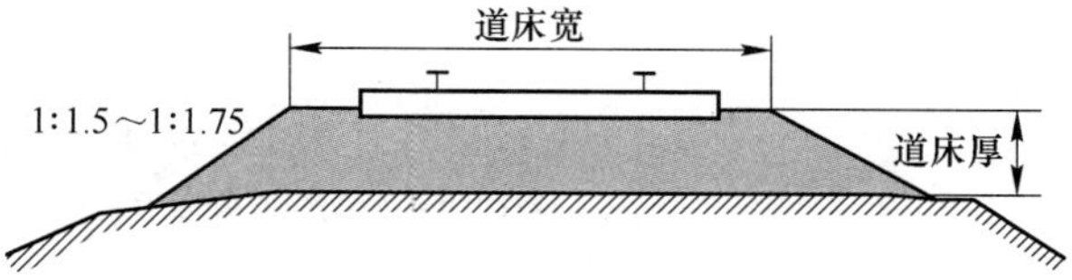

图 6-2　道床断面

6.1.1.3　钢轨连接零件

钢轨彼此连接处称为接缝。这是线路承受荷载最大的地点，也是最薄弱环节，给列车运行很大的阻力，加重了线路养护工作。

钢轨间的接线用鱼尾板和螺栓连接。为了防止螺栓松动，在螺帽与鱼尾板之间加有弹性垫圈。

6.1.1.4　道岔

道岔的作用是引导机车车辆从一条线路转入另一条线路。道岔的种类很多，最简单的是单开普通道岔，如图 6-3 所示。

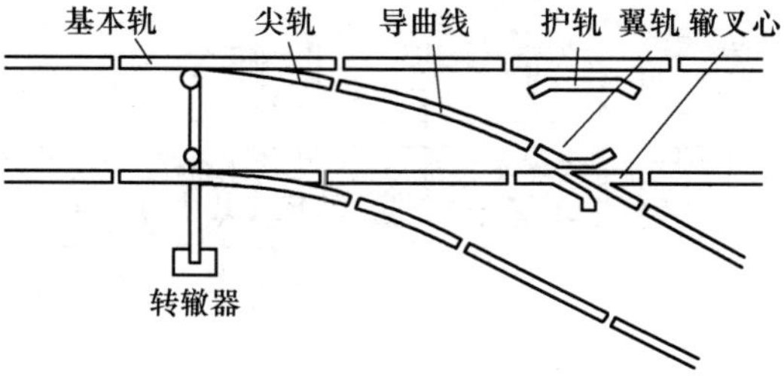

图 6-3　单开普通道岔构造

6.1.1.5　线路站场

为了保证行车安全和必要的通过能力，露天矿铁路线必须适当地划分为若干个区段，每个区段称为区间，区间和区间的分界地点称为分界点。

分界点分为无配线的分界点和有配线的分界点两种。无配线的分界点包括通过色灯信号机的区段内自动闭塞线路所（见图 6-4（a））和非自动闭塞的线路所（见图 6-4（b））。有配线的分界点指各种车站。

露天矿车站按其用途划分为矿山站、排土站、破碎站和工业场地站等，在采场内有折返站和会让站等，各种车站的通过能力都应满足生产要求。

矿山站一般都设在采场附近并靠近运输量大的地方，为运送矿石和岩石服务。由工作面运出来的矿岩通过该站分别发往选矿场的破碎站和排土站。

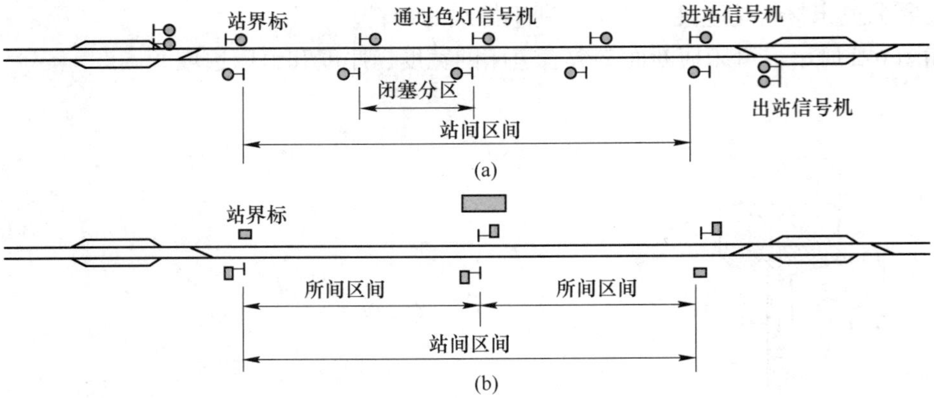

图 6-4　分界点

（a）自动闭塞无配线的分界点；（b）非自动闭塞无配线的分界点

6. 1. 2　列车

6. 1. 2. 1　机车

铁路运输的牵引设备有牵引机组、电机车、内燃机车和蒸汽机车。目前普遍采用电力机车和内燃机车，以电力机车为主。国产准轨电机车有 100 t 和 150 t 两种，窄轨电机车有 8 t、14 t、20 t、40 t 四种。

准轨电机车由上部的车体和下部的转向架两部分组成。图 6-5 为 ZG150-1500 型电机车外形，它有两节车体和 3 个转向架组成。

图 6-5　ZG150-1500 型电机车外形图

1—电阻室；2—辅机室；3—司机室；4—高压室；5—正受电器；6—旁受电器；7—车体；8—底架；9—车钩；10—转向架构架；11—轮对；12—轴箱；13—弹簧悬挂装置；14—撒砂装置；15—基础制动装置；16—齿轮传动装置；17—牵引电动机；18—牵引电机悬挂装置

6.1.2.2 *矿车*

与机车配套的车辆主要有：矿车、平车、敞车、材料车和平板车等。

准轨矿车有载重 60 t、100 t、180 t 等，窄轨矿车容量有 1.2～2.5 m^3、4～10 m^3、20 m^3等。

矿车按翻卸方式分底卸式、侧翻式和自翻式三种，如图 6-6、图 6-7 所示。

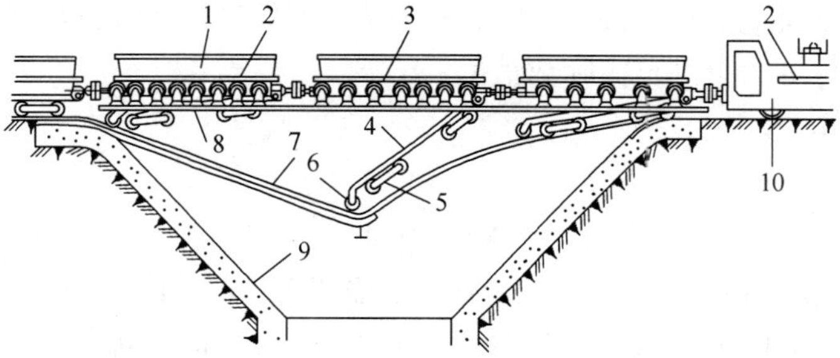

图 6-6 底卸式矿车卸载示意图

1—车箱；2—翼板；3—托轮；4—车架；5—转向架；
6—卸载轮；7—卸载曲轨；8—托轮座；9—卸载漏斗；10—电机车

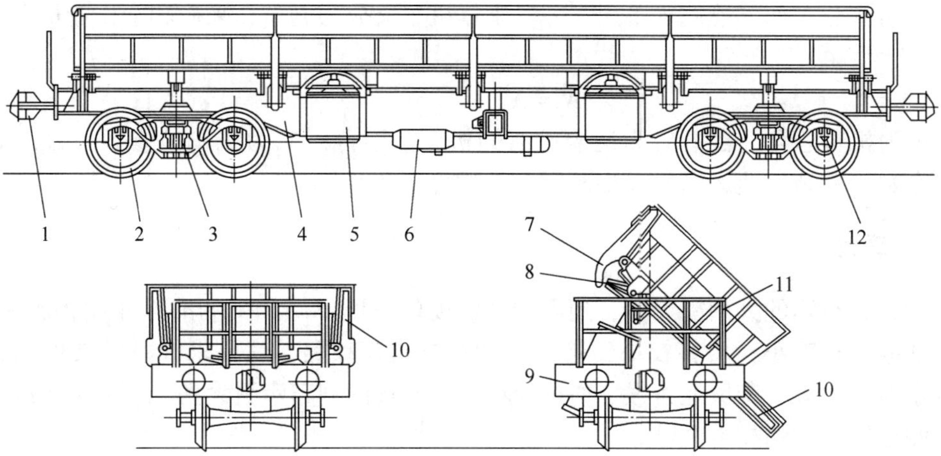

图 6-7 准轨自翻矿车外形结构示意图

1—联结器；2—轮对；3—转向架；4—大梁；5—气缸；6—储气缸；
7—滑臂；8—滑挡；9—车架；10—车侧帮；11—端架；12—轴箱

6.1.3 铁路运输能力计算

6.1.3.1 *列车运行周期*

列车运行周期的计算方法为

$$T_Z = t_z + t_Y + t_X + t_J + t_{QT} \tag{6-1}$$

式中，T_Z为列车运行周期，min；t_z为装车时间，决定于装载设备的生产能力和列车载重量，min；t_Y为列车往返运行时间，min，$t_Y = 120L/v$（其中：v 为列车平均运行速度，km/h；L 为单程运距，km）；t_X 为卸车时间，对 60 t、100 t 和 150 t 自翻车，卸矿 2.5 min/车（受破碎机能力限制），卸岩 1.0 min/车；t_J 为列车检查时间，min，10～15 min/次；t_{QT}包括入换时间、在车站停车时间等，min。

6.1.3.2　列车运输能力

列车运输能力是指列车单位时间（通常是昼夜）内运送的矿岩量（t 或 m^3）。

列车运输能力 A，可按下式计算：

$$A = 1440Knq/T_Z \tag{6-2}$$

式中，A 为列车生产能力，t/(昼夜·列)；K 为工作时间利用系数，K=0.85；n 为机车牵引的自翻车数，辆；q 为自翻车实际载重量，t。

6.1.3.3　列车数

同时工作的列车数为

$$N_L = Q/A \tag{6-3}$$

式中，N_L为同时工作的列车数，列；A 为列车运输能力，t/(昼夜·列)；Q 为每昼夜的运输量，t/昼夜，$Q=K_B A_n/m$（其中：A_n为年运输总量，t；m 为列车每年工作日数，一般为 300~330 天；K_B为运输生产不均衡系数，K_B=1.1~1.25）。

如果矿岩的运输不是使用同一线路，则运矿、运岩的列车数分别计算，两者之和即为工作列车数。

矿用机车分工作、检修和备用三种。工作机车又分为剥离、采矿和杂作业机车，其总数为

$$N = N_1 + N_2 + N_3 \tag{6-4}$$

式中，N 为机车总数，台；N_1为运输矿岩的机车数，台；N_2为机车检修数，台；N_3为杂作业机车数，视杂作业运输量大小而定，一般为 2~3 台。

6.1.4　重联机车

采用铁路运输的大型露天矿，随着开采深度的不断下降，采场的作业面积越来越小，线路的曲率半径减小，要在较小的平面尺寸布置机车线路，就要求线路的坡度增大。因此，寻求牵引力大、爬坡能力强、通过较小曲率半径的列车牵引设备，就成为延续深凹露天矿铁路运输方式的技术关键。

大孤山露天铁矿曾利用原有的两台 80 t 电机车，实行双机重联拖动。该矿采场垂深达到 110 m 时，机车线路坡度增大至 35‰，采场铁路曲率半径减小至 60 m。现有的 150 t 电机车虽然牵引能力可以满足需要，但难以适应较小曲率半径的路段。100 t 和 80 t 电机车虽然能适应小曲率半径，但牵引力不足，经过比较确定将两台 80 t 电机车改成 160 t 重联机车。

重联机车经过生产试运行，效果较好，主要优点如下：

（1）160 t 重联机车的作业率、日运量和总运量均高于 150 t 电机车和两台 80 t 电机车，运输能力提高了 11.5%，重联机车增产而不增加列车组数，因此减少了采场深部机车站线的堵塞现象，提高了设备利用率，减少了线路故障。

（2）完全消除了由于通过小曲率半径路段而引起的各种故障，百万吨公里的电气故障率低，保证了露天矿山深部高强度开采的设备出勤率。

（3）改造 1 台 160 t 重联机车比更新一台 150 t 的电机车节省投资 10%左右，不但经济效益好，而且改造工期短，投产比较及时。

（4）可以使大量库存的80 t电机车的各种备品备件得以充分利用而不致报废，从而节约资金和筹集多种配品配件的时间。

6.1.5 铁路运输评价

铁路运输的优点有：

（1）运量大，运距长，成本低。

（2）可以运输任何性质的矿岩。

（3）运行阻力不大，动能消耗小。

（4）不受气候条件的影响。

（5）节能清洁，环保性好，维修简便。

铁路运输的缺点有：

（1）基建工程量较大，投资也较大，建设速度慢。

（2）线路坡度小（一般只有1.5%~4%，最大6%~8%），曲线半径大，在地形狭窄的山包以及狭短的深凹矿，线路布设受限制，灵活性差，掘沟和延深速度慢，深凹急倾斜矿床开采扩帮量大。

（3）在工作面移动线路比较困难，工作复杂而费时间。

铁路运输适用于地形不复杂、矿体走向长、运距长、运量大的露天矿。

视频-公路运输

6.2 公 路 运 输

露天矿公路运输的主要设备是汽车，所以也称为汽车运输，矿山普遍采用后卸式自卸汽车。露天矿自卸汽车运输的经济效益很大程度取决于矿山运输线路的合理布置、路面质量和状况。自卸汽车在路况良好的公路上行驶时，可以减少滚动阻力，提高行驶速度，降低燃料消耗，延长使用寿命，获得更好的经济效益。

6.2.1 公路

6.2.1.1 公路的分类

矿用运输公路通常具有断面形状复杂、线路坡度陡、转弯多、曲线半径小、相对服务年限短、运量大、行驶车辆载重量大等特点。因此，要求公路结构简单，并在一定的服务年限内保持相当的坚固性和耐磨性。

矿用运输公路按其性质和所在位置的不同，可分为三类。

（1）运输干线：从露天采场出入沟通往卸矿点和排土场的公路。

（2）运输支线：包括由从采场出入沟通往各开采水平的道路和由排土场运输干线通往各排土水平的道路。

（3）辅助线路：通往分散布置的辅助性设施（如炸药库、变电站、水源地、尾矿坝等）的道路，行驶一般载重汽车。

6.2.1.2 公路路基

公路路基应根据汽车的要求、当地自然条件（包括地质和水文条件等）、筑路材料以及施工养护方法等进行设计，使其具有足够的稳定性，并达到经济适用的目的。

随地形而异，路基横断面可分为填方路基、挖方路基和半填半挖山坡路基三种，如图6-8所示。

影响路基的强度和稳定性的因素主要是地面水和地下水，因此需设置排水设施，将水拦截或排出路基范围以外，一般采用边沟、截水沟、排水沟和盲沟等。

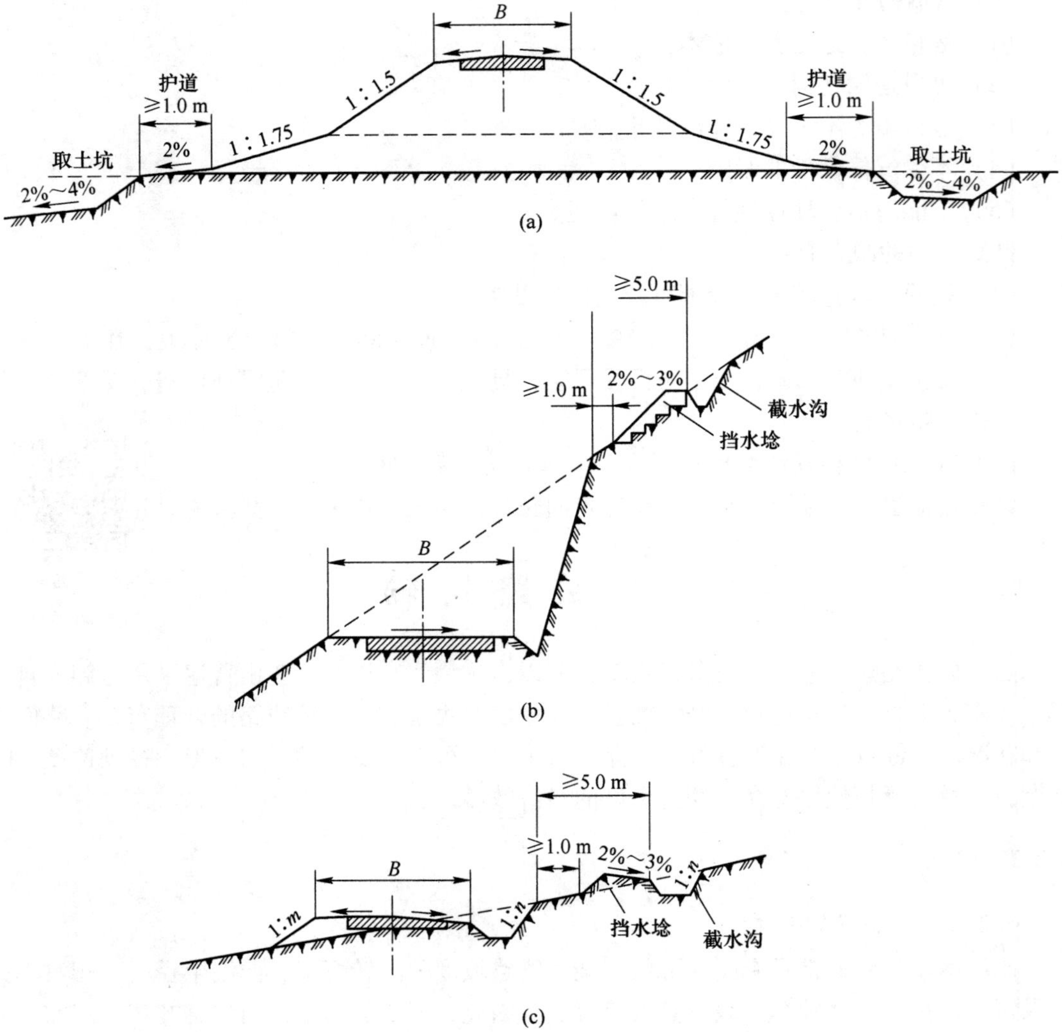

图6-8　公路路基横断面图

（a）填方路基；（b）挖方路基；（c）半填半挖山坡路基

6.2.1.3　路面

选择公路路面类型时，必须根据重载汽车运行的特点，按行车密度、运输量、服务年限、车速、车型以及道路等级，并结合当地自然条件，就地取材进行综合技术经济比较后确定。

生产实践证明，适当提高路面标准，有利于提高露天矿自卸汽车运输效率，延长车辆使用寿命，降低燃料消耗量和运输成本。

根据路面在荷载作用下的工作特性，路面可分为柔性路面和刚性路面两大类。柔性路面受到荷载作用之后，会发生剩余变形，而且荷载作用的次数越多，发生剩余变形就越大，包括沥青碎石路面、粒料（碎石、土和其他结合物的粒料）路面、块料铺砌路面和加固土路面等。刚性路面即水泥混凝土路面，具有很高的抗磨强度，发生的剩余变形小。

路面结构分为单层和多层两种形式。在路基上只铺一层的称为单层路面，多层结构路面包括面层、基层和垫层，如图 6-9 所示。

（1）面层：直接承受车辆滚压和大气因素作用的层次。其中包括磨耗层和保护层，是面层上面的层次，起着保护整个路面免受磨耗和松散不平的作用。

（2）基层：承受和分布行车荷载，并保证路面力学强度和结构稳定性的主要层次。

（3）垫层：在路基水文、气候条件不利的情况下，设于基层与土基之间的层次。垫层分担着基层所承受的部分荷载，并使其均匀分布在土基上，同时起泄水和隔温作用，防止和减少不均匀的冻胀及融冻时产生翻浆和不均匀沉陷等现象。垫层需用较大块石垫底，加固路基。

各结构层的材料形变模量值一般应自上而下逐层减少，厚度应自上而下逐层增大。

6.2.2 自卸汽车

中小型露天矿广泛使用 10~20 t 机械传动的柴油自卸汽车，大型露天矿使用载重量大于 20 t 的柴油机自卸汽车或载重量大于 75 t 的电动轮自卸汽车，电动轮自卸汽车如图 6-10 所示。

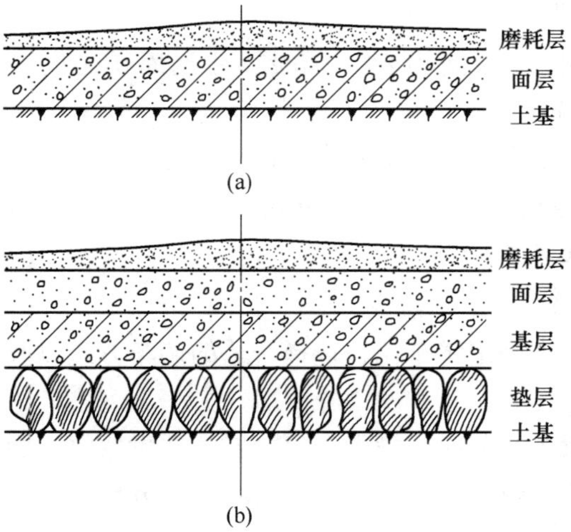

图 6-9 路面结构示意图

（a）单层路面结构；（b）多层路面结构

图 6-10 电动轮自卸汽车

电动轮自卸汽车有柴油发动机驱动式和双能源式。双能源式电动轮自卸汽车在下坡和平道运行时用汽车自身的柴油发电机供电；上坡运输时，通过车顶导电弓从设于固定线路上的架线网路获取补充电源，可增大牵引和运行速度。载重 100 t 的架线式电动轮自卸汽车在 8%的坡道上坡运行时，运行速度比不架线的电动轮自卸汽车提高约一倍。

电动轮自卸汽车的结构简单，制动可靠，自动调速，牵引性能好，爬坡能力强，操作平稳，维修费用低，技术经济效益较好。

6.2.3　运输能力计算

影响汽车台班生产能力的主要因素是载重量、运输周期和班工作时间等。

汽车台班生产能力为

$$A = 60qTK_1\eta/t \tag{6-5}$$

式中，A 为汽车台班生产能力，t/台班；q 为汽车的载重量，t；T 为班工作时间，h；t 为汽车运输周期，min；K_1 为汽车载重系数；η 为汽车工作时间利用系数。

汽车数量计算方法为

$$N = K_2Q_B/(AK_3) \tag{6-6}$$

式中，N 为汽车在册数量，台；K_2 为汽车运输不均衡系数，K=1.1~1.15；Q_B 为矿山班产量，t/班；A 为汽车班生产能力，t/(台·班)；K_3 为出车率，即出车台班数与总台班数之比，该指标反映车辆的实际利用程度。

6.2.4　提高车效的途径

提高车效可从以下方面着手：

A　改善路况

中高级路面比中级路面可提高车速21%。提高车速，可缩短汽车运行周期，进而提高汽车效率。据统计，每提高1 km/h车速，可提高车效4%~8%。

B　加强生产管理，减少辅助作业及非作业时间

据统计，在正常情况下，交接班及个人必需的时间为8%~10%，往返库矿之间占3%，汽车加油占3%~5%，作业时间占82%~86%。

为减少生产车空走时间及非作业时间，加油站宜设在运矿岩汽车往返经过的地点；临检、保养场地宜靠近采场的运输干线；北方严寒地区，保养车（进行一保、临检）应有保养库。应加强汽车定期保养检修，提高设备完好率。

C　加强与铲装设备的配合，改善供车条件

车辆与铲装设备的配合主要有三个方面：合理确定铲车比、选择合适的调车方式以及缩小电铲与汽车装载的夹角。

确定合理的箱斗比和铲车比，以求电铲与汽车待装时间最少，充分发挥两者效率。当运距1~2 km时，车箱容积应为铲斗容积的3~5倍较合适。确定铲车比时，应分析电铲待装时间、铲数，做经济比较，不能为了单纯地提高电铲效率而过多地配车，致使汽车效率降低。

合理选择调车方式及装载位置有助于减少调装车循环时间。如图6-11所示，当回转角由90°改为60°时，铲斗回转时间约减少6 s，占回转时间的15%~19%，提高电铲生产能力约为17%。装车时，汽车停车位置与电铲呈“八”字形，即使电铲铲斗回转角60°，并在铲杆伸出2/3时，铲斗能对准车箱中心。电铲周围应平整，高低差不超过0.5 m。

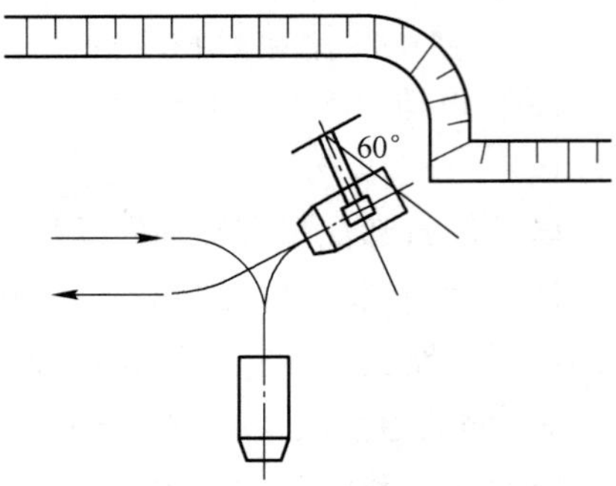

图6-11　电铲装车位置

D 加强汽车调度

由于矿山装、运、卸各环节外界影响较多，生产过程是一个不断组织新的平衡的过程，调度员应及时加以合理调配，有条件的矿山应采用 GPS 卡车自动调度系统。

6.2.5 汽车选型

汽车吨位确定以后，就要选择具体的车型。影响露天矿自卸汽车选型的因素很多，其中最主要的是矿岩的年运量、运距、道路技术条件及装载设备的斗容规格等。

选择车型应该考虑汽车质量的好坏、工作可靠、结构合理、技术先进、质量稳定、能耗低等条件，以及车厢强度应适应大块矿石的冲砸等要求。当有多种车型可供选择时，应进行技术经济比较，推荐最优车型，同一露天矿应尽可能选用同一型号的汽车。在费用方面，不仅要考虑新车的购置价格，还要考虑生产后的运行费用、保修费用和备件价格、备品备件的供应。

目前，汽车的选型趋向大型化。大型化能提高效率，减少油耗。但是，向多大车型发展应结合国情来定。对于年运量大、运距短的矿山，一般应选择载重大的汽车，年运量 8000 万~10000 万吨，采用载重 150 t 车基本上可以完成；反之，应选择载重小的汽车，过大的车型必定要配合更大型的采装设备，增加过多投资。

6.2.6 汽车运输的评价

汽车运输投产快，爬坡能力大（坡度一般为 8%，最大达 15%），道路曲率半径小，机动灵活。与铁路运输相比，可使电铲效率提高 40%左右，排土成本为铁路排弃的 20%~30%。尤其是高山矿床、窄小的深凹露天矿以及对矿床开拓有特殊要求时，可解决铁路运输的布线困难；增大露天矿延深速度（较铁路运输快 50%左右）；在深凹露天矿，可比铁路运输剥岩量少、早出矿、多出矿。汽车运输可以适用于各种露天矿，国内外应用广泛。

但汽车运输存在轮胎磨损大、经营费高的缺点。运距不宜过长，一般在 2~3 km 以下。需有良好的道路和完善的维修保养设施，保证汽车的正常运行。

6.3 胶带运输

胶带运输机的工作原理是用胶带作为牵引和承载构件，靠摩擦传动的一种连续运输设备。对于深凹露天矿，与汽车运输和铁路运输相比，胶带运输可以在 18°以下的斜坡上进行，可有效地缩短运距、降低运输成本。

胶带输送机通过破碎转载站与汽车或铁路运输配合，形成联合运输系统，其工艺流程是将采场的矿石（或岩石）由汽车或铁路运至破碎矿仓，破碎成合格的块度，由胶带输送机运往选厂（或排土场）。

6.3.1 胶带输送机

采用带式输送机时，均选用高强度胶带输送机。一种是钢绳芯胶带输送机，胶带在槽形托辊上运行，钢丝绳芯体承受全部张力，结构如图 6-12 所示。另一种是钢绳牵引胶带运输机，结构如图 6-13 所示。胶带两边设有绳槽，支承在钢丝绳上，由钢丝绳靠钢丝绳绳槽的摩擦力牵引运行。由于牵引设备费用高，棉帆布芯胶带强度低，寿命低，脱槽事故多，基本上被淘汰。

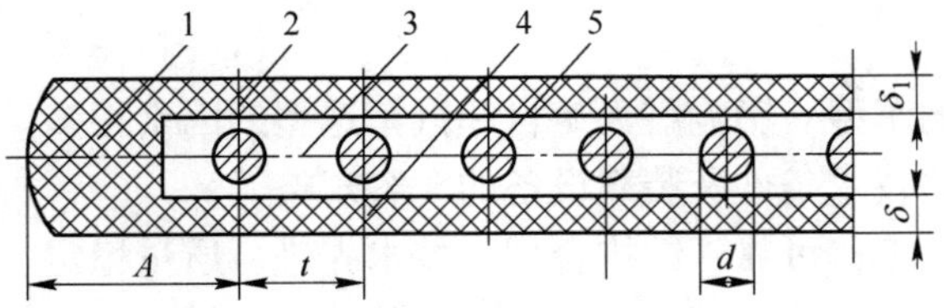

图 6-12　钢绳芯胶带结构

1—边胶；2—上覆盖胶；3—充填胶；4—下覆盖胶；5—钢绳

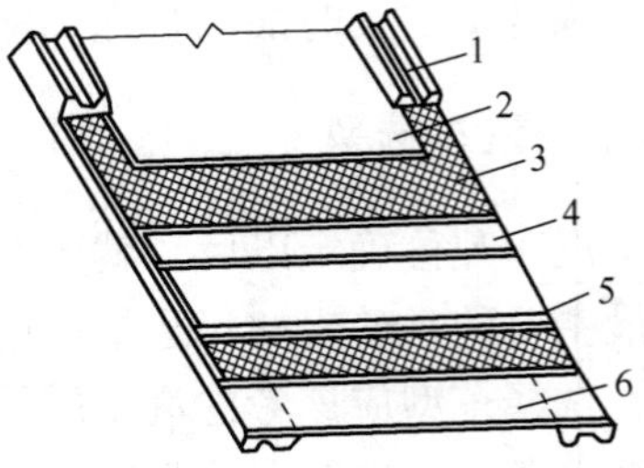

图 6-13　钢丝绳牵引胶带结构

1—耳槽；2—上覆盖胶；3—帆布层；4—充填胶；5—钢条；6—下覆盖胶

坚硬矿岩大块需经破碎，达到要求块度时方能运输。最大块度应控制在 350 mm 以下，过大的块度将使胶带磨损加剧，寿命降低。倾斜向上运输矿石时，最大倾角不宜超过 15°，倾斜向下运输矿石时，最大倾角不宜超过 12°。

高强度胶带输送机也可制成移动式，用于采场内部，与其他装载、破碎、运输设备联合使用，可组成半连续、连续运输系统。这也是露天矿开拓发展方向之一。

运量与运距无关，而与带宽、速度、槽角有关，与带宽成平方关系变化。增大带宽可以大大提高运量，但加宽带面会使皮带宽度方向的张力分布不均匀，容易跑偏。制造时需要大型硫化设备，造价昂贵。因此，一般不主张向增加带宽方向发展，而是加大带速和槽角。物料断面如图 6-14 所示。

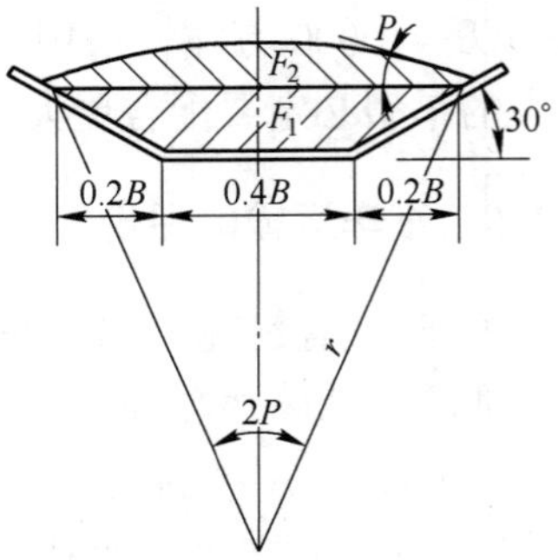

图 6-14　钢绳芯胶带运输机物料断面示意图

6.3.2　胶带输送机典型的布置系统

钢绳芯胶带输送机总体布置如图 6-15 所示。

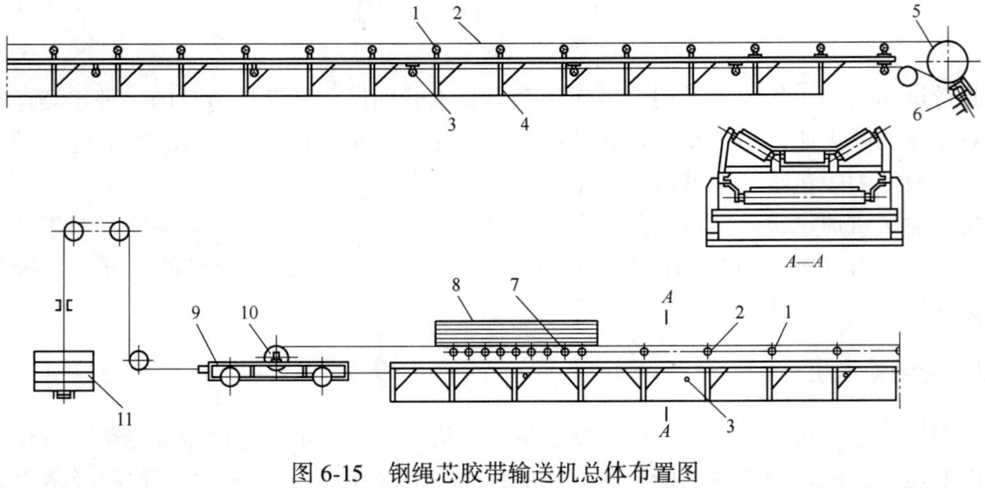

图 6-15　钢绳芯胶带输送机总体布置图

1—槽型托辊；2—胶带；3—平托辊（或双托辊、槽型托辊）；4—支架；5—驱动滚筒；6—清扫器；7—缓冲托辊；8—导料拦板；9—改向滚筒；10—张紧车；11—重锤

根据运输条件要求，运输方式有水平、向上、向下和弧线运输四种。由于传动滚筒的功率配比不同，又分单、双、多滚筒驱动，由此可以组成多种布置系统，典型的布置形式如表 6-1 所示。

表 6-1 胶带机典型布置形式示意图

形　式	传动方式	典型布置图
水平传送	单滚筒传动	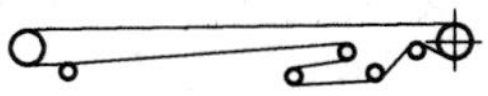 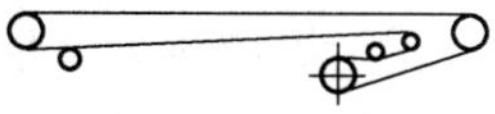
	双滚筒传动	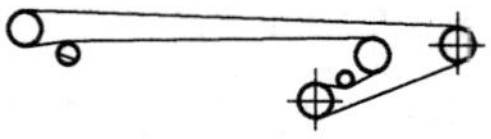 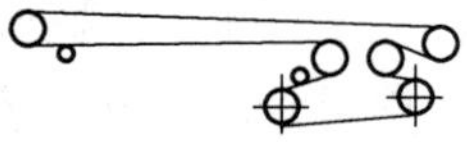
	三滚筒传动	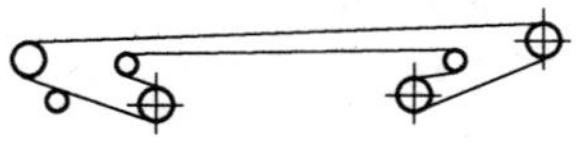
向上传送	单滚筒传动	
	双滚筒传动	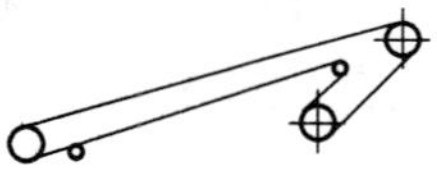
向下传送	单滚筒传动	
	双滚筒传动	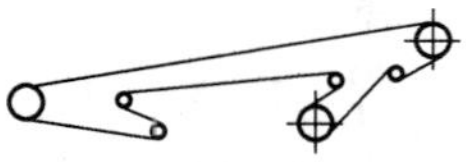

胶带输送机布置系统形式的确定应符合下列条件：

（1）采用双滚筒传动时，不要用“S”形布置，以免胶带中钢绳反向疲劳而降低胶带和滚筒包胶的使用寿命，同时不致使物料粘到传动滚筒上，影响功率平衡，加快滚筒磨损。

（2）水平传动采用多电机启动时，拉紧装置应装在先启动的传动滚筒张力较小的一侧。

（3）胶带机应尽可能布置成直线形，避免出现大凸弧和深凹弧的布置形式。

（4）根据矿岩物料性能和矿山地区具体气候条件，输送机线路可设计成敞开、半敞开和全封闭的通廊，或者仅在驱动站采取防雨水措施。

6.3.3 胶带输送机运输能力计算

输送机的小时生产率 Q_s（t/h）可用式（6-7）计算：

$$Q_s = K_x \gamma Q_0 \tag{6-7}$$

式中，Q_0为输送机水平输送能力，m^3/h；K_x 为倾斜系数；γ 为物料松散容重，t/m^3。

6.3.4 胶带输送评价

6.3.4.1 胶带输送机优点

胶带输送机优点如下：

（1）可实现运输的连续化。胶带运输自动化程度高，可连续不断地运送。

（2）爬坡性能强，运输能力大，效率高。钢绳芯胶带是单层式结构，里面的钢丝绳很柔软，沿纵向排列，横向没有大刚度的芯体，放置在槽形托辊上时，成槽性好，钢绳芯胶带单位面积上运输的货载量大，运输能力大。

（3）运距长。钢绳芯胶带更适用于大运量、长距离、角度较陡条件下及坚硬矿石的运输。单机长度十几千米在国外已十分普及，中间无任何转载点，德国单机已达 60 km。

（4）结构及维护简单。钢绳芯胶带输送机拉紧装置紧凑、简单，传动机构也较简单，故障频度低，维修工作量也较小。整个胶带输送机系统可以实现从中央控制室一人控制。

（5）安全、经济。与汽车、铁路运输和索道运输相比，长距离采用胶带运输方式是最安全、经济的。胶带运输自动化程度高，劳动强度低，工作条件好，噪声低，环境污染小。

实践表明，水平运距在 10 km 以下时，虽然胶带机设备投资大于汽车运输，但不论运距长短，其转运费用都比汽车运输低 26%～46%。而随着运输距离和运输量的增加，胶带运输成本相应降低。

6.3.4.2 胶带输送机缺点

胶带接头比较困难和复杂。一般采用硫化接头，接头施工要求有较大的空间和较多的设备、能源，而且笨重，接头工艺复杂，这些都给现场处理接头带来一定困难。

另外，胶带运输容易出现大块物料冲击、胶带纵向划破事故，受气候影响大，怕阳光暴晒，冬天会冻结，带面物料黏着，应注意日常维护。

6.3.4.3 适用范围

胶带输送机适用于凹凸不平的各种地形条件，如用于露天采场工作面矿石废石运输。增设有关装置和保护措施后，还可用于运送人员，适用范围广。

胶带输送机适用于距离长、运量大的矿岩及其他物料的运输。胶带输送机是一种既经济又有效的运输方式，已经成为大型露天矿广泛采用的主要运输方式，如大孤山铁矿、东鞍山铁矿、石人沟铁矿、水厂铁矿 、齐大山铁矿都相继建成了排土、运矿胶带运输系统。

6.4 斜坡箕斗运输

斜坡箕斗运输可以直接运输大块坚硬矿岩，运输角度可达 35°，能够以较短的运距克服较大的高差，对缩短矿山内部运输距离、增加开采深度、提高露天矿边坡角以及减少剥离量都有积极的作用。箕斗设备简单，便于制造和维修，投资省，建设快，经营费低，适用于窄而深的倾斜或急倾斜矿床，是露天矿联合运输的组成部分之一，在我国应用较多。

但斜坡箕斗运输需设有转载栈桥，栈桥结构较复杂，移设困难，另外，运行中箕斗受冲击严重。

6.4.1 斜坡箕斗运输工艺布置与辅助设施

斜坡箕斗运输的主要设施由卷扬机、箕斗、钢丝绳、箕斗道、栈桥等组成。

斜坡箕斗运输按其运输方式分为单箕斗与双箕斗；按设备布置方向可分为顺向布置与反向布置；按有无钢丝绳分为有尾绳与无尾绳的系统布置。

顺向布置即卷扬机房设在上部，箕斗道设在采场境界端部并直通卸矿仓，受开采水平下降的影响小。如峨口铁矿的斜坡箕斗就采用顺向布置，如图 6-16 所示。

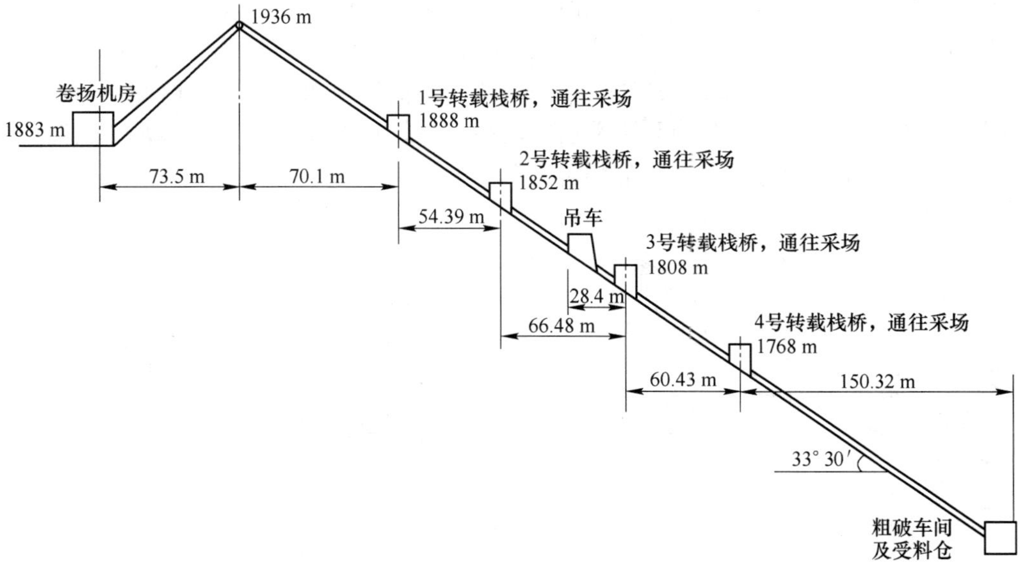

图 6-16　峨口铁矿的斜坡箕斗运输装置示意图

反向布置，与顺向布置相反，卷扬机房设在下部，钢丝绳通过上部转向轮组提升箕斗。山坡露天矿适合采用反向布置，随采场工作水平的下降，转向轮组可以逐渐下移，运距逐渐缩短，不存在大设备运搬、安装、维修的问题。但反向布置运输系统布置复杂，钢丝绳运行阻力大，钢丝绳用量、磨耗成倍增加，维修量大。

与反向布置相比，顺向布置系统简单，钢丝绳用量大为降低，钢丝绳与托辊等的磨耗量也大大减少，使用寿命长。但卷扬机设在上部，给运搬、安装、维修造成很大困难。

有尾绳与无尾绳主要根据空箕斗运行条件来决定。如水平运输或坡度较缓，空箕斗不能向下自溜运行时，必须采用有尾绳的系统布置。

单箕斗与双箕斗需根据矿山产量、同时工作水平数决定。单箕斗适用于中小型矿山，产量小，灵活性大，操作简单。大、中型矿山应考虑双箕斗。

6.4.2 箕斗

斜坡箕斗按卸载方式可分为翻转式和后卸式两类。

（1）翻转式箕斗，如图 6-17 所示，斗箱和框架在箕斗后部以铰链相连，框架与钢丝绳相连。斗箱上安有前后两对车轮，后轮是一个塔轮，有两个踏面。当箕斗沿斜坡箕斗道运行时，前后轮均沿轨道运行。当箕斗运行至卸载处，轨道向下弯曲，并在其外侧加设轨距稍宽的附加曲轨，由于箕斗前轮较窄，所以它沿轨道运行，后轮较宽，其外踏面驶入附加曲轨，这样把箕斗后部抬起，矿石由开口处卸出。

翻转式箕斗结构简单，自重不平衡性较小。但在卸载时，箕斗的大部分重量由卸载曲轨承担，因而钢绳的张力减小，使自重不平衡性加大。箕斗容积越大，卸载曲轨的尺寸也越大，产生的动载荷也越大。

（2）后卸式箕斗，如图 6-18 所示，斗箱与底架固定在一起，斗箱后部开口，由扇形闸门加以封闭，闸门上装有卸载托轮，前轮是一个塔轮，有两个踏面，扇形闸门上的卸载托轮与前轮的外踏面等宽。当箕斗到达卸载处时，后轮沿运行轨道驶入下曲轨，后部闸门的卸载托轮及前轮的外踏面被附加曲轨托住，斗箱随后轮下沉，与此同时闸门打开卸载。后卸式箕斗在卸载时所产生的自重不平衡性较小，卸载时动载荷较小，其缺点是箕斗结构较翻转式箕斗复杂，自重比等容积的翻转式箕斗大。

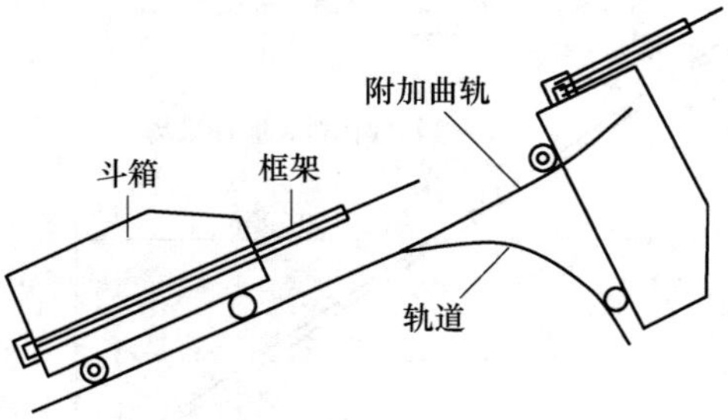

图 6-17　翻转式箕斗

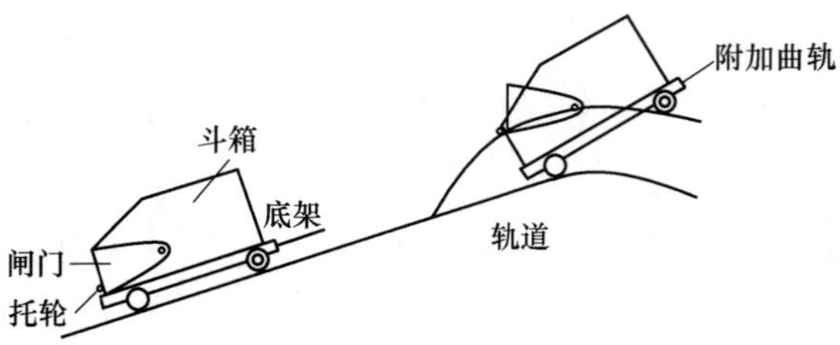

图 6-18　后卸式箕斗

6.4.3　箕斗道及栈桥

箕斗道是保证正常运输的关键环节，特别是当重载箕斗下放运行时，由于重量大，坡度陡，箕斗轮压对钢轨向下的推力也大，加之箕斗重心的偏差、轨道敷设不平、运行中钢丝绳的摆动等因素，对轨道横向冲击力也较大。如果轨道敷设不平、轨距不均或维修不及时，受箕斗装矿偏离中心等因素影响，箕斗在运行中易发生跑偏、脱轨等事故。

栈桥按线路结构分为钢结构栈桥、钢筋混凝土栈桥和混合结构栈桥，多用钢筋混凝土结构。大型矿山和大型斜坡箕斗，由于采场下降速度快，为便于移设和安装，应采用钢结构栈桥；而在中小型矿山，栈桥服务年限较长，可以采用钢筋混凝土结构。

6.4.4　辅助运输方式

采用斜坡箕斗提升的露天矿，斜坡箕斗只能运送矿岩。采场的人员、材料及设备的运送，或箕斗设施及箕斗道的维修，都必须通过辅助运输系统来进行。常用的辅助运输方式有公路运输和斜坡卷扬运输。

大中型露天矿，采场与工业场区间的联系还须采用公路作为辅助运输，以保证采场大型设备上山及设备检修的需要。箕斗设施及箕斗道的维修可在斜坡道一侧设斜坡卷扬机道。

6.4.5 生产管理

6.4.5.1 防砸措施

汽车在栈桥上卸矿时，为避免大块矿石直接冲击漏斗闸门和矿仓，可在装矿仓上部设缓冲台阶、挡矿板，并在闸门前部加设防冲击链等措施，如图 6-19 所示。当汽车由 3m 高处卸矿时，大块矿石首先砸落在缓冲台阶上，再和闸门前的链条接触，然后滑入漏斗冲到侧帮上，被闸门挡住，将冲击能量消耗掉，保证了正常生产。

6.4.5.2 撒矿处理

斜坡箕斗装矿时经常将矿撒落到箕斗道上，影响运行。可在闸门口下部设临时小型刮板运输机，将撒矿运到箕斗道一侧装入矿车运走；也可在闸门下部设载矿坑，使矿石溜入坑中，积存一定量时，采用电葫芦提起倒入箕斗，如图 6-20 所示。

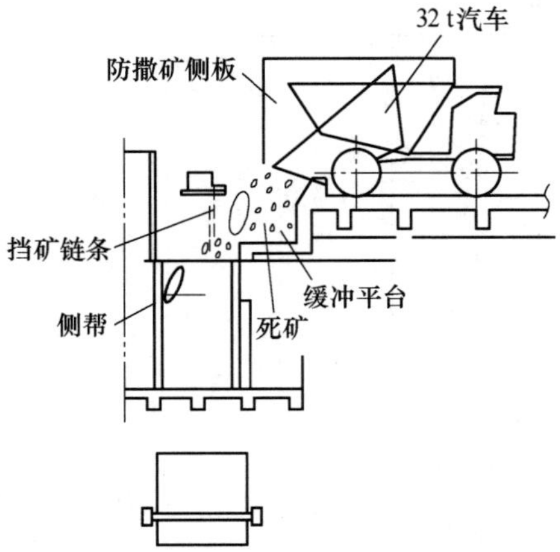

图 6-19 峨口铁矿箕斗装矿仓

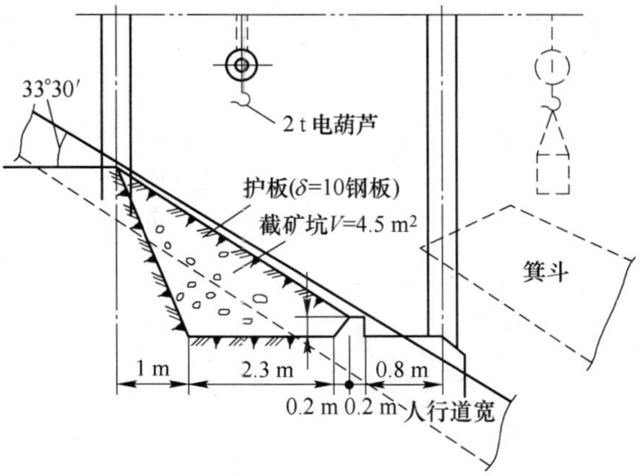

图 6-20 峨口铁矿箕斗道截矿坑

6.5 溜 井 运 输

溜井运输是将矿岩靠自重沿溜井下放，溜井下部与平硐、斜井等连接，井巷中设置胶带机（需先经破碎硐室破碎）或铁路等。溜井运输通常作为其他运输的中间环节，投资少，设备少，节约能源，经营费低，生产能力大，适用于山坡露天矿。山坡高差越大，经济上越合理。在地形条件适合的情况下应用广泛，镜铁山矿就采用这种方式，如图 6-21 所示。

6.5.1 溜井系统类型

露天矿溜井系统有下列五种类型，见表 6-2。

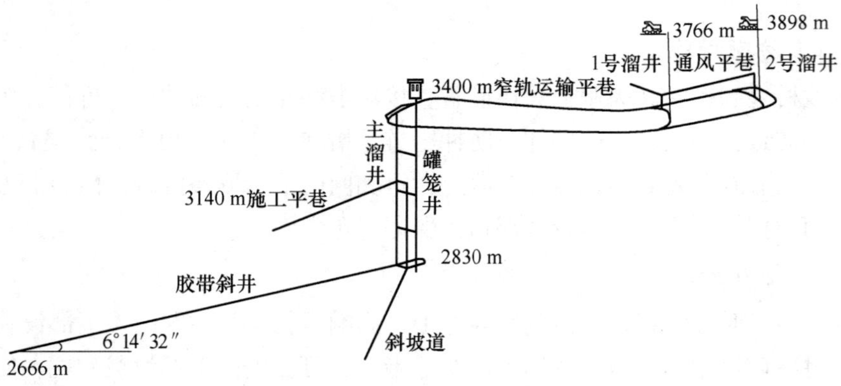

图 6-21 镜铁山矿溜井运输

表 6-2 露天矿溜井系统类型

方案		适用条件				优缺点			
		降雨量	地形条件	类型	平硐或斜井内运输方式	矿石自然分级情况	生产可靠性	工程量	生产能力
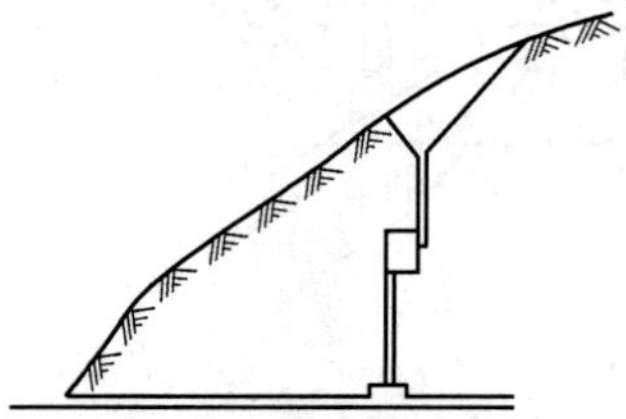	溜槽—溜井—破碎—平硐	小	允许	山坡露天矿	铁路（胶带）	自然分级	较可靠	较小	较大
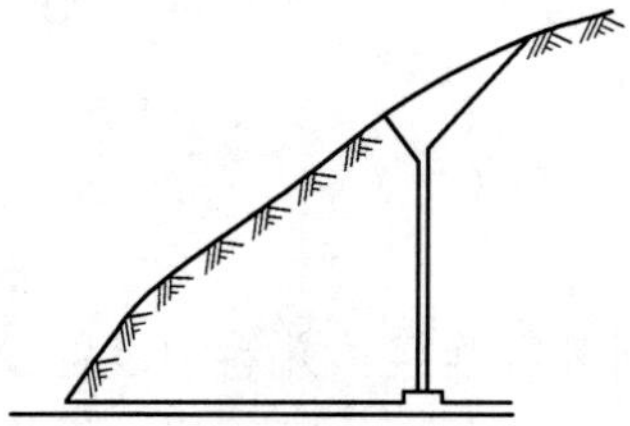	溜槽—溜井—平硐	小	允许	山坡露天矿	铁路	自然分级	较可靠	小	较大
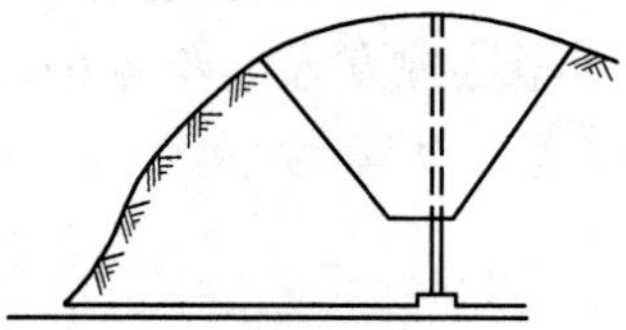	溜井—平硐	不限	—	山坡露天矿	铁路	不分级	可靠	较大	较大

续表 6-2

方案		适用条件				优缺点			
		降雨量	地形条件	类型	平硐或斜井内运输方式	矿石自然分级情况	生产可靠性	工程量	生产能力
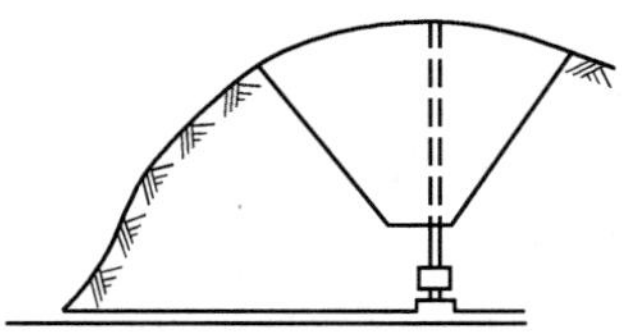	溜井—破碎—平硐	不限	—	山坡露天矿	胶带	不分级	可靠	大	大
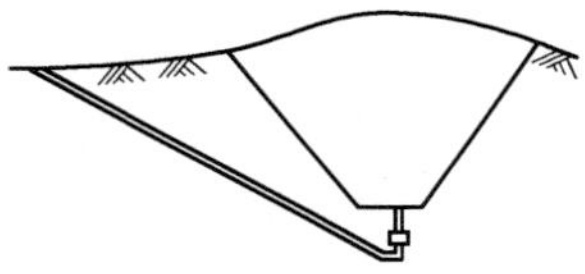	溜井—破碎—斜井	不限	—	凹陷露天矿	胶带	不分级	可靠	大	大

6.5.2 溜井生产能力

溜井的生产能力取决于溜井上口卸矿能力、溜井井筒通过能力、溜口放矿能力及溜井底部给（运）矿设备的能力，这些能力的最小值就是溜井生产能力。图 6-22 为某矿溜井口。

图 6-22　某矿溜井口

6.5.3 缓冲矿仓

大型露天矿，如果是平硐（斜井）溜井运输，生产能力比较大，溜井的年生产能力也大，通常在 500 万~800 万吨/年甚至 2000 万~5000 万吨/年以上，溜井深一般在 300 m 以上，通过溜井井筒的矿石块度大，一般为 1.2~1.5 m。由于溜井容易出现堵塞、井筒磨损以及溜口结构砸坏等事故，采用溜井运输的矿山一般溜井条数少，有的只有一条或两条，如果出现溜井事故，可能导致矿山停产。

为此，国内外广泛采用缓冲矿仓结构（也称副矿仓或中国式溜口），如图 6-23 所示。矿石从溜井放出要经过两个溜口：一个是矿仓溜口，另一个是板式给矿机溜口。

溜井下部结构采用缓冲矿仓结构，有下列优点：

（1）当溜井放空后再往溜井中卸矿时，矿石不能直接冲击板式给矿机溜口，这样可以避免矿石砸坏溜口结构及给矿设备。

（2）由于矿仓溜口断面大，堵塞机会少。

（3）矿石在缓冲矿仓中二次松散，因此在板式给矿机溜口处避免了由于矿石被夯实

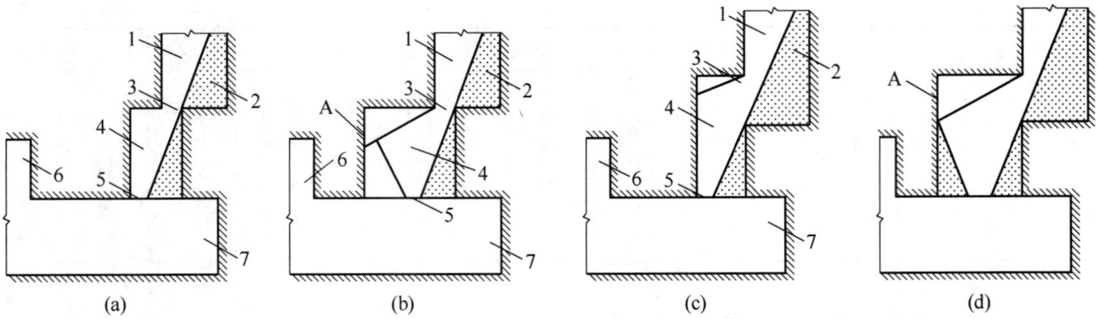

图 6-23　缓冲矿仓结构类型示意图

(a) 顶部溜口缓冲矿仓；(b) 顶部溜口缓冲矿仓（A 墙不加固）

(c) 侧向溜口缓冲矿仓；(d) 侧向溜口缓冲矿仓（A 墙不加固）

1—溜井；2—粉矿堆；3—缓冲矿仓溜口；4—缓冲矿仓；

5—板式给矿机溜口；6—破碎机硐室；7—板式给矿机硐室

而产生的堵塞。即使在此处产生堵塞，因为人可以进入缓冲矿仓，处理也方便。

(4) 板式给矿机负荷小。

缓冲矿仓缺点为：

(1) 减少了溜井有效深度，一般减少 5~20 m。

(2) 工程量大。

(3) 多一个溜口，多一个环节。

6.5.4　采场内溜井降段

溜井布置在采场内时，随着开采台阶的下降，溜井要进行降段。每次降段的高度与准备的新水平台阶高度相同，使降段后的溜井便于新水平卸矿。

采场内溜井降段的原则是：最大限度地加快降段速度，缩短降段时影响生产的时间；防止降段时大块矿石掉入溜井，堵井影响生产。

溜井降段的方法有下列几种。

6.5.4.1　直接爆破降段法

在溜井正常状态下，沿溜井颈四周进行穿孔、爆破，爆破下来的矿石直接进入溜井，主要应防止爆破矿岩堵塞溜井。此方法适用于周围矿岩可爆性较好或溜井断面较大，万一出现堵塞有条件处理等场合。为了减小直接进入溜井的矿石块度，防止大块矿石堵塞溜井，可根据溜井口周围的岩层特性，适当加密炮孔，增加炮孔装药量，提高爆破质量。

为了保护溜井下口构筑物及出矿设备免遭高速进入溜井的矿石流冲击，溜井内仍应保有一定的贮矿高度。另外，由于爆破时大量炮烟直接进入溜井的矿石中，爆破后不可立即出矿，必须加强通风，并注意检测放矿硐室及平硐内的炮烟浓度，以防止放矿操作人员炮烟中毒。

采用直接爆破降段法时，溜井降段期间的放矿作业可与降段的穿孔作业平行进行，因此，降段期间停产时间短；爆破的矿石一部分直接进入溜井，一部分可就近用电铲、推土机倒入溜井，节省汽车装运环节。

直接爆破降段法虽然增加了降段的穿孔和爆破费用，但溜井降段的总费用较低。

兰尖铁矿采用直接爆破法进行降段，爆破 35 次，进入溜井的矿石均能顺利放出，没有出现过溜井堵塞，采场的生产与溜井降段干扰很小。

也可采用浅孔爆破，分台阶进行，如图 6-24 所示，但该方式降段速度慢。

6.5.4.2 贮矿爆破降段法

在降段爆破之前，先将溜井贮满矿岩，然后进行降段作业，这样能避免降段爆破产生的大块矿石进入溜井发生堵井事故，如图 6-25 所示。具体做法如下：

（1）溜井停止放矿，突击运矿填满井筒。填满高度以不堵塞下段为宜，高出准备的新水平标高即可。

（2）在溜井颈周围穿孔、爆破。

（3）爆破后，溜井上口及周围的矿石用电铲倒堆，并用汽车运走，主要目的是清除爆堆中的大块，防止爆堆中的大块在正常放矿时堵塞溜井。当井口上部爆堆清理完毕后，溜井即可恢复正常放矿作业。

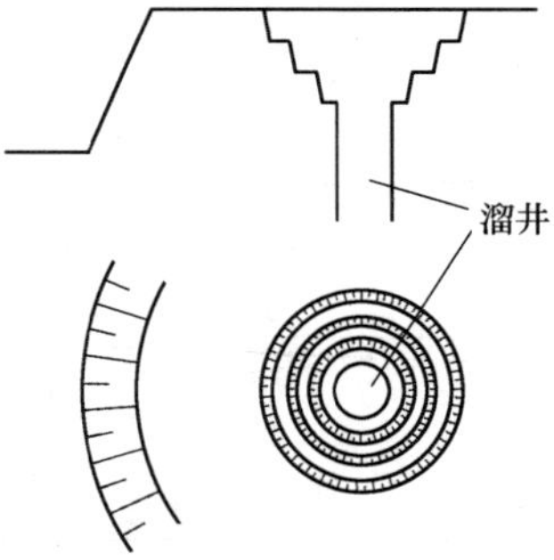

图 6-24 溜井浅孔爆破直接降段

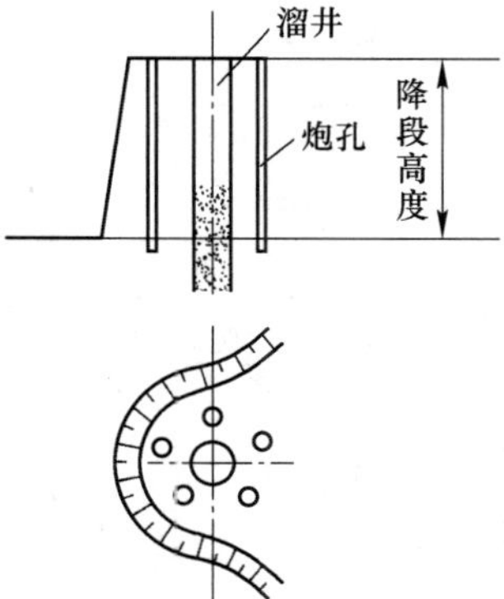

图 6-25 溜井贮矿爆破降段

该方法能有效地防止大块矿石堵井，因而生产比较可靠。但溜井在降段期间要停止放矿，影响生产，为贮满溜井突击运矿填井及爆破后抢运爆堆、清除大块矿石的工作繁重。

南芬铁矿为减轻填井的工作量，采用在溜井一定深度处（通常是人员能到达的地段，如检查巷道处）的井筒内搭封闭板台。在板台上贮满矿，然后降段，得到较好效果。但这种方法只能在特定条件下采用。

6.5.4.3 堑沟降段法

堑沟降段法适用于采场内部单溜井降段，为了在溜井降段期间生产不间断，采取先降无卸矿平台的半壁溜井，再降另半壁溜井。根据掘进堑沟的位置不同，有直进堑沟和环井堑沟两种方法。

A 直进堑沟降段法

直进堑沟降段法的具体做法如图 6-26 所示。

（1）在公路连接方便的地方，距溜井一定距离向溜井方向掘进坡度约 10°的出入车堑沟，当堑沟掘进到溜井附近时，达到拟准备的新水平标高。

（2）在先降的半壁溜井口漏斗附近穿孔，可以用手持式凿岩机穿孔。为防止爆破时大块矿石滚入溜井，靠近溜井口附近的炮孔应加密，适当多装药。

（3）堑沟内的爆堆，部分用电铲堆于路堑两侧平台上，部分用汽车装运绕行至上台阶卸矿平台，卸入溜井。

（4）由溜井口向外掘进开段沟或直接扩展扇形工作面。

（5）待原开采台阶矿石采完，再穿孔、爆破，将暂时保留的半壁溜井降段。

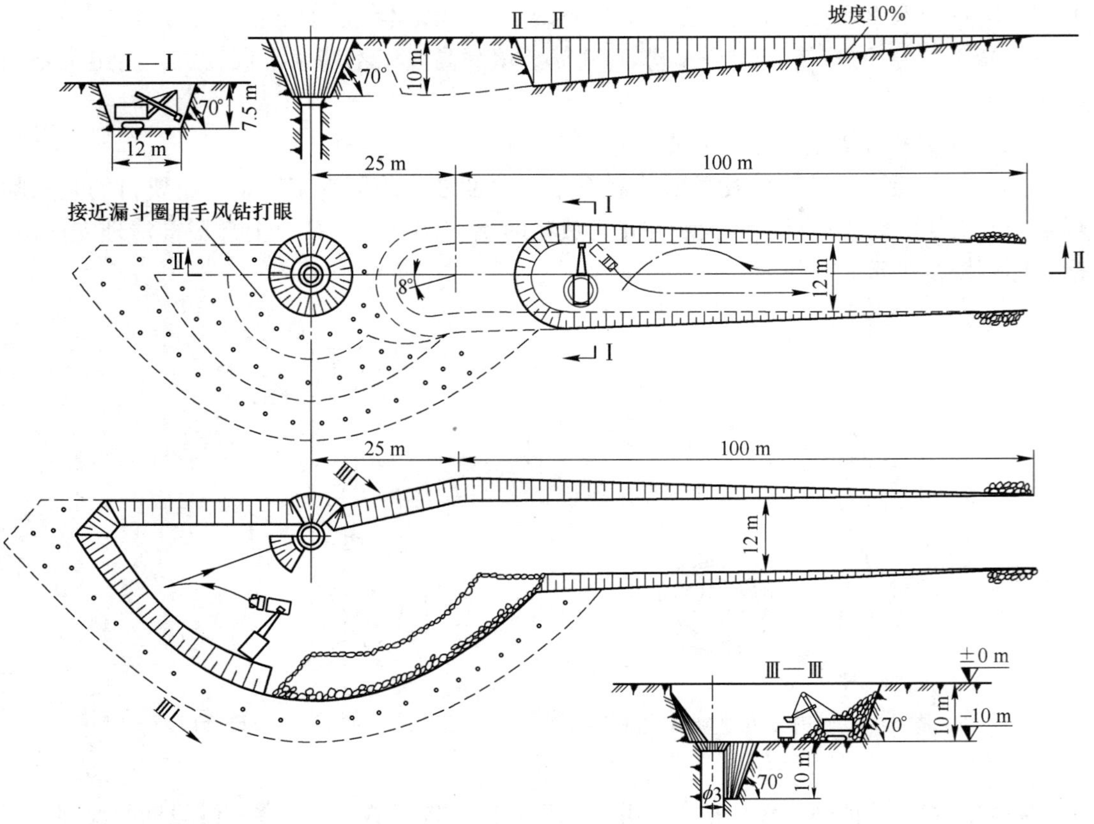

图 6-26 溜井直进堑沟降段示意图

B 环井堑沟降段法

环井堑沟降段法是在溜井漏斗口近旁环绕井口向下掘进单壁堑沟的方法。如图 6-27 所示，具体做法如下：

（1）环绕半壁溜井，以 10%左右的坡度向新水平挖掘单壁入车堑沟，堑沟长根据降段高度确定。

（2）入车堑沟末端达到拟准备的新水平标高后，回掘下三角。

（3）挖掘上、下台阶联系的出入沟。

（4）从溜井口向四周扩展工作面，并刷大井口为下次溜井降段做准备。

这种方式降段期间生产不间断，矿石可直接用电铲、推土机倒入溜井，不需要装车运输，因此降段速度较快。

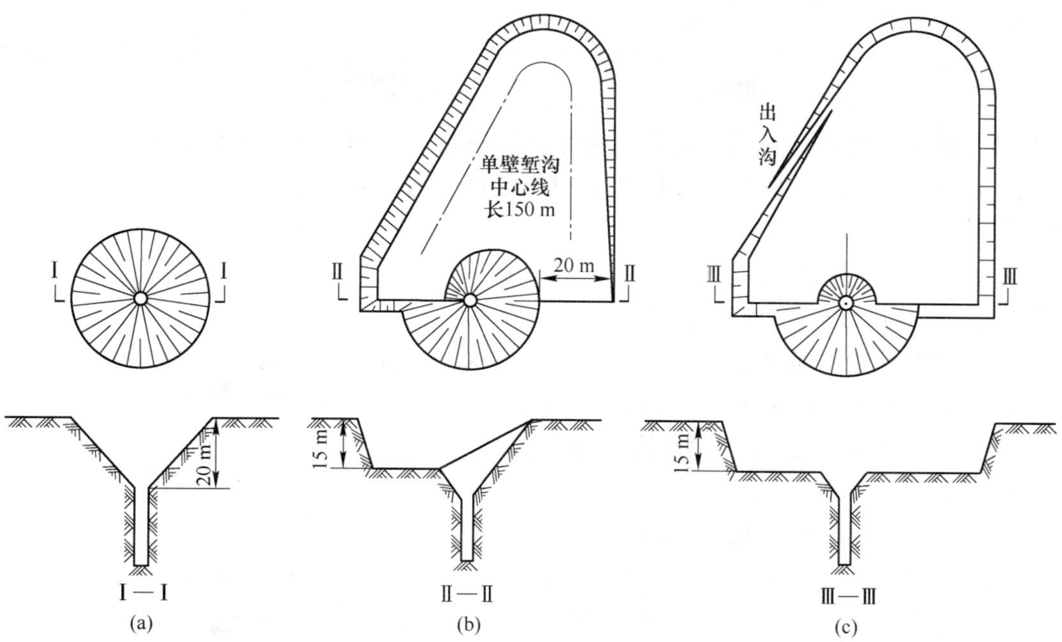

图 6-27 环井堑沟降段法

（a）溜井降段前的状态；（b）环绕溜井口掘入车路堑；（c）回掘下三角及开掘出入沟

6.5.5 溜井生产管理

采用溜井开拓的矿山，溜井是咽喉。为使溜井正常生产，必须对溜井加强生产管理，包括溜井贮矿高度控制、粉矿控制、防止大块入井及降段工作等。

6.5.5.1 *溜井要贮满矿*

溜井贮满矿有下列好处：

（1）减少或避免汽车卸矿时矿石流直接冲击井壁，减轻矿石对井壁的磨损。

（2）溜井中贮存矿石，可以起支撑井壁作用，防止溜井片帮和塌落。

（3）由于溜井贮满矿，降低了矿石自由下落高度，减少了对溜井中矿石的夯实作用，从而减少了溜井堵塞的机会。

（4）贮满矿有利于采场安全。

不要轻易把溜井放空，使采场有一定富余的生产能力。否则，如果出现电铲或汽车故障等意外情况，就不能及时满足供矿。

6.5.5.2 *控制大块矿石入井*

大块矿石进入溜井，将会带来严重后果：

（1）当溜井井筒断面小时，溜井容易堵塞，如处理不当，可带来人员和设备事故。

（2）大块矿石易在溜口处堵塞，若用炸药处理，不仅影响正常生产，还会损坏放矿设备。

（3）当大矿石块从溜口放出后，不仅影响矿车装满系数，有时还可能把矿车打翻。

总之，大块矿石入井问题必须引起足够重视，可适当提高爆破的炸药量，减少大块率。

6.5.5.3　粉矿和水的管理

在雨季，溜井容易发生堵塞和跑矿。由于溜井中集中了大量粉矿和足够的水，两者结合，当水量未达到饱和时，易产生堵塞；当达到饱和或半饱和状态后，易产生跑矿。因此溜井堵塞和跑矿与降雨量有很大关系，降雨量大，则堵塞（跑矿）次数多；降雨量小，则堵塞（跑矿）次数少。因此要想解决堵塞和跑矿问题，必须解决粉矿和水的管理问题。

A　水的管理

水的管理可从以下方面展开：

（1）当溜井中有涌水点时，应进行堵水和排水，防止地下水流入溜井井筒中。

（2）溜井井口应高于采矿工作面0.5~0.7 m，防止雨水流入溜井中。

（3）严禁从溜井上口注水处理溜井堵塞。

B　粉矿的管理

粉矿的管理可从以下两方面展开：

（1）当溜井溜放粉矿时，最好安排在旱季。雨季放矿要做到快卸、快放，不宜在溜井贮存时间过长，要粉矿、块矿搭配溜放，块（矿）和粉（矿）的比例为4∶1或3∶1。

（2）组织专人检查，了解溜井中矿石性质、含水量、含泥量变化及贮矿高度及放矿情况。

6.6　联合运输转载站

转载站是联合运输系统中的一个组成部分，也是生产工艺中的一个重要环节，用以衔接两种不同的运输方式。在下列情况下需进行转载：

（1）地面运输采用联合运输系统时，运输各环节所用设备不同，在相邻运输设备的交接处，需进行转载。

（2）为减少采选两部门因生产不均匀、工作制度不同等因素对生产的影响，需进行转载。

（3）原矿或产品向外运输时，为保证矿山、运输部门、用户间的彼此生产互不影响，也为了使内外不同运输方式能正常连续生产，在矿山向外转运处，设转运站进行转载。

转载站的转载工艺过程包括卸载、储存和装载三个环节。

下面按不同运输方式的转载分别叙述。

6.6.1　铁汽联合转载

铁汽联合转载形式主要有汽车直接转载、由电铲（或前装机）转载及经矿槽转载等。

6.6.1.1　直接转载

直接转载即汽车直接卸入车辆。直接转载形式简单，投资少。但铁路车辆与汽车相互等待，干扰大，影响设备效率，汽车卸车时，漏矿严重，清理工作量大。

6.6.1.2　电铲转载

电铲转载是常用的转载形式，其主要优点是能利用转载场的贮矿堆均衡运输不协调的影响，提高汽车及列车的效率。对多品级开采的矿山，可以利用贮矿堆进行调配，有利于选矿生产。因此，大部分矿山在建成直接转载站台后又改用了电铲转载形式，如图 6-28 所示。但电铲转载需增加电铲设备的投资，转载费也较高。一般适用在转载量不大的场地，如山坡露天矿的山头处理或深凹露天矿新水平准备中，以汽车做短距离运输后在采场内或采场附近转载入铁路矿车。

转载场地可利用采场台阶的高差，汽车在上一台阶卸车，配备一台推土机将卸后的矿岩向外推平，铁路在下一台阶由电铲装车。堆场高度为 12～15 m，采场内的场地平面位置也可随采掘带的推进而相应变动。

6.6.1.3 *矿槽转载*

矿槽转载具有转载费低、装车时间短、设备投资较电铲转载少等优点，但需增加矿槽基建投资。因此，在转载量较大（一般大于 300 万吨/年）、使用年限较长（一般 3 年以上）的转载场，设矿槽转载有利，如图 6-29 所示。

矿槽转载的汽车卸载与铁路装车的高差，要满足车辆净空、转载设备安装高度和矿槽容量的要求等，一般宜在 15 m 以上，最小不低于 12 m。为使汽车与列车随卸随装，矿槽容积以大于两列车的装载量较合适。如矿槽容积较小，为避免汽车与列车相互等待，可在汽车卸载场留出贮矿平场，配备 1～2 台前装机，以使矿槽贮满后汽车可临时卸在贮矿平场，而不影响汽车运输。当汽车因故不能及时供应矿（岩）石时，可用前装机将贮矿平场的矿（岩）石转载入矿槽。为防止矿槽被砸坏，不能将矿槽内的矿（岩）石卸空，应在槽底保留一层矿（岩）料，使卸下的矿（岩）石不致直接冲砸槽壁，矿槽转载如图 6-29 所示。

图 6-28 铁汽联合电铲转载

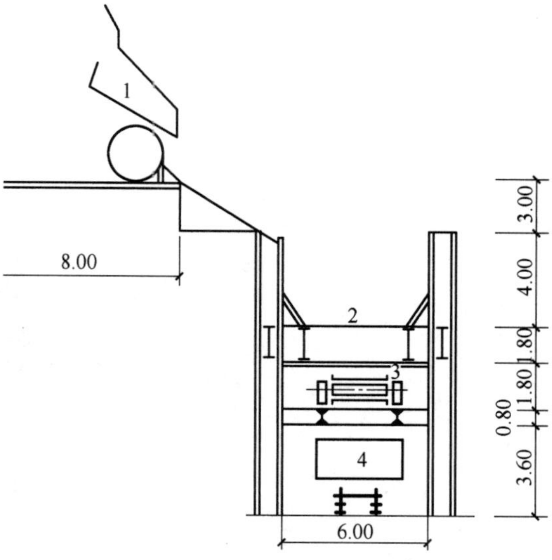

图 6-29 某铁矿矿槽转载设计方案（单位：m）
1—汽车；2—矿槽；3—板式给料机；4—矿车

6.6.2 胶带联合开拓破碎机转载站

为把矿岩破碎至胶带机要求的块度，需要采用破碎机，并布置破碎机转载站。按破碎站固定性，破碎机转载站分为固定式、半固定式和移动式三类。

固定式破碎站设在下部，破碎站不需移动，但硐室、井巷工程量大，通风困难，一次投资大。

设于采场转载集运水平的半固定破碎站，随开采的延深定期向下移设，以缩短与工作面的运距，其合理步距的确定，应使移设步距缩短所节约的运费与移设费用相等为原则。

移动式破碎站的工作方式是用挖掘机将矿石或岩石直接卸入设在采掘工作面的破碎机内，也可用前装机或汽车在搭设的卸载平台上向破碎机卸载，破碎后的矿岩用胶带运输机从工作面直接运出采场。在开采过程中，破碎机、胶带机随工作面的推进而移动。

6.6.3　斜坡提升转载栈桥

运输车辆要在转载栈桥上往箕斗中卸载矿岩，因转载栈桥安装和搬移都比较困难，应考虑几个台阶共用一座栈桥，一般为 3 个台阶共用一座栈桥。转载站通常设在露天采场的端帮，转载量较大时可同时布置在端帮及非工作帮。转载站应随采场的延深而下移。

转载栈桥可采用带矿仓和不带矿仓的形式。当矿车较少，需几车装一箕斗时，应采用带矿仓的形式，矿仓用闸门控制，矿仓容积要与箕斗容积相适应；当矿车与箕斗容积相等时，可用不带矿仓的形式，这种形式结构简单，栈桥较低，投资少，但对箕斗冲击较大。箕斗的生产受卸载汽车供矿均匀性的影响，箕斗系统作业率低，为 55%~65%。

7 排 土 工 作

本章课件　思维导图

露天矿山的建设和生产过程中需要剥离大量的表土和岩石，并将其运至专设的场地排弃，这种接受排弃岩土的场地称为排土场。在排土场用一定方式进行堆放岩土的作业称为排土工作，排土工作是露天矿主要生产工序之一。

露天矿剥离量可为采矿量的几倍到十几倍，每一个大型露天矿每年剥离的岩土为数百万吨至数千万吨，若开采三四十年，需要有堆置几亿万立方米岩土的场地，占用大量土地，同时产生粉尘和污水，污染环境。合理地选择排土场位置和组织排土作业，不仅关系着采装、运输的生产能力和经济效益，同时还涉及对环境和农业生产的影响问题。

露天矿排土工作包括排土场位置与排土方法的选择、排土线的形成和发展以及土地复用等主要内容。

按排土场与露天矿的相对位置，排土场可分为内部排土场和外部排土场。内部排土场是将岩土直接排弃在露天采场的采空区内，外部排土场是将排土场布置在境界外。

从不占农田和缩短运距方面讲，内部排土场运距短、成本低，是一种最经济的排土方法。但是，内部排土场只有在开采水平或近水平矿体、开采深度在 30~50 m 以内或在一个采场内有两个开采深度不同的底平面，其中一个底一次采完有用矿物的全厚时才能采用，也就是说，如果采场内存在永久堆放废石的条件应尽量采用该方法，但大部分金属露天矿不具备这种条件，因此多采用外部排土场。

外部排土场位置的选择除考虑少占农田、缩短岩土运输距离、能容纳矿山开采期内的剥离岩土外，还必须结合地区（南、北方气候及雨量等）对所选场地的地形、基底工程水文地质以及所排弃的岩土物理机械性能、环境保护等条件做全面分析。一般要注意以下几点：

（1）少占耕地。在可能的条件下利用山谷、洼地和海滨等地设置排土场。在山谷设置排土场时，要充分考虑山洪的影响。

（2）缩短岩石（土）的运距，排土场尽量设在露天采场的近处。

（3）为防止压矿，排土场不应设置在将来扩大的露天开采境界范围之内，宜选在矿体下盘方向。深凹露天矿的排土场如距采场太近时，还要考虑排土场对采场边帮稳定的影响及废石滚落距采场边缘的安全距离。

（4）对可能利用的岩石，应考虑今后回收装运的可能性。

（5）重视环境保护。应布置在居民点的下风向地带，以防岩粉污染居民区的空气；应考虑防止将排弃的岩土中有害化学成分渗入河流和农田，防止环境污染；排土场不应截断山洪和河流，以免切断农村的水源和防止排土场的冲刷塌陷。

（6）考虑土地复用的可能性，制定覆土造田的规划。

排土场一般应设置防排水设施，必要时设拦挡设施，保持排土场边坡稳定。

设计排土场时，排土场总容积应与露天矿设计的总剥离量相适应，排土场的接受能力应保证露天矿采掘计划的要求。按剥离量所需的排土场有效容量为

$$V_Y = V_{SH} K_S / K_X \tag{7-1}$$

式中，V_Y为排土场的有效容量，m^3；V_{SH}为剥离岩土的实方数，m^3；K_S为岩土的松散系数；K_X为岩土的下沉系数。

露天矿排土机械有推土机、电铲、排土犁、前装机和胶带排土机等。一般来说，汽车运输选用推土机做辅助推土、平整工作，铁路运输一般可以选用电铲、排土犁或前装机倒排，连续或半连续运输选用胶带排土机排土。另外也有采用铲运机或索斗铲排土，常用于内部排土场。

铁路运输存在线路移设，因此在条件（排土场地耐力、所排弃的岩土物理力学性能等）许可下，加大堆置段高可提高排土线的收容能力，减少线路移设次数，提高排土线的生产率。但增加高度应有一个合理范围，若高度太大，会引起较大的二次沉降，需要重新回填、移设线路，对线路影响很大。

7.1　推土机排土

如图 7-1 所示，采用汽车运输的露天矿大多数采用推土机辅助推土及平整场地。为节省初期基建工程量及运输费用，汽车进入排土场就近卸载，一般由近向远前进式推排。

推土机排土作业包括：汽车翻卸岩土、推土机推土、平整场地、整修排土场公路。

图 7-1　汽车运输和推土机排土

7.1.1　排土方法

（1）山坡地形排土：顺着地形向前推进，然后再逐步向旁扩展，如图 7-2 所示。

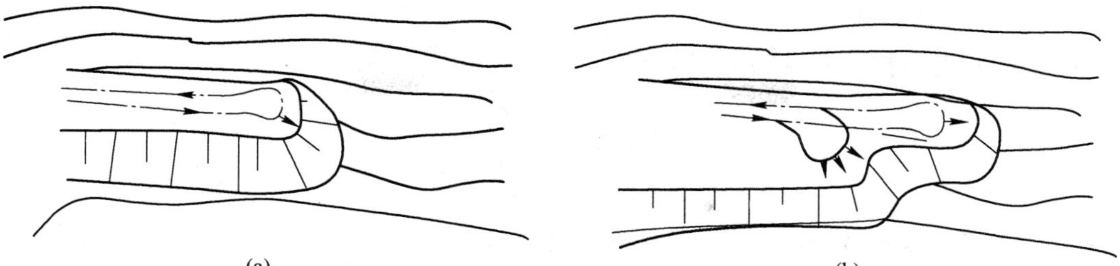

图 7-2 山坡地形排土

(a) 废石堆排顺着地形向前推进；(b) 逐步向旁扩展

(2) 平坦地区排土：可采用环形扩展或两旁扩展方式，卸车线较长，有利于卸车与推土机同时作业，如图 7-3 所示。

汽车翻卸后留在平台上的土堆宽度对推土机推土的工作量影响很大，推土机推土量一般约占排弃总量的 20%~40%。据统计，当汽车后桥中心线距坡顶线 1.5~3 m 时，岩土可大部分卸到边坡下。为使汽车翻卸尽量靠近排土台阶边缘，同时保证汽车安全，应在排土台阶边缘堆砌废石或用移动的钢结构件设置车挡，如图 7-3 所示。车挡高度根据车型及岩土性质确定，一般不低于 0.6~0.8 m。

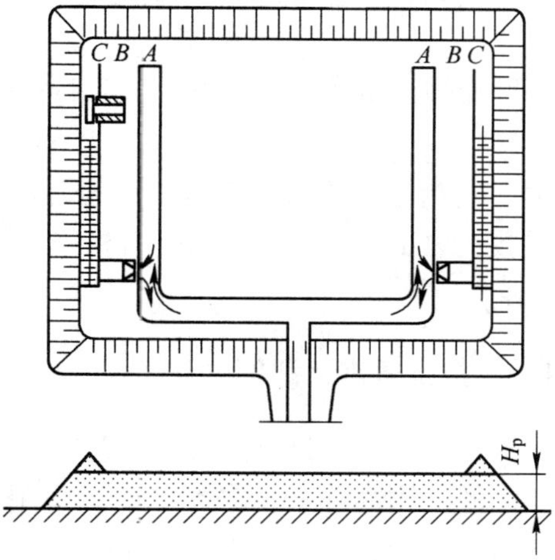

图 7-3 汽车-推土机排土

A—公路宽度；*B*—调车入换部分的宽度；*C*—汽车翻卸后留在平台上的土堆宽度

7.1.2 参数计算

7.1.2.1 下沉系数

由于新堆弃的岩土密实性小、孔隙大，经压实后排土台阶顶面逐渐下沉。为了保证安全卸载和充分利用排土场的容积，应考虑下沉系数，并使台阶顶面保持 2%的反向坡。

$$K_x = 1 + (h_{P_1} - h_{P_2}) / h_{P_2} \tag{7-2}$$

式中，h_{P_1}为下沉前的排土台阶高度，m；h_{P_2}为下沉后的排土台阶高度，m；K_x为下沉系数。K_x 的参考值：硬岩 1.05~1.07；软岩 1.1~1.12；砂和砾石 1.09~1.13；亚黏土 1.18~1.21；泥灰岩 1.21~1.25；硬黏土 1.24~1.28。

7.1.2.2 推土机数量的确定

根据矿山实际生产需要，一般在每个废石卸载平台上至少有一台推土机作业。当卸载平台间隔不远且有较长的卸载段，汽车卸载后，其残留在废石平台上的岩量不多，可用推土机集中作业时，也可考虑两个卸载平台合用一台推土机。

推土机数量应结合汽车载重、20%~40%的卸载残留量和推土机生产能力来确定。

7.1.2.3 平盘宽度

汽车运输推土机排土一般采用一个排土台阶，平盘宽度不受约束。当采用分段排弃时，平盘宽度应能保证顺利调车卸载。

7.1.2.4　排土线长度

排土线长度应按同时翻卸的汽车数量确定：

$$L_P = n_0 b \tag{7-3}$$

其中

$$n_0 = Nt_{DX}/T_Z$$

$$t_{DX} = t_D + t_X + (3 \sim 6)R/v_R$$

式中，L_P为排土线长度，m；n_0为同时翻卸的汽车数；N 为出勤汽本总数；T_Z为汽车运行周期，min；t_{DX}为每辆汽车调车和翻卸时间，min；t_D为调车对位时间，min；t_X为汽车卸载时间，min；R 为汽车转弯半径，m；v_R为调车时的汽车运行速度，m/min；b 为相邻汽车正常作业的间距，一般取 25~30 m。

考虑到备用和维护，排土线的总长应为：

$$L = 3L_P \tag{7-4}$$

所需推土机的数量可按式（7-5）计算：

$$N_T = V_S K_S K_J / Q_T \tag{7-5}$$

式中，N_T为推土机数量，台；V_S为需要推土机推送的岩土实方体积，m^3/班；K_S为岩土松散系数，取 1.3~1.5；K_J为设备检修系数，取 1.2~1.25；Q_T为推土机生产能力（松方），m^3/班。

7.1.3　推土机排土评价

汽车运输推土机排土具有工艺简单、堆置高度大的优点，硬岩堆置高度可达100 m以上。因此，国内外金属露天矿广泛采用汽车运输、推土机排土，随着汽车向大型方向发展，与之相配合的推土机也不断向大马力发展。

7.2　推土犁排土

推土犁排土用于铁路运输。推土犁本身没有行走动力，由机车牵引沿排土线轨道行驶，利用汽缸压气张开犁板将列车卸下的废石向外推排，如图 7-4 所示，小犁板主要起推排作用。

7.2.1　排土工序

推土犁的排土工序包括：列车翻卸岩土、推土犁排土、修整平台和线路移设。

在新线路上，如图 7-5（a）所示，为保证行车及排土作业的安全，机车应以低速推顶列车自排土线的入口处向终端方向前进翻卸。当排土线全长都翻卸一次岩土之后，列车就改由排土线终端向入口处后退式翻卸岩土，直至填满全线，如图 7-5（b）所示。推土犁推排后，形成新的受土容积，如图 7-5（c）所示。随后，列车又继续沿排土线全长翻卸岩土，直到排土线新受土容积再填满为止，再由推土犁进行排土，如图 7-5（d）所示。

翻土与排土按上述过程交替进行，直到线路外侧形成的平台宽度超过或等于推土犁板伸张的最大允许宽度，推土犁已不能进行排土作业时为止，如图 7-5（e）所示，此时开始进行平整和线路移设工作。为了保证新路基的平整和稳定，最后一列车翻卸时应保证全线翻土均匀，土堆连续，同时要翻卸一些稳定性高、透水性好的岩石作为新线路的路基。

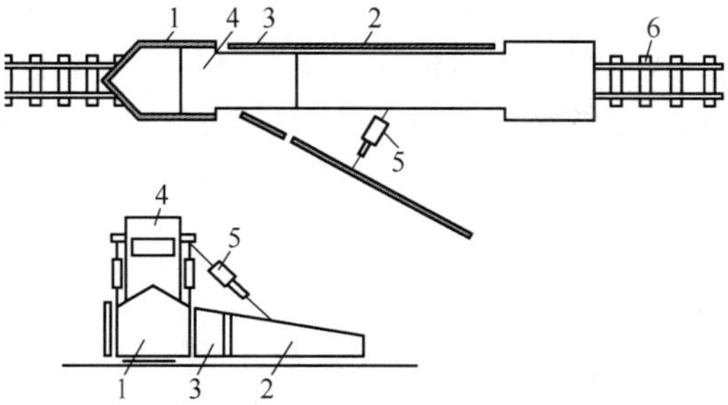

图 7-4 推土犁示意图

1—前部保护板；2—大犁板；3—小犁板；
4—司机室；5—汽缸；6—轨道

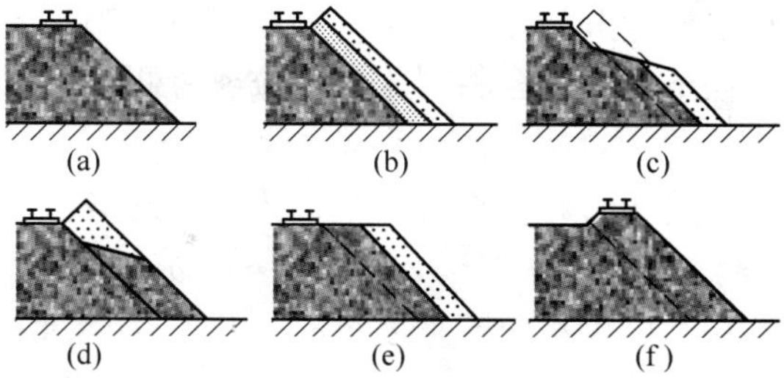

图 7-5 排土工序

考虑到岩土下沉和保证线路平直，在最后一次排土时，需把排土犁的犁板提起 30~50 cm，以便使排土台阶的新坡顶线比旧坡顶线有一超高，如图 7-5（f）所示。

7.2.2 推土犁排土评价

推土犁排土成本低，但排土宽度小（准轨 2.5~3.5 m，窄轨 1.5~2.0 m），移道频繁，用移道机移设线路效率低。钢轨易弯曲，排土线质量差，影响车辆运行进度和安全，卸土和排土不能在一条排土线上同时作业，作业效率低。排土台阶高度低，一般排土高度仅 10~20 m，在排弃坚硬块石时台阶高度也不超过 20~30 m，排土线接受能力小，占用的排土线较多。

7.3 挖掘机排土

挖掘机排土适用于铁路运输，挖掘机站在排土台阶的中间平台上，将列车卸下的废石在上、下两个阶段进行转排、堆垒，工作面布置如图 7-6 所示。

7.3.1 排土方法

7.3.1.1 列车翻卸岩土

列车进入排土线路后，自翻矿车逐辆对位将岩土翻卸到受土坑内。受土坑的长度不应小于一辆自翻车的长度，为防止大块岩石滚落直接冲撞挖掘机，受土坑底标高比挖掘机行走平台要低1~1.5 m。为保证安全，台阶坡顶线距线路枕木端部的安全距离不小于 0.3 m。

7.3.1.2 挖掘机堆垒

挖掘机从受土坑内取土，分上、下两部分台

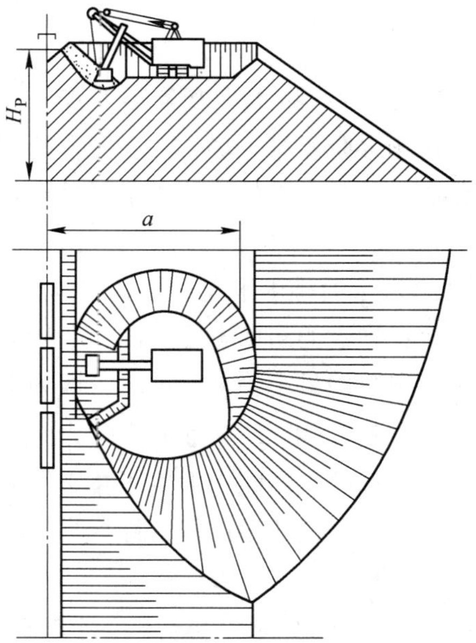

图 7-6 挖掘机排土工作面布置

阶堆垒。上部分台阶的高度取决于挖掘机最大卸载高度。下部分台阶的高度根据岩土的粒度、软硬和稳定性而定，一般为 10~30 m。堆垒方式一般采用后退式，挖掘机站在上部分台阶的底部平台将岩土向前方、旁侧及后方排弃和堆垒。上、下两部分台阶高度之和为排土台阶的总高度，最大可达 40~50 m。

排土带宽度取决于挖掘机工作规格：

$$b_P = f(R_{Wmax} + R_{Xmax})$$

式中，b_P为排土带宽度，m；R_{Wmax}为最大挖掘半径，m；R_{Xmax}为最大卸载半径，m；f为铲杆规格利用系数。从受土坑挖掘岩土时，为了减轻推压机构的磨损，挖掘机一般不采用最大挖掘半径，常考虑一个 0.8 的系数，即 f=0.8。

7.3.2　道头堆置（排土线尽端）

由于列车翻卸时要对准受土坑，因此在道头处仅能翻卸 1~2 辆车，严重影响了电铲作业，生产上一般采用两种方式来处理道头堆置。

（1）分线调车法：即在卸车平台增铺一条岔线，当列车头部卸完 1~2 辆车后，将空车牵出送入岔线摘下，再将重车送入卸车线，反复倒调，如图 7-7 所示。

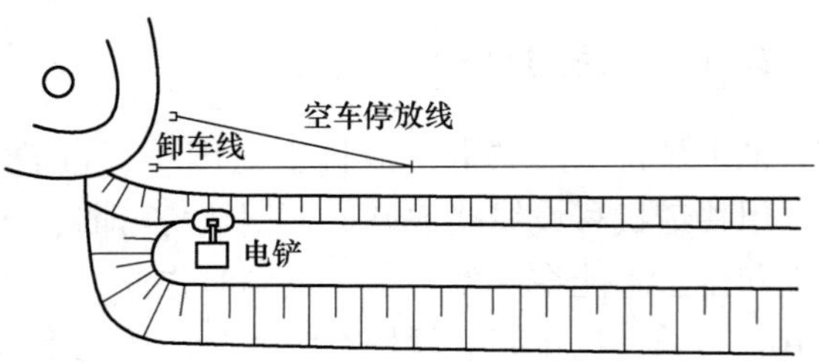

图 7-7　分线调车法

（2）用排土犁堆排道头：当道头不能用电铲堆排时，矿山一般常改用排土犁堆排。

以上两种方法都影响废石线正常收容能力，为此，在堆道头时应考虑备用废石线来平衡或采用环形扩展方式。

7.3.3　参数计算

7.3.3.1　排土平盘最小宽度

对于多阶段排土场，上、下台阶应保持一定的距离，使下部台阶能安全正常地进行排土作业。其最小限值为排土平盘最小宽度，即

$$B_{Pmax} = b_1 + b_2 + b_3 + b_4 \tag{7-6}$$

式中，B_{Pmax}为排土平盘最小宽度（一般大于排土台阶高度），m；b_1为安全宽度，m；b_2为对上一平盘的超前宽度，m；b_3为双线时，线路中心间距，m；b_4为外侧线路中心线至台阶坡顶线的最小距离，准轨一般为 1.6~1.7 m。

7.3.3.2　排土场的生产能力

排土场的生产能力取决于排土线的接受能力和同时工作的排土线数。

根据挖掘机的生产能力计算排土线的接受能力

$$Q_{X_1} = E\,K_M T\eta/(tK_S) \tag{7-7}$$

式中，Q_{X_1}为按挖掘机生产能力计算排土线的接受能力，m^3/班；E 为铲斗容积，m^3；K_M为满斗系数；T 为班工作时间，min；η 为工作时间利用系数；t 为挖掘机工作循环时间，

min；K_S为岩石松散系数。

根据运输条件计算排土线的接收能力：

$$Q_{X_2} = M_2 n\ q_Z / K_S \tag{7-8}$$

式中，Q_{X_2}为按运输条件计算排土线的接受能力，（实方）m^3/班；M_2为每班发往排土线的列车数；n为列车中的自翻车数；q_Z为自翻车平均装载容积（松方），m^3。

对于挖掘机排土，只有当Q_{X_1}和Q_{X_2}相等时，排土线的接受能力才能达到理想值。而生产实际中难以实现相等，只能取其中的小值。

7.3.3.3 排土线的总条数

$$N_X = \frac{1.2Q_C}{Q_X} K_X \tag{7-9}$$

式中，N_X为排土线的总条数；Q_C为排土场要求的平均排土能力（实方），m^3/班；K_X为排土线备用系数；Q_X为每条排土线平均接受能力（实方），m^3/条班。

7.3.4 挖掘机排土评价

铁路运输挖掘机排土的排土带宽度接近挖掘机的卸载半径与挖掘半径之和，因此移道步距大，线路移设工作量少，排土台阶高度高，线路质量好，作业安全，排土线生产能力高，雨季生产有保证。但排土工艺要求排土场有更高的稳定性，因此，排土台阶不能过高，否则容易引起线路变形，影响排土场的安全生产，另外设备费用高。

7.4 前装机排土

前装机排土用于铁路运输。

7.4.1 排土方法

前装机排土作业方式为：列车翻卸，再用前装机转排，如图7-8所示。图中的①是当工作平台较窄时，前装机慢行做180°转向运行，可使前装机的作业安全可靠，但运距大、效率低。②是当工作平台较宽时，前装机可就地180°转向运行，运距短，效率较高。③是当工作平台较宽时，前装机作90°转向运行，做加长工作平台的作业。

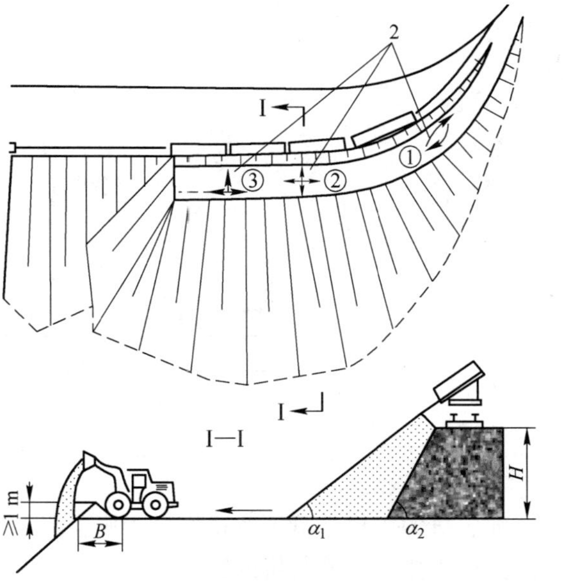

图7-8 轮胎式前装机作业示意图
1—列车；2—前装机运行轨迹

7.4.2 参数

采用铁路运输时，前装机的排土要素包括：作业线长度、上部转排段高和工作平台宽度。

7.4.2.1 作业线长度

每台前装机控制的作业线长度与斗容有关。为了充分发挥前装机的设备效率，减少线路横向移设的频率，作业线长度至少能贮备一昼夜的转排量，并且不短于一列车的有效长度。一条较长的作业线可由几台前装机同时排土。

7.4.2.2 上部转排段高

上部转排段高主要取决于：

（1）为保证路基稳定和铲装作业的安全，转排段高一般不宜超过铲斗挖取的最大举升高度，当岩土块度较小，无特大块度时，也可稍高于铲斗升举高度。

（2）为提高设备效率，低段高有利于铲斗切进并减轻其提升阻力。但段高过低，又不利于保有一定的排土贮量，同时也影响前装机的作业效率。生产中斗容为 5 m³ 的前装机，上部转排段高约为 4~8 m。

7.4.2.3 排土工作平盘的最小宽度

为保证前装机正常排土，工作平盘最小宽度如图 7-9 所示。

$$B_{\mathrm{Pmin}} = b_1 + b_2 \tag{7-10}$$

其中

$$b_1 = A + C + R$$

$$b_2 = \frac{H}{\tan\alpha_1} - \frac{H}{\tan\alpha_2} + b_3 \tag{7-11}$$

式中，B_{Pmin} 为前装机排土的最小工作平盘宽度，m；b_1 为前装机作业的最小宽度，m；A 为前装机齿尖至后轮轴的距离，条件困难时可取其半，m；C 为挡墙宽度，不小于 2 m；R 为前装机外轮最小转弯半径，m；b_2 为待排岩土堆体的底部宽度，m；α_1 为岩土安息角，(°)；α_2 为转排台阶坡面角，(°)；H 为转排段高，m；b_3 为待排岩土堆体上部在路基水平处的宽度，一般为 2 m。

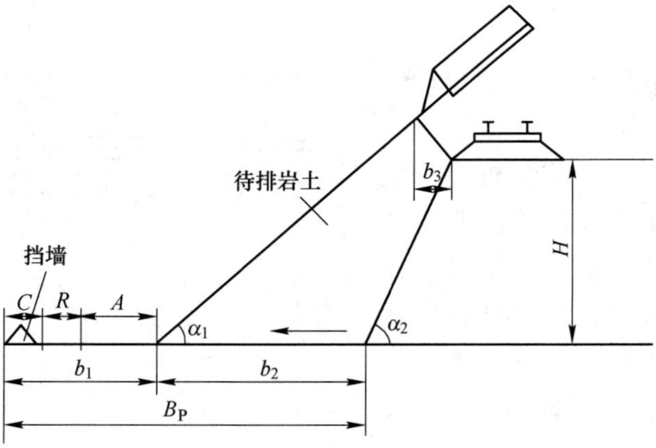

图 7-9 前装机最小工作平盘宽度

前装机的工作平盘不宜过宽，否则会影响其工作效率；但太窄时前装机转向困难。

为便于排水，前装机的工作平盘应具有向外侧倾斜的流水坡度。平盘边缘在前装机卸土时用岩土填筑高于 1 m 的安全挡墙，如 7-9 所示。安全挡墙随排、随填、随拆。雨天时使安全挡墙每隔一定距离，留一缺口，以便排泄雨水。

7.4.3 前装机排土评价

前装机排土机动灵活，排土带宽度大，使排土台阶有较长的稳定时期，可增加台阶的稳定。排土台阶与汽车运输—推土机排土一样，可达很大的高度。海南铁矿用 5 m^{3}前装机转排时，排土台阶高度达到 150 m。

7.5 胶带运输排土

胶带排土机一般配合胶带运输，形成连续作业，有效地提高了设备的效率，在国内外金属露天矿得到广泛应用。

胶带排土机的最重要部件是卸载臂。由运输机运来的剥离物，经转载机进入排土机里的接收运输机，输送到卸载运输机后进行上排或下排，图 7-10 为排土机主要组成部分。

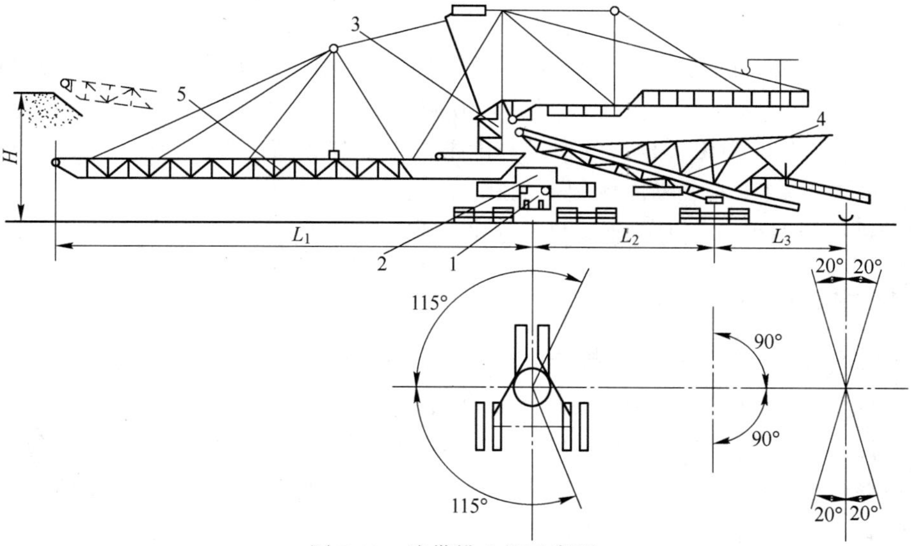

图 7-10 胶带排土机示意图

1—排土机底座；2—回转盘；3—铁塔；4—接收臂（装有接收运输机）；5—卸载臂（装有卸载运输机）

7.5.1 排土机的主要参数

排土机的主要参数是：排土机的接收臂和卸载臂长度、排土机的最大排土高度和排土机履带对地面的压力。

7.5.1.1 排土机的接收臂和卸载臂长度

排土机接收臂和卸载臂的长度决定着排土工作面的排弃宽度和上部排土分台阶高度，并对排土机生产效率有直接影响。若卸载臂短，则排弃宽度小，上部分台阶低，排土机移动次数增加，排土效率降低。

7.5.1.2 排土机最大排土高度

排土机最大排土高度是上排的最大卸载高度（即站立水平以上的排土高度）与下排高度之和。排土机上排高度由卸载臂的长度和倾角所决定，一般上排时角度为 7°～18°。

排土机下排高度与排弃岩土的性质有关，主要应保证排土台阶的稳定和排土机的作业安全。

7.5.1.3　排土机履带对地面的压力

排土机履带对地面压力应小于排土场的地耐压力，这样才能保证排土机在松散岩土上正常作业与行走，特别是在多雨地区和可塑性岩土的排土场尤为重要。

气候条件对地面耐压力有很大影响。雨季或多雨地区岩土含水量大，强度低，地面耐压力减小。因此，在一个位置上停止作业的时间太长易下沉。要求行走电动机的容量能克服地面下沉后的行走阻力，保证排土机在一个地方停留30~40天而不影响其移动。

7.5.1.4　选用排土机时应考虑的条件

（1）气候条件：排土机在气温-25~+35 ℃和风速20 m/s以下进行工作较为适宜。气温过低，岩粉易在排土机的胶带上冻结积存，造成过负荷而停止运输；气温过高，机器易过热而引起事故。风速过大，排土机的机架容易摆动，工作时会威胁工作人员和设备的安全。

（2）排土机要求的行走坡度及工作时对地面纵、横坡的要求：一般排土机行走时坡度不超过1∶20（5%），个别的也有达1∶10~1∶14；纵、横坡是排土机稳定计算的一个条件。排土机工作时对纵、横坡的要求一般不大于下列数值：纵向倾斜1∶20、横向倾斜1∶33或纵向倾斜1∶33、横向倾斜1∶20。

（3）排土机对地面压力应小于排土场的地耐压力。

7.5.2　排土机的工作面布置

排土机的排土台阶一般由上排和下排两个分台阶组成。

图7-11为排土机单纯上排时的排土工作面。

图7-12为排土机排弃可塑性软岩时所采取的排土工作面。此时，排土机位于胶带运输机内侧进行上排和下排。胶带运输机至上部分台阶坡底线之间的距离 *D* 值则取决于台阶坡面角的大小，*D* 值可参考表7-1。

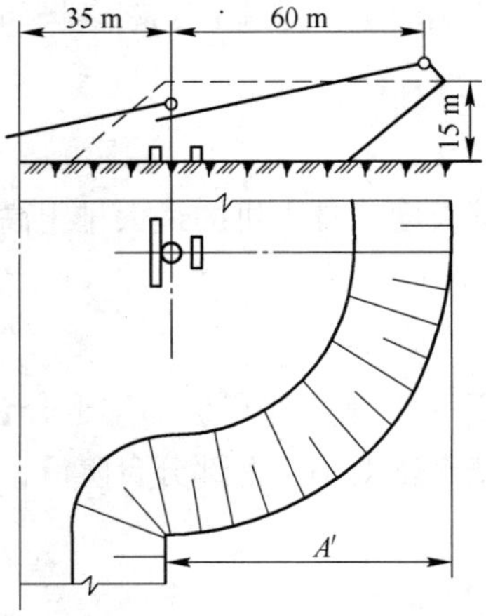

图7-11　站在原地面上排的工作面

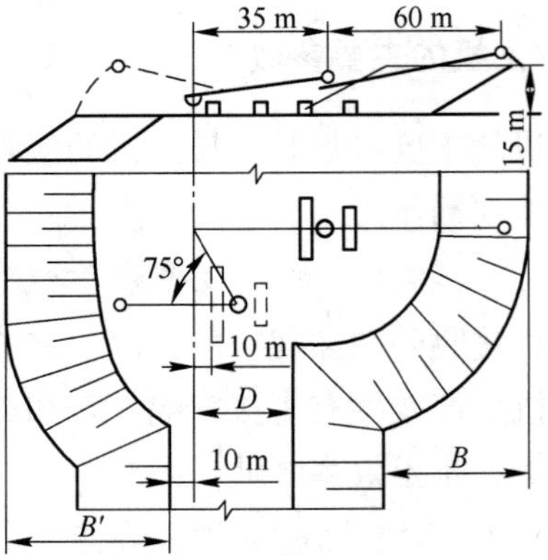

图7-12　站在松散岩土上、下排的工作面

表 7-1 *D* 值

D/m	29.6	28.8	27.9	27	26.1	25	24.2	22.9	21.6	20.2	18.8
上分台阶坡面角/(°)	35	34	33	32	31	30	29	28	27	26	25

图 7-13 为排土机单纯下排时的排土工作面。

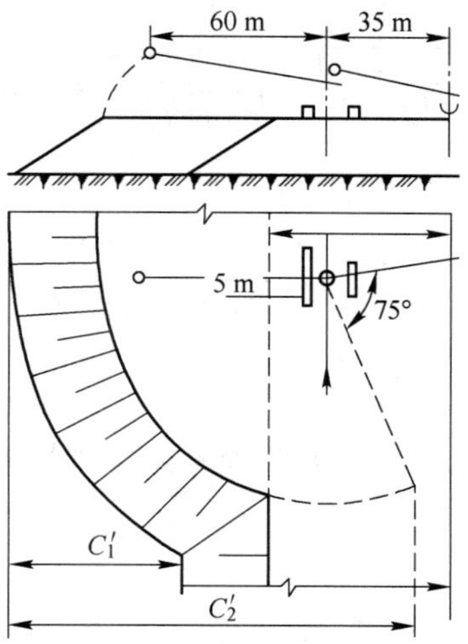

图 7-13　站在松散岩土下排的工作面

7.5.3　胶带排土机排土工作评价

胶带排土机排土工作兼有运输与排土两种功能，排土场接受能力大，生产效率高，成本低，电能消耗少，工人的劳动强度小，容易实现连续化与自动化开采，适应矿山现代化的要求。国内外坚硬矿岩的露天矿山正在向连续开采工艺方向发展，胶带排土机排土是一种有发展前途的排土方法。

胶带排土机排土的缺点是胶带抗磨性差，应继续研制抗磨性强的胶带。

7.6　线路及设备移设工作

铁路运输排土场与胶带机排土场都存在线路移设的问题。

7.6.1　铁路运输线路移设

铁路运输线路可采用移道机、吊车、叉式车进行移设。

7.6.1.1　移道机移设

移道机工作时，先将卡子抓住钢轨，开动发动机使小齿轮沿齿条向上移道，此时铁鞋支撑地面，移道机连同轨道被小齿轮带动而向上提起，待提至一定高度时，由于移道机和轨道的重心向一侧偏移而失去平衡，则靠其重力向外侧下落，结果使轨道横向移动一个距离，如图 7-14 所示。重复上述步骤直到全线都移动一次。一次移道距离一般为 0.7～

0.8 m，所以移道机要沿排土线全长往返多次进行移道才能将线路横移到规定的位置上。

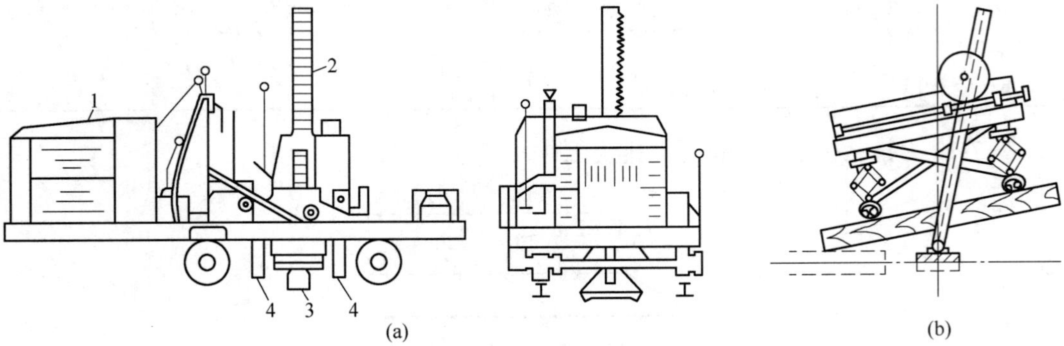

图 7-14 移道机示意图

1—发动机；2—齿条；3—支承鞋；4—卡子

7.6.1.2 叉式车移设

叉式车移设程序简单，在采场、废石场各种移道步距条件下都可一次移成，步骤如下：

(1) 推土机整平新路基；

(2) 旧线轨道拆成单节，由叉式车移设至新线位置，如图 7-15 所示；

(3) 接轨（对接式接头）、垫道、调整；

(4) 同时移设旁架线。

为使移设工艺简单化，建议将旁架线电柱设在混凝土块上，如图 7-16 所示。移道时可不与轨道一起拆卸，待新线铺道后，断开部分架线，用叉式车将旁架线电柱移至新位。

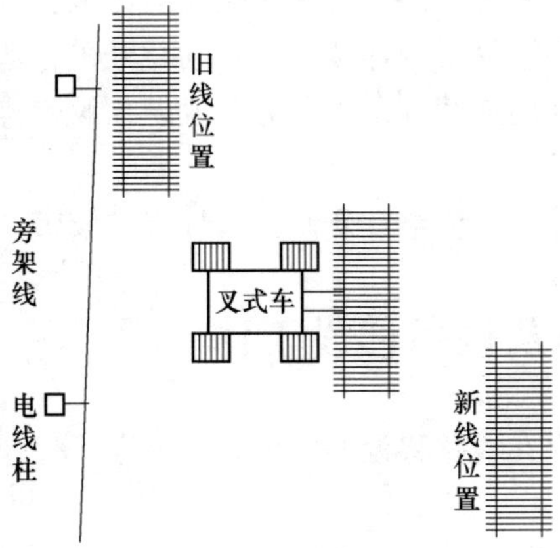

图 7-15 叉式车移道

图 7-16 旁架线电柱

7.6.2 胶带机的移设

胶带运输机的移设包括：排土工作面的胶带机移设（其中包括机头、机尾驱动站和机架的移设）和端帮运输机的接长或缩短。

在移设前要做好准备工作：如平整新路基，雨季要防止垫枕下陷，必要时可用砂砾或碎石铺垫；更换松动的轨枕，对下陷或埋住的垫枕要撬出；放松胶带，开始移设，移设过程如图 7-17 所示。

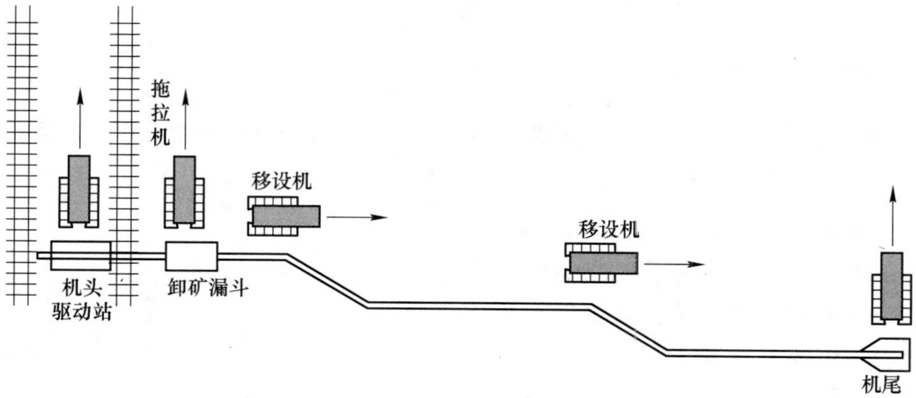

图 7-17　移动式胶带机移设

7.6.2.1　胶带机架的移设

机架为型钢焊接结构，托承机架的垫枕上铺有移设用的钢轨，移设机（由履带式推土机改制）上卡轨器的两对滚轮夹在机架的轨头上，由侧臂吊起卡轨器，使垫铣被吊起的一侧离地约 20 cm，移设机沿胶带机往返走行，靠移设机的侧拉力逐步将机架移设到新位置。

移设的步距为 0.5~1.5 m，一般不超过 1 m。在机架移设的同时，要结合机头、机尾的同步移设，其移设速度不宜过大，一般为 2~8 km/h。为提高移设质量，减少移设时间和移设后的校正时间，一般用两台以上的移设机同时移设一条胶带机为宜。

7.6.2.2　机头驱动站的移设

机头站长 26~35 m，重达 60~200 t，个别达 700 t。移设有如下方法：

A　滑橇式机头驱动站

采用 1~2 台拖拉机牵引，依靠机头架底部在排土场地面滑动，适用于机头站重量轻、岩土质条件好的排土场。

B　液压迈步式驱动站

机头两侧附设液压迈步机构，可前后、左右移动。该机构可拆下用作其他机头站的移设，缺点是结构复杂、动作缓慢。

C　履带式机头驱动站

在机头站底架安装两组履带走行机构，可横移和转弯，走行方便，故障少，但履带行走设施利用率低。

D　履带车移动机头站

由履带车驮移机头站，虽有灵活方便的优点，但要求机头架有足够的刚度，履带车对地耐力要求较高。

7.6.2.3　机尾站的移设

因机尾站重量在 20~60 t，移设时可用 1~2 台拖拉机牵引。

7.7 排土场建设

7.7.1 初始排土线的修筑

排土场初始排土线的修筑，根据地形条件的不同分为山坡和平地两种修筑方法。

7.7.1.1 山坡排土场初始排土线的修筑

A 采用铁路运输排土

先在山坡挖一单壁路堑，整平后铺上线路，形成铁路运输的初始排土线，如图7-18所示。

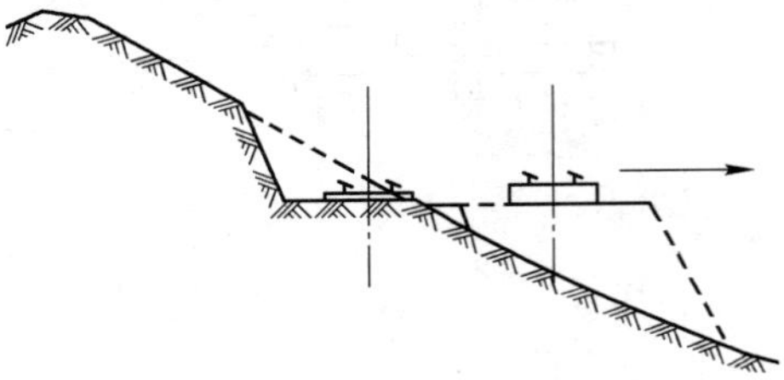

图7-18 铁路运输山坡排土场初始排土线

B 采用汽车运输排土

应根据调车方式来确定初始排土线的路堑宽度。

由于地形条件所限，有时排土线需要横跨深谷，这时可先开辟临时排土线，通过堆排加宽该地段的排土带宽度，最终使初始排土线全部贯通。因深谷和冲沟地段通常是汇水的通道，为保证排土场的稳定，在该处应用岩块填平深沟，并保持较好的透水性。

7.7.1.2 平地排土场初始排土线的修筑

平地初始排土线的修筑需要分层堆垒和逐渐涨道。

A 采用推土犁修筑

采取交错堆垒的方式，每次涨道的高度可达0.4~0.5 m，如图7-19所示。

B 采用挖掘机修筑

如图7-20所示。首先从原地取土，并在旁侧堆筑第一分层，为了加大第一分层堆垒高度，也可以在两侧取土。取土的地段形成了取土坑。第一分层经平整后铺上线路，就可由列车运送岩土并翻卸在路堤旁，再由挖掘机堆垒第二分层、第三分层，直至达到所要求的台阶高度，便形成初始排土线。

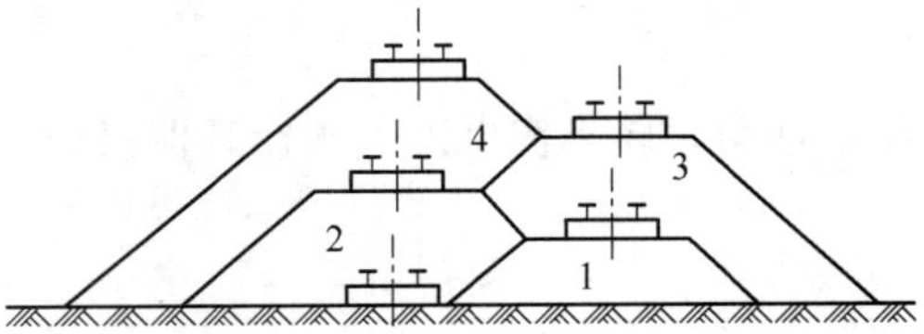

图7-19 推土犁修筑初始排土线

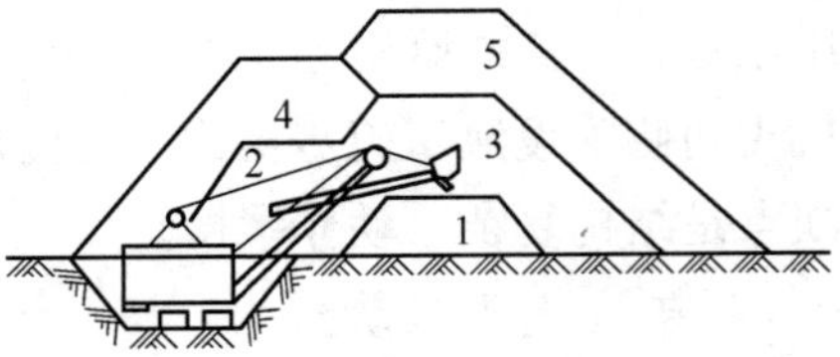

图7-20 挖掘机修筑初始排土线

C 采用推土机修筑

一般用两台推土机对推。此法可修筑高度在5 m以内的排土线初始路堤，如图7-21所示。

D 采用胶带排土机堆筑

在平地或较缓的山坡上设置外部排土场的初始排土台阶可以用胶带排土机堆筑，如

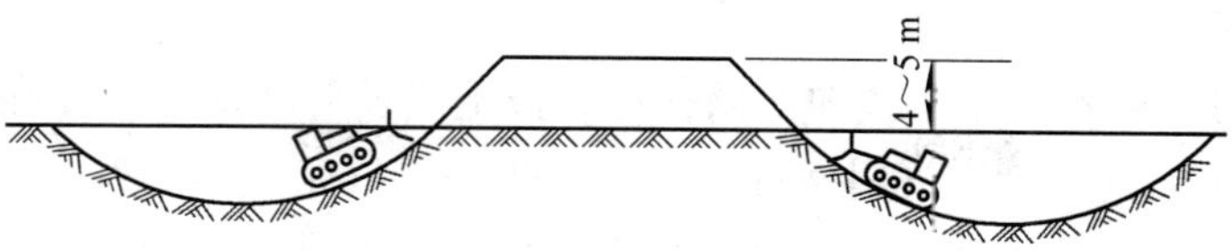

图 7-21　推土机修筑初始排土线

图 7-22 所示。首先形成台阶 1，后形成台阶 2，随后把排土机移到台阶 1 和台阶 2 的上面排弃，直至台阶达到要求的高度 3 时。初始排土台阶便形成。

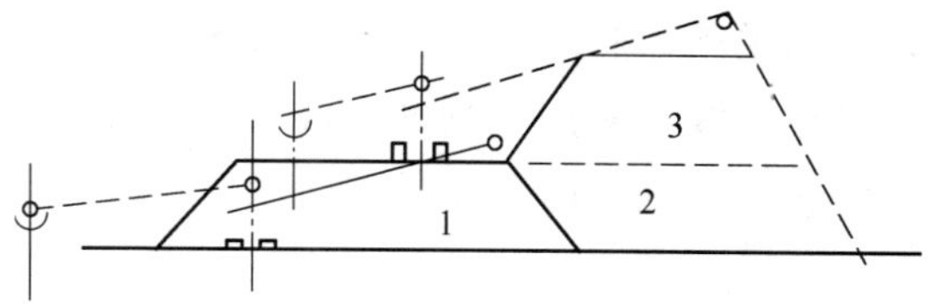

图 7-22　胶带排土机修筑初始排土线

7.7.2　排土线的扩展

这里主要按运输方式讲述排土线的扩展方式，由于汽车运输的排土方式简单，可以向两侧或四周扩展，因此不予介绍。

7.7.2.1　铁路运输单线排土场的扩展方式

单线排土场的扩展方式有平行扩展、扇形扩展、曲线扩展和环形扩展四种。

A　平行扩展

如图 7-23（a）所示，随着排土线的扩展，这种方式线路不断缩短，排土场得不到充分利用；但移道步距是固定的，移道工作简单。

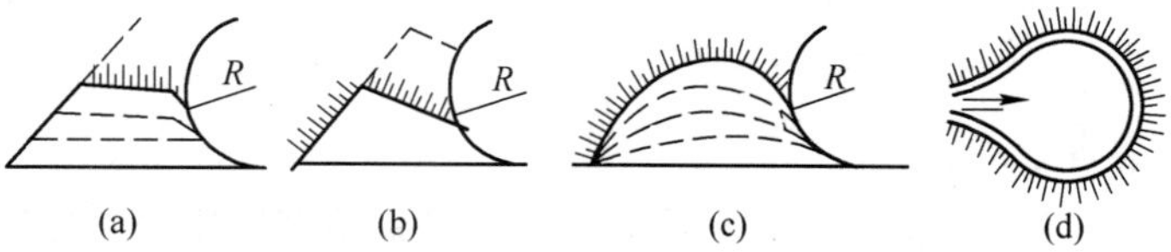

图 7-23　铁路运输单线排土场扩展示意图

（a）平行扩展；（b）扇形扩展；（c）曲线扩展；（d）环形扩展

B　扇形扩展

如图 7-23（b）所示，移道步距是变化的，从排土线的入口处到终端，移道步距数值逐步增大，它以道岔转换曲线为移道中心点呈扇形扩展，其排土线终端仍然存在缩短问题。

C　曲线扩展

如图 7-23（c）所示，可以避免上述排土线缩短的缺点，排土线每移设一次都要接轨加长。曲线扩展广泛地应用在排土犁排土场和挖掘机排土场。

D　环形扩展

如图 7-23（d）所示，排土线向四周移动。排土线长度增加较快，在保证列车间安全距离的条件下，可实现多列车同时翻卸。但是，当一段线路或某一列车发生故障时，会影响其他列车的翻卸工作，因此环形扩展多用在平地建立的排土场。

7.7.2.2　铁路运输多线排土场扩展方式

多线排土是指在一个排土台阶上，布置若干条排土线同时排土，突出的优点是收容能力大。如图 7-24 所示，它们之间在空间和时间上保持一定的发展关系。

建立在山坡上的多线排土场，通常都采用单侧扩展，如图 7-24（a）所示。建立在缓坡或平地上的多线排土场，多采用环形扩展，如图 7-24（b）所示。

当用挖掘机排土时，各排土线可采用并列的配线方式，如图 7-25 所示。特点是排土线互相保持一定距离，避免相互干扰，排土效率高。

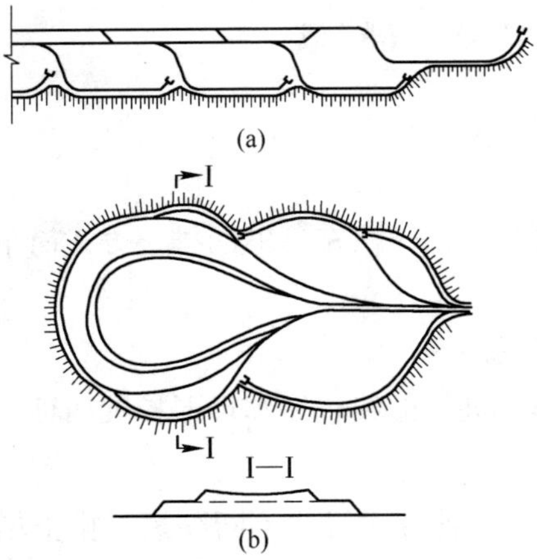

图 7-24　铁路运输多线排土场扩展

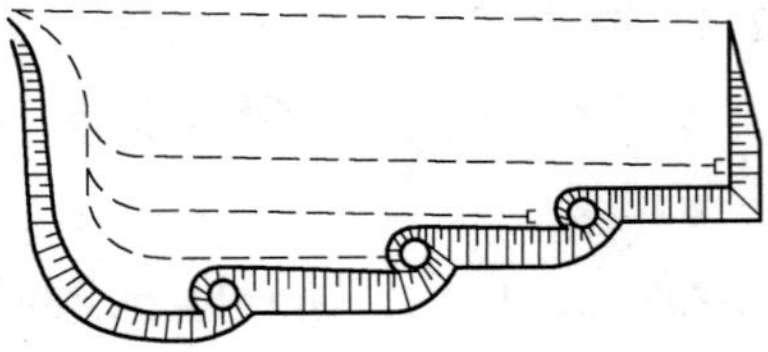

图 7-25　挖掘机并列排土

7.7.2.3　多层排土

为了在有限的面积内增加排土场的受土容积，可采用多层排土。多层排土是在几个不同水平上同时进行排土，并向同一方向发展。为此可采用直进式或折返式线路建立各分层之间的运输联系。各层排土线的发展在空间与时间关系上要合理配合。为保证安全和正常作业，上、下两台阶之间应保持一定的超前距离，并使之均衡发展。

7.7.2.4　胶带排土机排土场的扩展方式

胶带排土机排土场的扩展方式有平行扩展、扇形扩展及混合扩展三种。由于受地形条件及排土场范围、形状的影响，多采用扇形和平行的混合扩展方式。

平行扩展方式的特点是随工作面的平行扩展，设在端帮的胶带运输机不断接长，运距随之增加。这种扩展方式可减小上、下排土平盘的互相影响。

扇形扩展方式，无端帮胶带运输机每一条排土线有一个回转中心，排土线以回转中心为圆心呈扇形扩展。

7.7.3 排土场的危害及防治

排土场不但占用了大量土地，同时也对生态与环境造成相当大的破坏和危害。排土场的潜在危害主要来自两个方面：排土场造成的环境污染；由于排土场的稳定性差所引发的排土场变形、滑坡及排土场泥石流。

7.7.3.1 环境污染

排土场的污染有粉尘、毒气和酸雨三类。粉尘污染主要来自废石排弃过程的运输与卸载，其污染程度主要取决于岩石的脆性、硬度以及如季节、风向、风速、大气温度与降雨量等外部因素。岩石的脆性越大、硬度越小，形成粉尘的趋势越大。飞扬的粉尘悬浮于大气中，使大气的透明度降低，被吸入人体可造成尘肺病。粉尘（特别是含有毒性或辐射性的粉尘）的分散能污染土壤、植物和水，不但危害现场作业人员，也危害家畜和其他生物的安全。

当排土场中堆置含有硫化物的废石时，硫化物在空气、水以及细菌作用下生成硫酸和氧化物，前者流入地表水系造成酸水污染，后者逸入大气形成毒气，严重地污染空气。

7.7.3.2 变形、滑坡和泥石流

排土场发生变形、滑坡或泥石流的主要诱发因素有：排土场基底软弱，岩层、排弃物料中含有大量表土和风化岩石；地表汇水和天然降雨的作用。

7.7.3.3 治理措施

针对上述诱发因素，排土场治理措施应着眼以下方面：

（1）改进排土工艺，选择合理的排土设备及工艺参数，合理控制排土顺序，避免形成软弱夹层（即潜在滑动面），同时将大块岩石堆置在排土场底层以稳定基底，或用大块岩石堆置在最底一个台阶，反压坡脚，以稳定排土场。

（2）积极处理软岩基底。对于基底表土或较薄的软岩层，可在排土之前挖掉。若软岩基底较厚，预先开挖处理不经济，可控制排土阶段高度，使基底得到压实，并逐渐分散基底的承载压力，也可用爆破法将基底岩石预先破碎，在底部形成排水层。

（3）对排土场进行疏干排水。首先，应对排土场上方山坡汇水进行截流，将水疏排至外围的低洼处；其次，分散平台本身的汇水，使其不致侵蚀或冲刷边坡，应将废石堆置平台修成 3°左右的反坡，使水流向坡根处的排水沟排出界外；最后，在排土坡下游沟谷的收口部位修筑不同形式的拦挡坎，拦挡泥石流，并防止污染农田。

（4）砌筑护坡挡墙，稳定坡角，防止排土场滑坡。这种护坡挡墙通常是坚硬石块堆置成的石块重力坝，透水性好，施工简单，造价便宜，能阻挡滑坡和泥石流。

（5）进行排土场植被。在已结束的排土场平台和斜坡上进行全面植被，可以防止雨水对排土场表面侵蚀和冲刷，同时植被的根系可以加固排土场表面的岩土，阻止雨水往内部渗透，同时植被本身也能吸收大量的水分。

8 矿山防排水工作

本章课件 思维导图

露天开采的采坑好比一只盛水的大碗，是一个典型的汇水区。露天矿坑涌水水源主要有三种：一是直接降入的大气降水，二是地表水体（如河、湖、塘、沟及水库的积水）流入和渗入的地表水；三是通过岩体裂隙、断层等渗入的地下水。

如图 8-1 所示，大气降水是其他水源的总补给水源。大气降水一部分直接降入采场，一部分降到地表成为地表水。地表水一部分直接流入采场，一部分渗入地下变为地下水的补给。含水层水（砂砾层含水）、石灰岩溶洞水等地下水又可能通过裂隙、断层渗入采场。

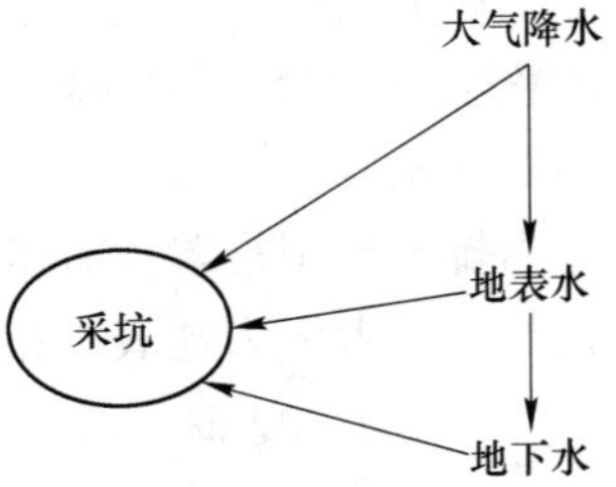

图 8-1 采坑涌水之间的关系

水给露天矿生产带来的不利影响是多方面的：

（1）影响边坡稳定，水始终是个潜在的起因。

（2）在多水岩层进行采矿，穿孔设备钻进效率大大降低，坍孔、废孔率高，穿孔成本增加。水孔爆破需采用费用高的防水炸药，而且装药到不了孔底，装药密度小，爆破效果不好，易产生根底和大块。容易出现挖掘机下陷、粘铲斗现象，影响铲装效率。路基容易下沉，影响线路的铺设和拆迁，水体出露时还会威胁行车安全，尤其是冬天冰冻，更为突出。

（3）大暴雨季节往往会淹没采掘设备，甚至造成采场的停产事故。

（4）由于水的氧化腐蚀作用，增加设备故障和维修工作，并降低设备使用寿命。

露天矿防排水是个重要问题，主要任务是：对于地表水，利用防排水的工程或设施，通过拦截、疏导，使地表水不能直接流入采区；对于地下水，一种是隔离法，将地下水隔离在采区之外，一种是疏干法，及时把地下水水位降到允许值，汇集并排出露天矿影响区界限以外；对未经疏干或没有得到彻底疏干矿坑水，或防渗堵水未能彻底拦截而流入矿坑的地下水以及直接降入露天采场的降雨径流，需要进行采坑排水。

8.1 地表水的防治

露天矿地表水的防治工程是防止降雨径流和地表水流入露天采场，减少露天采场的排水量，节约能源，改善采掘作业条件并保证其工作安全的技术措施。

地面防水工程的防治对象，多为汇水面积小的降雨坡面径流或季节性小河、小溪、冲沟等，雨季水量骤增，旱季水流很小，甚至无水，一般缺少实测水文资料，进行洪水计算时，主要用洪痕调查、地区性经验公式或小汇水面积洪水推理公式等方法。

对于大中型地表水体的防治工程，由于问题复杂，涉及范围广，其防水工程应由专业部门专题解决。

地表水的防治工程必须贯彻以农业为基础的方针，与农田水利相结合，保护资源，防止污染，并尽量不占或少占农田。矿区地表水的防治还必须与矿坑排水和矿床疏干等工程密切配合，统筹安排，以防为主，防排相结合，凡是能以防水工程拦截疏导的地表水流，原则上不应流入露天采场。具体处理原则如下：

（1）为防止坡面降水径流流入露天采场，通常借助设在露天境界外山坡上的外部截水沟和设在采场封闭圈之上各水平的内部截水沟，将地表径流引出矿区之外。

（2）当地表水体直接位于矿体上部或穿越露天采场，或者虽然在露天境界以外，但有泛滥溃入露天采场的威胁时，一般采用水体迁移、河流改道或设置堤防等措施。

（3）露天采场横断小型地表水流，如小河、小溪或冲沟等季节性河流时，若地形条件不利于河流改道或者经济上不合理时，可在上游利用地形修筑小型水库截流调洪，以排水平硐或排水渠道进行泄洪。

（4）当露天采场在地表水体的最高历史洪水位或采用频率的最高洪水位以下时，一般采用修筑防洪堤坝的方法，预防洪水泛滥。

（5）当露天采场及其附近的地表水体处赋存强透水岩层，在开采过程中有可能发生地表水大量渗入矿坑，对采掘作业或露天边坡稳定性有严重不良影响时，可对地表水体采取防渗隔离或移设等措施。

（6）由于地形低洼或在设有堤防情况下的内涝水，应分析内涝水或洼地积水对露天矿的边坡稳定或矿区疏干效果的影响程度而定。当影响较大时，应首先采用拦截方法以减少内涝水量，并用排水设备按影响程度限期排除积水，洼地积水排干后，也可将其填平。

8.1.1 截水沟

截水沟用来截断流向采场的地表径流并将其疏引至开采区以外。一般来说，地面截水工程是一种既经济又简单的防排水方法。

截水沟断面多为梯形，如图 8-2 所示。露天截水沟的布置如图 8-3 所示。

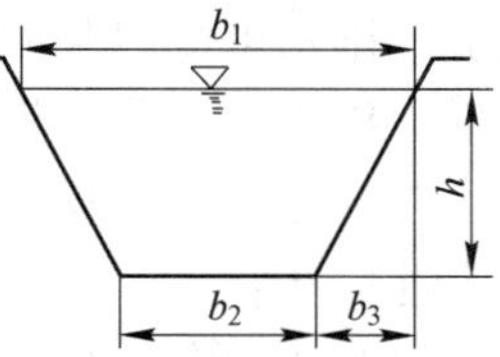

图 8-2 截水沟断面

8.1.1.1 外部截水沟

对于地形平缓、汇水面积不是很大的深凹露天矿，通常采用一层外部截水沟来截获全部径流。截水沟距露天采场的距离根据防渗透、滑坡等因素确定，最小不宜小于 15 m。

一般情况下，外部截水沟的纵坡设计应尽可能做到：

（1）截水沟应顺应地形地势，使实际挖深约等于沟的需要深度，避免过深的挖方或较高的培堤。当山坡覆盖层不够稳定时，则应考虑将水沟底部布置在较稳定的地层内。

（2）沟的纵坡坡段宜设计为自上游至下游逐渐增加陡度，但相邻地段的坡度差不宜太大，使流速自上游至出口逐渐缓慢增加，从而使水流能迅速地排出，不致发生淤积，纵坡应不缓于 2‰；沟的纵坡应使沟中设计流速不大于所在地层的不冲刷流速。

（3）水沟引入天然沟谷处，应使沟底标高略高于天然沟谷底部的标高。

8.1.1.2 内部截水沟

金属露天矿多数始于山坡露天，其后逐步转入深凹露天，为使机械排水工作量尽可能最小，常在地表径流能自流排出的采场内台阶上建沟。当最大截流水平尚未推进到永久沟位而不能如期建沟时，可分期分批地设置多层沟或临时沟。为防止边坡坍塌掉块堵塞水

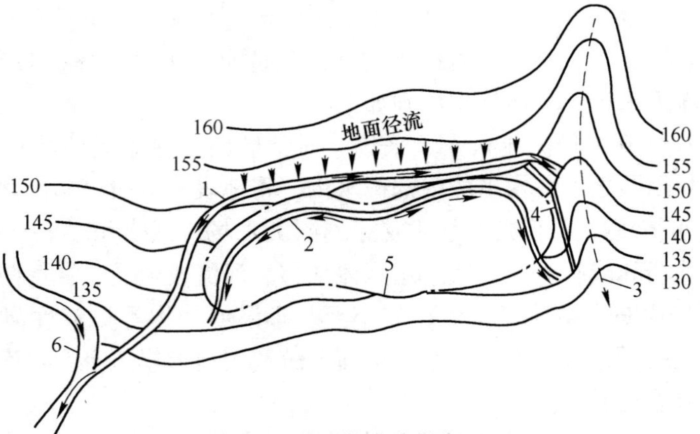

图 8-3 露天截水沟的布置

1—外部截水沟；2—内部截水沟；3—雨季山洪；4—拦洪堤；5—开采境界；6—河流

沟，截水沟所在平台要留有足够宽度。在设计露天终了平面图时，要与截水条件结合起来，预留好水沟所在平台的宽度，避免在布置截水沟时重新调整最终平台的宽度。

8.1.2 河流改道

对于严重威胁采矿安全的河流，常用河道整直、河流改道和修筑防洪堤等措施。

河流改道，多为汇水面积小的河溪沟谷等季节性河流。当露天矿开发区有大、中型河流需要改道，则是一项比较复杂的工作，不仅工程量浩大，而且技术复杂，需要专题研究解决。在确定露天开采境界时，是否将河流圈入境界要进行全面的技术经济分析。如必须进行河流改道，开采设计中也应尽量考虑分期开采的可能性，将河流划归到后期开采境界里去，以便推迟改道工程，不影响矿山的提前建成和投产。

河流改道一定要考虑矿山的发展远景，注意新河道的工程地质条件，避免因矿山扩建或疏干排水可能引起的河道塌陷和二次改道。移设后的河流应在地形条件允许的情况下，尽量远离露天开采境界，以免水流渗入采场。

在满足采矿工程对防洪要求的前提下，依据勘测资料，结合地形条件，改设河道的位置应选择在：

（1）使新河道线路最短。

（2）避免走斜坡，尽可能穿越低洼地。

（3）尽可能避开不稳定土层或渗失严重和有可能在疏干排水后发生塌陷的地层，避免河床二次改造。

（4）新河道的起点最好选择在河床不易冲刷的岩层和稳定的地段，多余落差通常放在入口处。改河起点顺应河势，不要强迫水流流向新河道，改河终点应止于河道稳定的地段，且新河道与原河道相接的交角不宜过大，否则易造成下游河道不稳。

（5）新河道的断面多用梯形或复式沟槽。对需要改变流水断面的河道，则应设渐变段，为使水流性质不发生显著的变化，渐变段的长度应不小于两沟底宽差的 5 倍。

（6）新河道通过地质条件差的地段，应采取必要的加固防治措施。

8.1.3 水库拦洪

水库拦洪是将被露天采场横断的河沟溪流在其上游用堤坝拦截形成调洪水库，削减洪峰，以排洪平硐或排洪渠道泄洪，保证采场安全。

露天矿的拦洪水库不同于水利部门的蓄水水库，除了在暴雨时为削减洪峰流量、暂时蓄存排洪工程一时排不掉的洪水外，平时并不要求水库存水。

调洪水库主体工程是拦洪坝和泄洪工程。

拦洪坝坝址应选择在能最大限度阻截地表水流入采场的地段，而且应保证坝的长度最短，工程地质条件稳定，坝基处理简单，两岸山坡无滑坡。坝型应选择施工简单、造价低、维护管理方便的形式，常用土坝，尽可能利用排弃土筑坝。

坝体高度应该高于最高洪水位时波浪 0.5 m，如图 8-4 所示。坝顶宽度，当有交通要求时，可按行车需要确定。无行车要求时，当坝高小于 10 m，坝顶宽度一般不小于 2 m；当坝高为 10~20 m 时，坝顶宽度不小于 3 m。

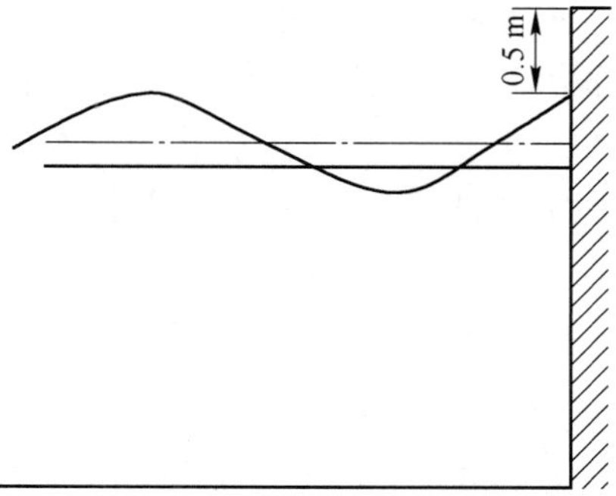

图 8-4　拦洪坝高度

矿山防洪水库的泄洪工程多采用排洪隧硐，也可用排洪渠道，泄洪工程主要用来配合调洪水库的排水导流，以放空水库。

排洪隧硐的硐线位置应根据地形和地质条件来选定。一般硐线应尽可能与地形等高线正交，以免承受偏压。进出口最好选择在地形较陡的部位，便于施工。

隧硐的衬砌取决于隧硐穿过地层的工程地质条件和隧硐的工作条件。当岩石坚硬稳定，裂隙少，而水头和流量较小时，可以不做衬砌；当岩层不够稳定时，或为了封闭岩石裂隙，防止隧硐渗漏，免除水流、泥砂、温度变化等对岩石的冲蚀、风化等破坏作用，需要采用混凝土、钢筋混凝土、浆砌块石（或料石）进行衬砌。

8.2 矿床疏干

矿床疏干是借助巷道、疏水钻孔、明沟等流水构筑物，人工降低开采地区的地下水位，保证露天开采正常生产的地下水害预防措施。

8.2.1 使用条件

根据经验，露天矿有可能出现下列情况时，应考虑采取疏干措施：

（1）矿体或其上、下盘赋存含水丰富的含水层或流砂层，一经开采有涌水淹没和流砂溃入作业区的危险时。

（2）由于地下水的作用，降低了被揭露的岩石物理力学强度指标，较大地影响露天边坡稳定性时。

（3）矿坑涌出的地下水，对矿山生产工艺的设备效率有严重的不良影响，如果进行疏干可以大幅度提高设备效率、降低开采成本时。

8.2.2 疏干方法

矿床疏干之前应基本查清含水层的类型、空间分布、排泄与补给，以及水文地质计算参数等矿区水文地质条件。矿床疏干代价昂贵，选择疏干方法时，必须兼顾疏干效果和经济效益，疏干方法有以下三类。

8.2.2.1 地表疏干

地表疏干是在地面布置成排的抽水井，内装潜水泵或深井泵抽水，图 8-5 为某露天矿深井降水孔的布置图。疏干井位、井距和井数要根据井的集水能力、设备性能、允许残余水头和季节性水位变化等因素确定。

地表疏干施工简便安全，井内装有过滤器，水质好，地表沉陷小。地表疏干已实现了水位遥测和多井集中遥控，但是在非均质含水层中，经常出现集水能力不足、酸性水腐蚀管道的情况，使水泵不能发挥作用，甚至使抽水井报废。图 8-6 为潜水泵深井断面图。

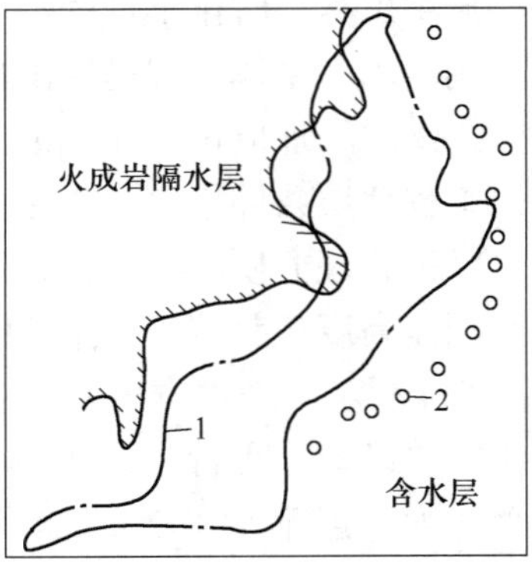

图 8-5 某露天矿深井降水孔的布置
1—开采境界；2—深井降水钻孔

8.2.2.2 地下疏干

地下疏干是在隔水层或弱含水层中的安全地带，布置疏干巷道和疏干硐室，向强含水层或断裂带、溶洞群、地下河、采空区积水等处打钻孔，放出地下水的一种疏干方法。

放水钻孔有水平或倾斜的丛状孔（见图 8-7）和从地表向疏干巷道打沟通含水层的放水孔（见图 8-8），还可以从巷道的顶底板或两侧将打入式过滤管打入含水层放水（见图 8-9）。

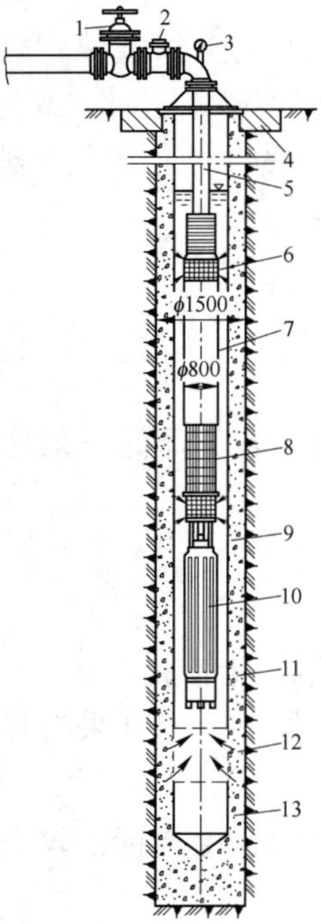

图 8-6 潜水泵深井断面图
1—节流阀；2—流量计；3—压力表；4—井口基础；
5—排水管（内径 250~300）；6—吸水滤网；7—水泵外壳；
8—潜水泵；9—井壁管；10—潜水电机；
11—充填砂砾；12—滤水管；13—积水管

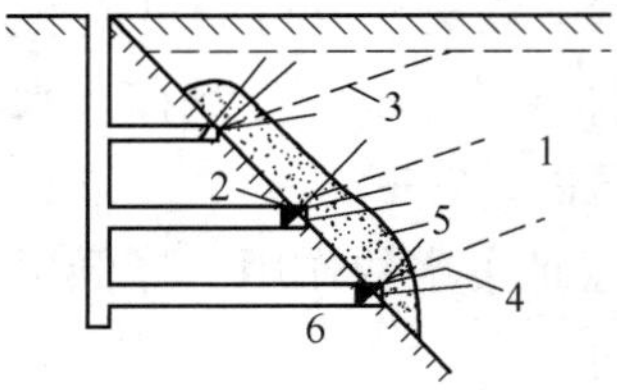

图 8-7 丛状放水孔的布置
1—含水层；2—放水硐室；3—降落曲线；
4—丛状放水孔；5—矿体；6—隔水层

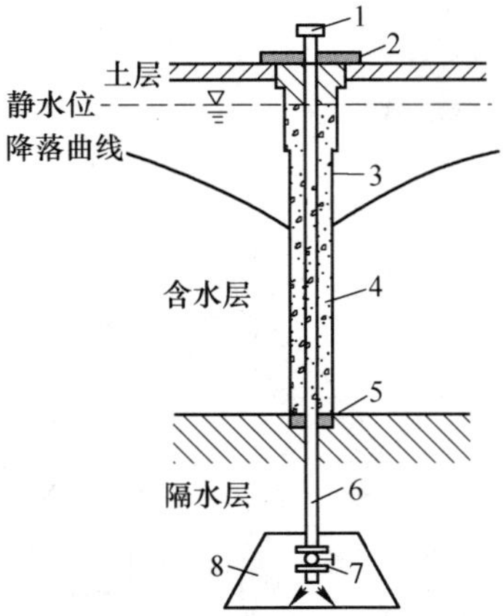

图 8-8 直通式放水钻孔

1—孔盖；2—孔基础；3—充填砂砾；4—滤水管；5—止水承座；6—孔口管；7—放水闸阀；8—放水硐室

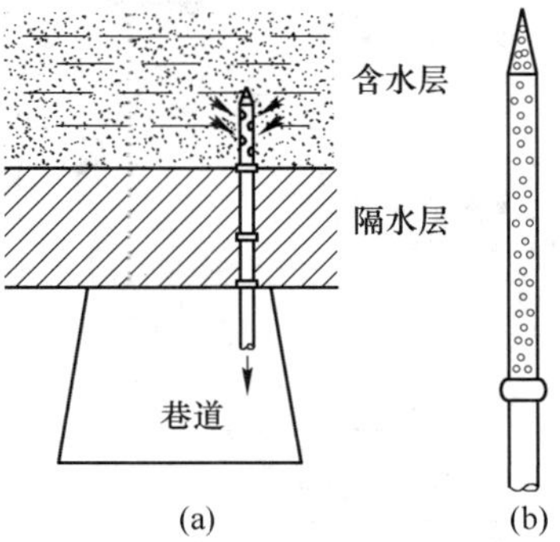

图 8-9 打入式过滤管

（a）打入式过滤管的布置；（b）过滤筛管

疏干硐室的间距和每个硐室的钻孔数，根据钻孔出水量和硐室间的允许残余水头等条件确定。放水孔均装有特殊加固的孔口管和阀门，以便控制放水量。所放出的地下水，经过地下水仓和排水排泥设施，直接排到地表。

地下疏干法疏干能力大，能形成较陡的水位降落漏斗，适应性强，疏干效果可靠。在有条件的矿山，还可利用井巷疏干，投资省，建设快，排水集中，维修管理方便。但是在基建施工中如果安全措施不力，有可能发生突然涌水；井下水若无沉淀、排泥和分排清浊水设施，可能引起环境污染；岩溶地区的地表沉陷较大。

8.2.2.3 联合疏干

联合疏干即上部用地表疏干，下部用地下疏干。当含水层深度大、分布广，透水性上强下弱，疏干前不具备安全下掘井巷的条件时，宜用联合疏干，如图 8-10 所示。

在疏干所引起的地下水位下降范围内，经常出现井泉干涸、地表沉陷、建筑和构筑物破坏，浑浊的地下水淤塞河道和污染水源，甚至破坏地表植被和生态平衡。但只要疏干合理，处置得当，又充分利用地下水，就能减轻或改善对环境的影响。

8.2.3 防渗堵水

防渗堵水方法是使用钻孔注浆防渗帷幕（见图 8-11）和用特殊机具开挖深槽浇注防渗墙来堵塞涌水通道的防治地下水害的方法。

采用防渗堵水工程防治地下水具有显著的优越性：可以节省大量电能和排水费用，在岩溶发育的矿区还可以避免因矿床疏干排水而引起大面积塌陷，保护农田和地面建筑以及地下水资源不受破坏。

8.2.3.1 使用条件

在下列情况下考虑采用防渗堵水工程：

(1) 矿体围岩含水丰富，地下径流通畅，漏水量大，而且地下水补给来源充沛，采用疏干排水不能满足露天开采技术要求或经济上不合理时。

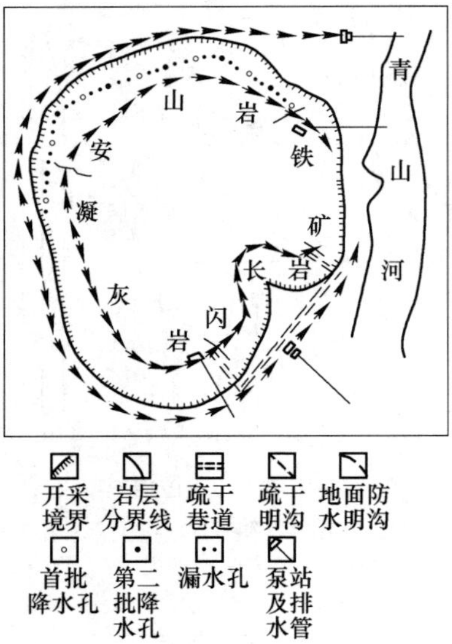

图 8-10 某露天矿联合疏干的平面布置

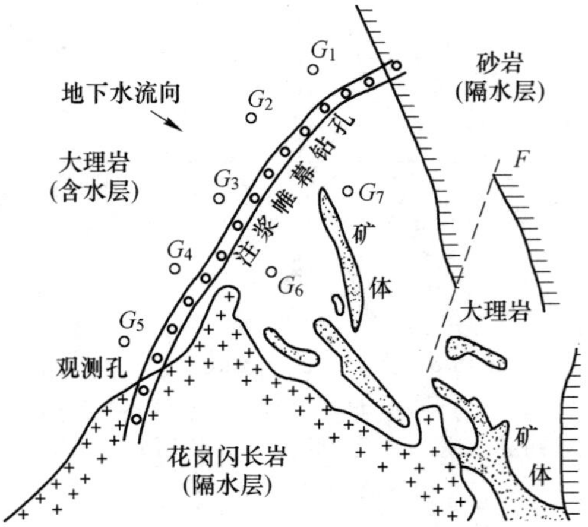

图 8-11 某防渗帷幕钻孔平面图

(2) 矿区内赋存有流砂层，地下水涌水量虽然不是很大，但当疏干排水不能彻底截断地下水源，不能满足露天边坡稳定和开采技术要求时。

(3) 当矿坑疏干排水会产生大面积地面沉降、开裂或塌陷，造成大片农田和建筑物破坏的矿区，或使地下水资源遭到强烈破坏，使地下水水质受到严重污染引起供、排矛盾而不好解决的矿山时。

8.2.3.2 方法

防渗堵水工程一般有注浆帷幕和防渗墙。

防渗墙只适用于松散地层中防渗堵水，且深度有限。注浆帷幕既可用于松散层中透水性强的含水层堵水，也可用于基岩裂隙、岩溶含水层的防渗堵水，深度可浅可深。

当然，对于矿山这种大范围进行防渗堵水，我国经验还不够丰富，必须慎重。尤其是水文地质条件复杂且未完全查清的矿山，不能盲目采用。对于矿区水文地质条件已查清，且具有良好水文地质边界条件（地下水流入矿坑的进水口较窄），工程量和投资相对较小的矿山可考虑采用；而对于工程量和投资巨大的地下防渗工程，尚需慎重研究。

A 注浆帷幕

注浆帷幕技术是通过钻孔注入水泥、黏土或化学材料等具有充填、联结性能的防渗材料配制成的浆液，用压送设备将其注入地下水主要通道地层的孔隙、裂隙或溶洞中去，浆液经扩散、凝结硬化或胶凝固化形成防渗帷幕，以堵截流向采场的地下水流，达到防止地下水害、保护露天边坡稳定和开采工程顺利进行的目的。

a 材料

注浆材料应具有流动性，并具有压入、充填所要注浆地层的空隙经过一定时间便凝结、硬化的性质。对于注浆材料的具体要求是：

（1）可控性好（流动性好、黏度低、分散相颗粒小等）。

（2）浆液稳定性好，可长期存放而不改变性质或不发生其他化学反应。

（3）浆液凝结时间易于调节并能准确地控制凝固时间，固化过程最好是突变的。

（4）浆液固结之后，具备所需要的力学强度、抗渗性和抗侵蚀性能。

（5）材料源广价廉，储运方便。

（6）配制、注入工艺简单。

（7）不污染环境，对人无害，非易燃、易爆之物。

注浆材料种类甚多，如悬浮类浆液和化学类浆液。悬浮类浆液如水泥浆液和黏土。化学类浆液有水玻璃等溶液型注浆材料和丙烯酸胺类等高分子注浆材料。

水泥浆液是使用历史最长、应用最广的注浆材料。水泥浆液具有结石强度高、材料来源广、价格低、运输和贮存方便以及注浆设备和工艺比较简单等优点。但因为水泥浆液属于悬浮液颗粒性材料，对某些细微裂缝、裂隙或孔隙的地层注浆有时效果不好。水泥浆液一般用于空隙大于 0.4~0.5 mm 的岩层和粒径大于 1 mm 的砾石层和较粗砂层中，另外还要求地下水流速小、岩层无酸性或磁性。黏土浆用于粒径大于 0.1 mm 以及大裂隙、溶洞的地层中，或地下水流速较低但对水泥有侵蚀作用的岩层中。

化学浆液材料与水泥浆液相比，具有较好的流动性，而且能按工程的需要调节浆液的胶凝时间。适用于有流动水的堵漏和防渗。有的化学注浆材料还具有较高的固结强度，效果较好。对某些用水泥浆液不能解决的工程问题，可采用化学浆液材料处理。一般很少单独全面采用化学浆液构筑大型防渗帷幕。化学浆液材料除水玻璃外，其他化学浆液材料存在有毒、污染环境且材料来源不足、制造复杂、价格昂贵等缺点，因此在实际使用上受到一定的限制。

b　注浆方法

按注入浆液的方式，注浆法分为自流法、压入法和高压旋转喷射法三种。

自流法是利用浆液自重作为注浆压力，不需注浆泵，设备简单，常用于地下水压力不大或钻孔很深，难以实现高压注浆的情况。

压入法是使用注浆泵压入浆液的方法，应用广泛。

高压旋转喷射法是使用钻机在防渗帷幕线上打孔，钻到预定深度后，用高压泵（200~300 kg/cm^2）将浆液通过钻杆由钻头喷嘴转换为高压喷流射进土层，喷射浆液的破坏力把一定范围内的土层搅乱，与浆液均匀混合，喷嘴按一定速度一边旋转，一边缓慢提升，从而使土层形成一定强度的圆柱固结体。各圆柱固结体相连，形成连续地下防渗帷幕。

B　防渗墙

防渗墙是在地面上沿防渗线或其他工程的开挖线，开挖一道狭窄的深槽，槽内用泥浆护壁。当单元槽开挖完毕后，可在泥浆下浇注混凝土或其他防渗材料，筑成一道连续墙，起截水防渗、挡土或承重之用。这种造墙方式能适应于各种复杂的施工条件，具有施工进度快、造价低、效果比较显著的优点，在矿山防水工程中得到应用。

矿山防渗墙的适用条件与注浆帷幕基本相同，但主要用于第四纪松散含水层，而且含水层距地表较浅且有稳定的隔水底板。

8.3 坑内排水

未经疏干或矿坑水没有得到彻底疏干或防渗堵水未能彻底拦截而流入矿坑的地下水以及直接降入露天采场的降雨径流，这部分的矿山涌水必须在坑内布置排水设施排出。

8.3.1 涌水量的预测

正确预测矿坑涌水量是矿区水文地质工作的核心问题之一，也是制订排水措施和确定排水设备数量的主要依据。

露天采场涌水量由地下水涌水量和降雨径流量两部分组成。其预测方法分述如下。

8.3.1.1 地下水涌水量预测

地下水涌水量预测主要有比较法、数理统计法、解析法以及物理模拟法等，其中解析法和水文地质比较法应用比较普遍。

解析法是建立在地下水动力学理论基础之上的计算方法。该方法把采矿工程视为集水构筑物，根据含水层的埋藏条件、水力性质、边界条件以及地下水的流场状态等因素，选择不同公式进行计算。

水文地质比较法是根据与设计工程地质、水文地质条件相似的生产矿山资料，找出某种或几种因素同涌水量之间随开采空间发展而变化的规律，建立相应的关系式，预测设计工程的涌水量。这是一种比较简单的近似计算方法，只要关系建立合乎客观实际，还是一种比较实用的方法。

8.3.1.2 降雨径流量的计算

由降雨引起的露天矿坑内汇集的水量即降雨径流量，它与降雨强度、时间、地表径流系数、汇水面积等因素密切相关。

当降雨量变化很大，计算降雨径流量时，要掌握一定数量的降雨资料，并用数理统计的方法分别计算出正常降雨径流量和设计暴雨频率的暴雨径流量。

A　正常降雨径流量

正常降雨径流量是按历年雨季的平均降雨量计算的，即

$$Q = FH\varphi \tag{8-1}$$

式中，Q 为正常降雨径流量，m^3/d；F 为采场汇水面积，m^2；H 为统计年份中的历年雨季日平均降雨量，m/d；φ 为正常降雨的地表径流系数。

B　设计暴雨频率的暴雨径流量

暴雨指历时短、雨量大的降雨，暴雨频率是指等于或超过某一指定暴雨量的发生机会，用百分数表示。

设计暴雨频率的暴雨径流量 Q_P 是按一定的暴雨频率计算出来的最大降雨径流量：

$$Q_P = FH_P\varphi \tag{8-2}$$

式中，Q_P为设计频率的暴雨径流量，m^3/d；H_P为统计年份中，设计暴雨频率的日暴雨量，m/d；φ 为暴雨地表径流系数。

8.3.2 露天矿排水与贮水的平衡

降雨径流量的波动与排水设备的相对固定，是露天矿排水的基本矛盾，两者间的差额需用贮水池来平衡，贮、排平衡是露天矿排水工作所应遵守的重要原则。贮水池应设在露天采场端帮或非工作帮等与采矿作业无干扰的地方。对于地下井巷排水，贮水池由地下水仓和巷道代替。

贮水池的合理容量取决于设计暴雨频率和水泵排除积水所需的时间，如图 8-12 所示，贮水池的合理容量可用图解法确定。图中径流量（降雨径流量与地下水渗入量之和）累积曲线与水泵排水累积曲线的交点（如 *A*、*B*、*C* 点）所对应的时间（如 10 天、20 天、30 天），就是水泵将全部径流量排除的时间，两曲线间在纵坐标上的差值就是在不同时间内径流量超过排水量的部分。如果要保证露天坑底不受淹，则贮水池的容量应等于两曲线间纵坐标上的最大差值。

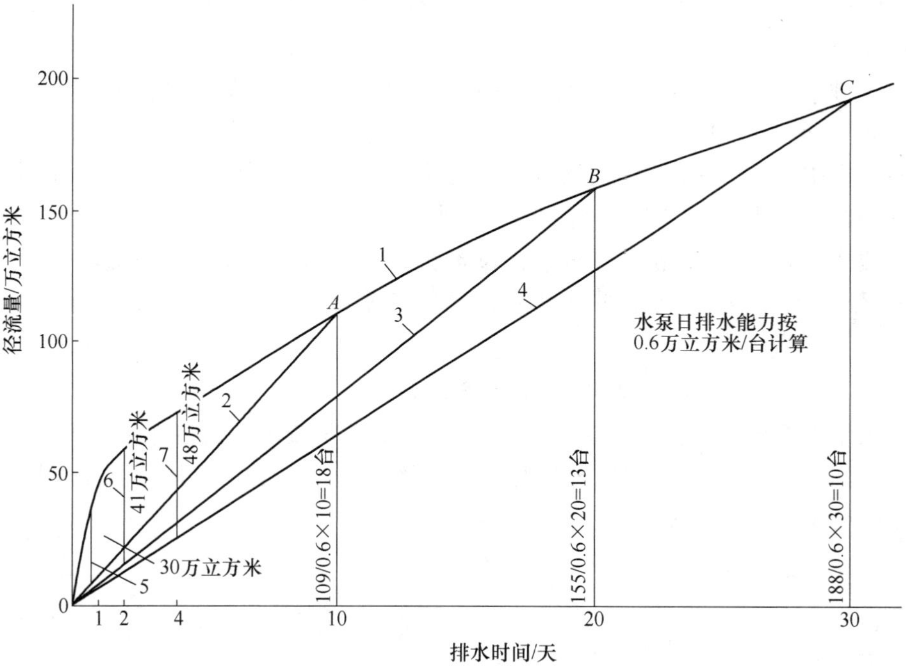

图 8-12　某露天矿径流量与水泵排水特性曲线

1—径流量累积曲线；2，3，4—水泵排水累积曲线；5，6，7—所需贮水容积

如果降低排水设计标准，则贮水池与排水设备的容量和造价也必然降低。但这将增加径流量超过贮排总容量的机会，即增加了露天采场受淹的次数和淹没量。

在确定贮水池容积时，还必须考虑露天采场的允许淹没程度。允许淹没程度是露天矿排水设计的一项重要参数，用允许淹没时间和允许淹没高度表示。当暴雨出现时，允许露天坑底贮水，短时间淹没最低工作水平。其排除期限也就是允许淹没时间，可根据淹没后对延深工程、正常采矿以及受淹后的损失等影响程度而定，一般为 1~7 天。

允许淹没高度应保证受淹后仍使排水工作能继续进行。当采用露天固定式或半固定式水泵排水时，其允许淹没高度不应超过水泵的吸水高度；而对于移动式水泵、潜水泵、水泵船和地下固定式水泵，不受淹没高度条件的限制。

按图 8-12 径流量超过排水量的最大水量，应由贮水池和露天坑底允许受淹的贮水容积共同承担贮调作用。允许淹没高度为：

$$H = Q/F \leqslant H_X \tag{8-3}$$

式中，H 为允许淹没高度，m；Q 为贮、排不能平衡的多余水量，m^3/d；F 为排水工程和设备所能控制到的坑底汇水面积，m^2；H_X 为水泵吸水高度，m。

8.3.3　排水方式

8.3.3.1　坑底集中排水方式

坑底集中排水是在露天采场底部设水仓和水泵，使进入采场的水流全部汇集到坑底贮水池，再由水泵经排水管道排至地表，如图 8-13 所示。

水仓随着露天矿新水平的延深而下降，新水平的水仓一经形成，上部原有水仓便可废弃。所以在整个生产期间，水仓和水泵是不断向下移动的。

水仓、排水设备和水泵房的总称叫泵站。逐水平向下移动的泵站称为移动式泵站，隔几个水平向下移动一次的称为半固定式泵站。

坑底集中排水方式只适用于汇水面积和水量都比较小的中小型矿山，或开采深度小、下降速度慢、水对边坡稳定影响小的少水大型矿山。

坑底集中排水系统泵站结构简单，投资少，但采场底部作业条件差，影响掘沟速度，排水经营费高。半固定式泵站受淹没高度的限制，移动式泵站不受采场淹没高度的限制。

8.3.3.2　分段截流与坑底泵站联合排水方式

对降雨量大的地区的大中型露天采场，当受雨面积较大，或者第四系孔隙含水层发育，地下水涌水量大时，可采用分段截流排水系统。此系统由平台固定泵站与坑底泵站或井下泵站联合组成，如图 8-14 所示。

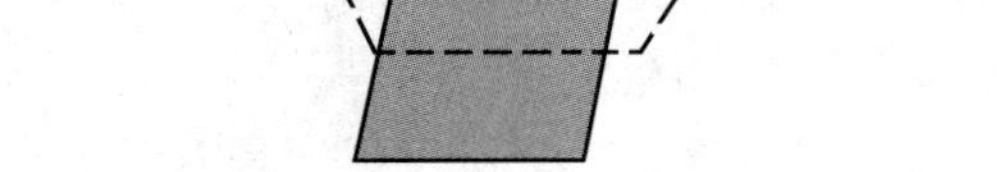

图 8-13　露天采场底部集中排水系统

图 8-14　露天矿分段截流排水系统

汇水面积较大或露天开采到较大的深度时，在露天边坡较缓的非工作帮一定标高的水平建立几个独立的固定泵站，通过开拓运输坑线的边沟或引水沟，将水流引导到固定泵站，分段拦截并排出涌水。各固定泵站可将水直接排至地表，也可采用接力的方式通过上水平的泵站将水排到地表，可避免水流淌至坑底，减少坑底贮水量，减少电力消耗。

边沟固定泵站也可作为坑底泵站的接力泵站，从而使坑底泵站轻型化，便于搬迁。

该联合排水系统适用于汇水面积和水量稍大，或者开采深度大、矿山工程下降速度较快的矿山。其优点是采场底部积水少，掘沟和扩帮作业条件比较好；其缺点是基建工程量大，最低工作水平还需设临时泵站排水，泵站多，管理不集中。

8.3.3.3 地下井巷排水系统

地下井巷排水的布置形式很多，可以采取垂直式的泄水井或放水钻孔将采场里的水泄到集水巷道里（见图 8-15），也可在边坡上开凿水平泄水巷道泄水。

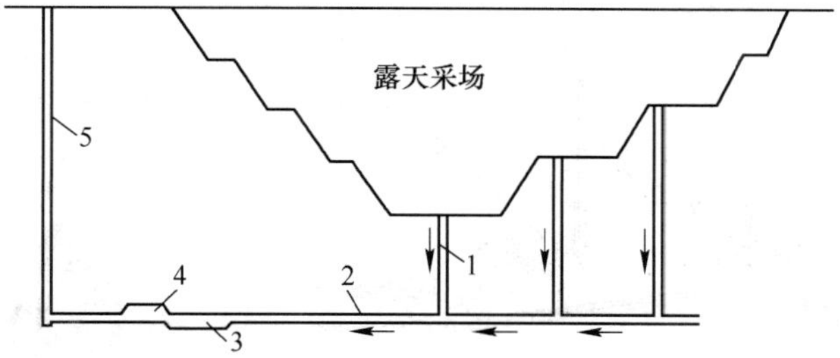

图 8-15 垂直泄水的地下井巷排水系统
1—泄水井（或钻孔）；2—集水巷道；3—水仓；4—水泵房；5—竖井

垂直泄水在我国应用较少。设在采场内的泄水井易与采矿作业有不同程度的干扰，有的可能还需降段，管理复杂。采用泄水钻孔必须有严格的维护与防堵措施，而且泄水钻孔不宜太深。当排水设计能与矿床疏干统筹考虑，使泄水钻孔与疏干降水孔能综合利用时，则钻孔泄水会比井巷泄水更经济。

我国金属露天矿采用水平泄水巷道排水的比较多。如图 8-16 所示，泄水平巷设在边帮上的平台下面，一般比平台标高下卧 0.5 m 并与排水沟相通。采场里的水由排水沟流入泄水平巷，再经泄水天井和泄水斜井汇集到集水平巷的水仓里，最后由水泵经管道从竖井排到地表。竖井设在开采境界以外，为保证安全还应设有通风安全井。

应该注意的是，尽管地下井巷排水与巷道疏干在工程布置上可能有许多相似之处，但其主要作用是有区别的。排水巷道是用于引水、贮水和安置排水设备的井巷。疏干巷道是专门用于疏水、降低地下水位或拦截地下径流的井巷。地下排水巷道也具有一定程度的疏干作用，而疏干巷道也会兼有引水作用。因此，排水与疏干巷道的区别只能根据它们的主要目的和作用来分辨。

矿山排水系统与矿床疏干工程应统筹考虑，要尽量做到互相兼顾合理安排。

地下井巷排水多应用在涌水量较大的露天矿，特别是当地下有开采巷道或疏干巷道可供利用时，更适合采用。当矿体深部用地下开采时，露天矿山的排水井巷还可起深部勘探的作用。

地下井巷排水能保证采场经常处于无水状态，作业条件好，设备效率高。但井巷工程量大，投资多，基建时间长。

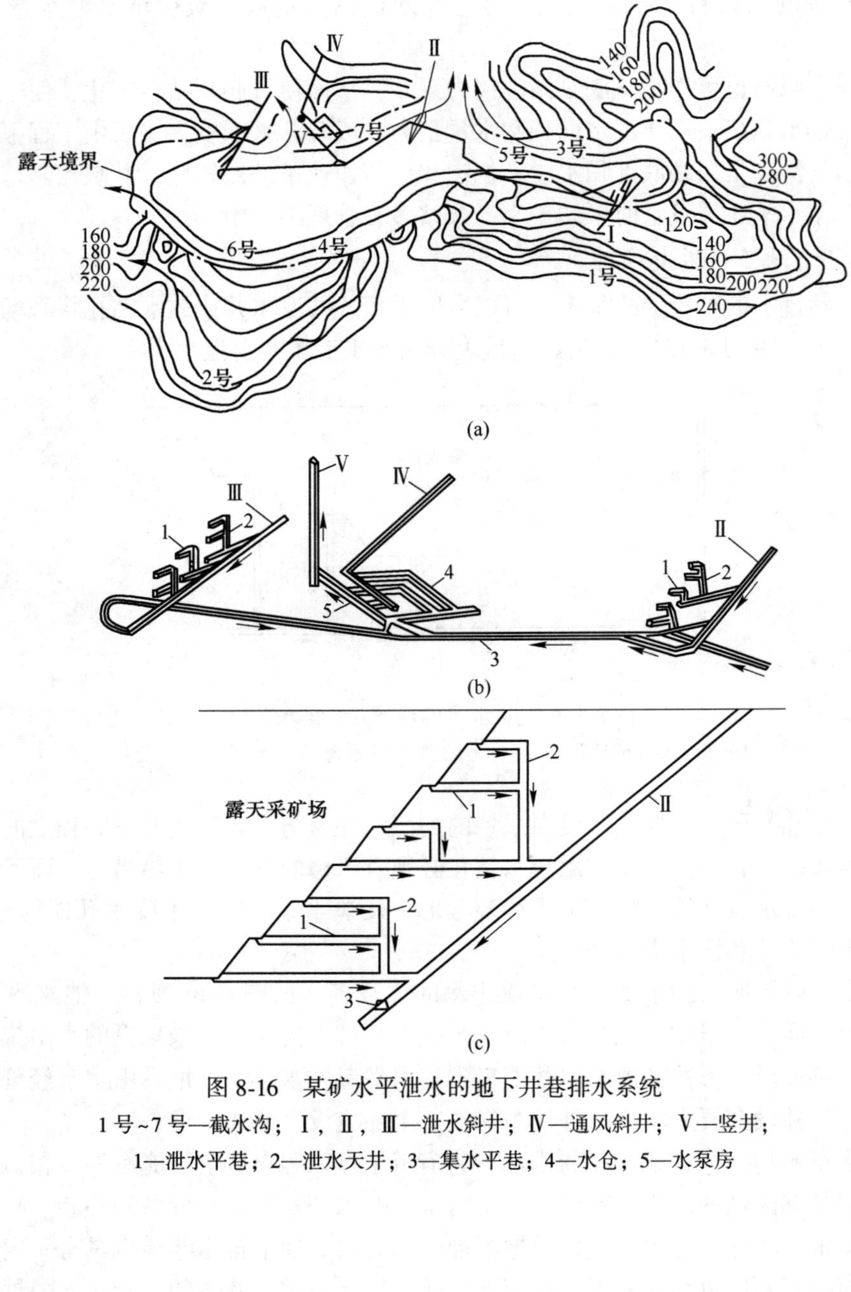

图 8-16　某矿水平泄水的地下井巷排水系统

1 号~7 号—截水沟；Ⅰ，Ⅱ，Ⅲ—泄水斜井；Ⅳ—通风斜井；Ⅴ—竖井；
1—泄水平巷；2—泄水天井；3—集水平巷；4—水仓；5—水泵房

9 边 坡 稳 定

本章课件　思维导图

我国很多露天矿设计深度都很大，如加陡边坡角，可大大地减少剥离量。但边坡角不能设计得过陡，使边坡稳定性变差，易产生滑坡，给生产造成严重危害。

露天矿边坡角的陡缓和边坡是否稳定，直接影响露天矿开采的经济效益及人员和设备的安全，甚至威胁着露天矿的寿命。

9.1 影响边坡稳定性的因素及露天矿的滑坡类型

9.1.1 影响边坡稳定性的因素

影响边坡稳定性的主要因素有边坡岩体的岩性、结构面、水文地质条件和爆破震动，此外，边坡高度、风化作用、边坡几何形状等也都有一定的影响。

9.1.1.1 岩性对边坡稳定性的影响

岩石结构构造、孔隙度、岩石强度等岩性是决定岩体强度和边坡稳定性的重要因素。

A 岩石结构与构造的影响

岩石的力学性质除取决于岩石的矿物成分外，还取决于矿物颗粒之间的联结结构，即结晶联结还是非结晶联结（胶结、松散）。在外力作用下，岩石总是沿胶结面破坏，而不是结晶颗粒破坏。

岩石的构造如沿沉积岩的层理、变质岩的片理等对岩石的力学性质也有明显的影响。

B 孔隙度的影响

孔隙度增大，其强度降低。

C 岩石强度的影响

岩石抗拉、抗剪的能力差，一般抗压强度为抗拉强度的 10~50 倍，抗压强度为抗剪强度的 3~10 倍。它们的关系为：

三向抗压强度>二向抗压强度>单向抗压强度>抗剪强度>抗拉强度

大量滑坡实例表明：滑坡多是剪切破坏，因此，岩石的抗剪强度是衡量边坡稳定的必要条件。通常，坚硬致密岩石的抗剪强度较高，不易滑坡。

9.1.1.2 岩体结构面的影响

岩体结构面是指在地质发展的历史中，岩体内形成具有一定方向、一定规模、一定形态和特性的面、缝、带状的界面，岩体失稳往往是沿结构面发生。结构面是影响边坡稳定的决定因素，直接制约着边坡岩体变形、破坏的发生和发展过程。其影响表现如下：

（1）岩体的结构面都是弱面，比较破碎，易风化。结构面中的缝隙往往被易风化的次生矿物充填，因此，抗剪强度较低。

（2）结构面发育的岩体，为地表水的渗入和地下水的活动提供了良好的通道。水的活动使岩石抗剪强度进一步降低。

因此，确定边坡岩体的结构面及其强度是边坡稳定设计研究的主要问题。

9.1.1.3　水文地质条件的影响

滑坡多发生在雨季或解冻期，即所谓的“大雨大滑”“小雨小滑”“无雨不滑”。水降低边坡稳定性表现在以下方面。

A　静水压力的作用

当地下水赋存于岩石裂隙中时，水对裂隙两壁产生静水压力。由于边坡岩体位移而产生的张裂隙充水，当张裂隙中的水沿破坏面继续向下流动至坡脚逸出坡面时，沿此破坏面将产生水的浮托力，压力分布如图 9-1 所示（沿 *AB* 面），总浮托力 *U* 和作用在 *AB* 面上的正应力方向相反，抵消了一部分正应力作用，从而减小了沿 *AB* 面的摩擦阻力。

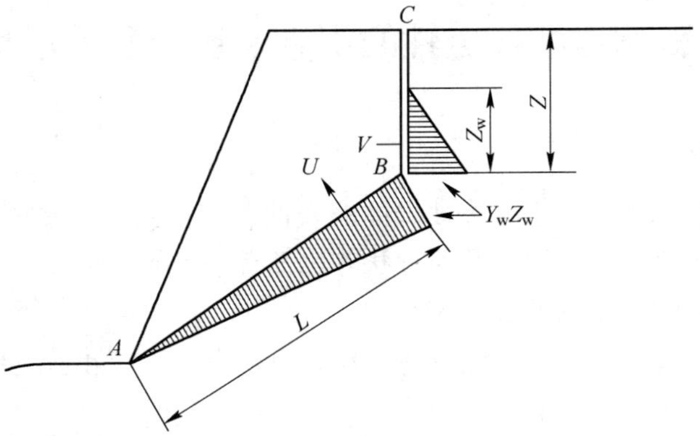

图 9-1　张裂隙充水产生的静水压力和浮托力

由此可见，静水压力的作用能增大滑动力和减小摩擦力，从而对边坡稳定不利。一般在地下水高于滑动面时，静水压力能使岩体抗剪强度降低 25%~50%。

B　动水压力的作用

动水压力的作用有两个方面。

推动岩体向下滑动：当地下水在破碎岩体的裂隙中流动时，施加于所流经的岩石颗粒上的压力称为动水压力，也称渗透压力。力的方向是水流的切线方向，动水压力是推动岩体向下滑动的力。

潜蚀作用：当动水压力较大时，岩石颗粒和岩体的可溶解成分会被地下水流带走，即地下水的潜蚀作用。潜蚀作用会破坏岩体稳定，尤其是当地下水和结构面联系在一起时，对边坡的稳定威胁更大。断层破碎带中岩石颗粒或可溶性物质被地下水带走，使岩体内聚力和摩擦力减小而失去平衡进而产生滑坡，如图 9-2 所示。

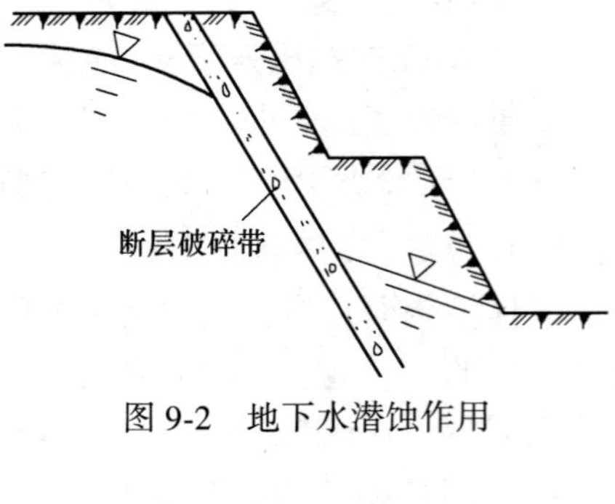

图 9-2　地下水潜蚀作用

C　水的软化作用

某些黏土质岩体和节理裂隙发育的岩体，随着含水量的增加，内聚力和内摩擦角显著降低。

对主要由坚硬的岩浆岩、变质岩构成的金属矿山边坡岩体，水的软化作用一般不显著。但当这些矿山边坡岩体中的断层破碎带有大量黏土质充填物存在时，就要特别注意水对岩石的软化作用。

在上述几种作用中，一般静水压力的作用更突出。

9.1.1.4 爆破震动的影响

爆破作业是每个矿山经常进行的作业，使边坡长期经受反复的爆破震动。当爆破地震波通过岩体时，给岩体的潜在破坏面以附加的动力，使原生结构面和构造结构面的规模增大、条件恶化，并产生次生结构面，促使边坡破坏。

目前大型露天矿普遍采用大型钻机，炮孔直径提高到 200~310 mm 以上，孔径的加大使每个孔的爆破半径以及产生的震动水平加大。有的矿山在基建期间采用大爆破，一次药量达千吨甚至万吨，给边坡造成动载荷。爆破震动对边坡稳定影响是很大的。

9.1.1.5 其他因素的影响

A 边坡高度

在已定的地质条件下，岩体自重应力对露天矿边坡稳定性的影响很大。

岩体中的自重应力是随着深度的增加而递增的（在某一深度处的垂直应力为岩体的单位体重和深度的乘积），边坡高度越高，自重应力也越大，边坡稳定性越差。

B 风化作用

风化作用也会使原生结构面和构造结构面的规模增大、条件恶化，并产生风化裂隙等次生结构面；同时，长时间的风化作用还会使岩石自身强度有所降低，对边坡稳定产生不利影响。

C 边坡几何形状

a 平面形状

边坡在平面上的形状对边坡的稳定性有直接影响。如图 9-3 所示，当边坡平面上的形状向采场突出成凸形时，边坡岩体内出现侧向拉应力，由于岩石的抗拉强度很低，这种形状的边坡稳定条件差；反之，当边坡凹向采场，边坡岩体内出现侧向压应力，因岩石的抗压强度要比抗拉强度大得多，这种形状的边坡对边坡稳定有利。同理，圆形或近于圆形的边坡比其他形状的边坡稳定条件好。

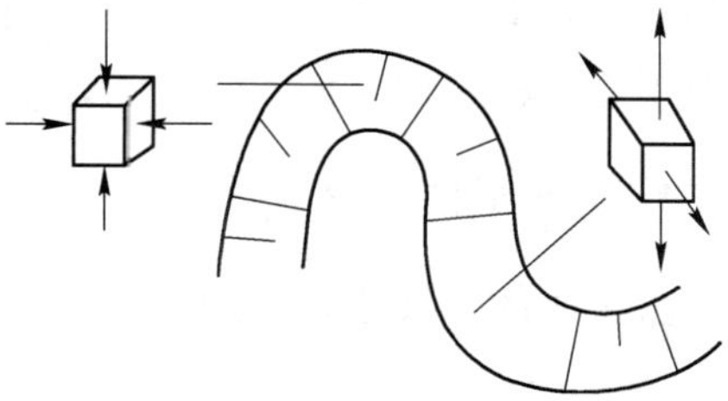

图 9-3 平面上的边坡形状

b 断面形状

边坡在断面上的形状有凸形边坡、直线形边坡和凹形边坡三种，如图 9-4 所示。

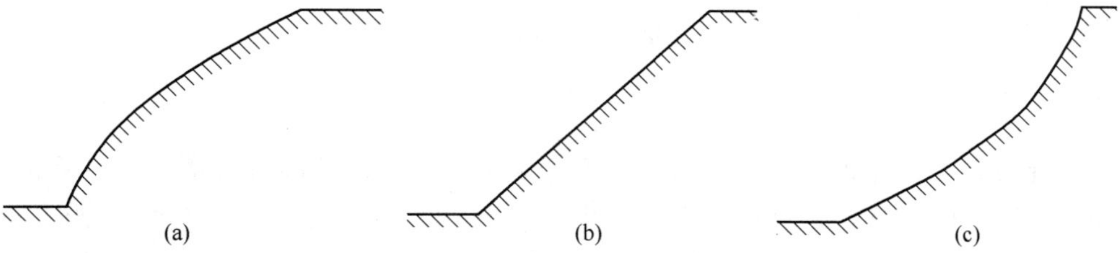

图 9-4 边坡在断面上的形状
（a）凸形；（b）直线形；（c）凹形

直线形边坡设计计算和绘图都比较简单，便于露天采场的境界确定，因此边坡设计常采用直线形。但这种形状并不是最佳形状，原因有三：第一，它只是按组成边坡岩体的平均性质考虑，没有考虑随边坡高度的增加自重应力递增的影响；第二，深度较大的某些露天矿中，上部与下部边坡的岩体岩性往往不同，相差较大，如仍按岩石的平均性质确定边坡，即便采取了较大的稳定系数，也难免在弱岩层处发生滑坡；第三，直线形的边坡角上下一致，没有考虑到露天矿上部边坡最先形成，存在的时间最长，受风化侵蚀、爆破震动等影响的程度要比晚形成的下部边坡大得多。

直线形边坡在边坡高度不大且岩性变化小时，还是可以应用的，而对边坡高度很大且岩性变化较大的边坡并不适用。

凹形边坡是根据松散介质静力学的观点提出的一种边坡形状，它具有上陡下缓的外形，和露天矿的边坡岩性变化及边坡形成的过程相违背，因为上部边坡一般是表土和风化带，其岩石比下部的松软、破碎，存在年限也较长。另外，凹形边坡比直线形及凸形边坡的剥离量大，在实践中不适合采用。

凸形边坡具有上缓下陡的外形，符合露天矿边坡形成的特点，且增加了滑坡体下部岩体的重量，因而有利于边坡稳定。同时，在稳定性相同的条件下，它可以减少剥离量，特别是对于深度较大的露天矿，凸形边坡的优点更为突出。对于上部是土体或风化严重的岩体，而深部是强度较高的较完整岩体的露天矿边坡，宜采用此种边坡形状。

c　人为因素

由于对影响边坡稳定的因素认识不足，而人为地促使边坡破坏。如在边坡上部堆积废石、修建构筑物等，使边坡岩体中的滑动力加大，从而降低了边坡稳定性。另外，个别矿山挖掘坡脚，减小了抵抗滑动的阻力，也降低了边坡稳定性，如图 9-5 所示。

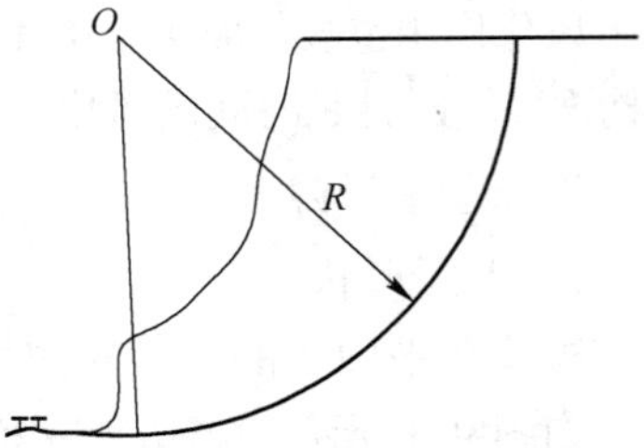

图 9-5　边坡坡脚的破坏

9.1.2　露天矿的滑坡类型

露天矿的滑坡按破坏形态划分有以下几种类型，如图 9-6 所示。

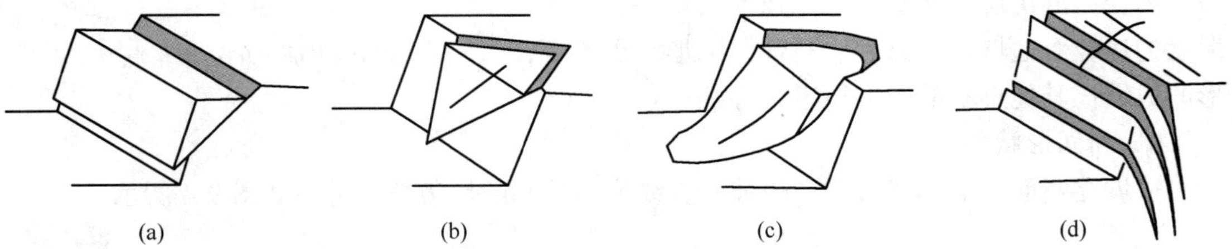

图 9-6　滑坡类型

（a）平面滑坡；（b）楔体滑坡；（c）圆弧滑坡；（d）倾倒滑坡

（1）平面滑坡。平面滑坡是边坡岩体沿层理面、节理面或断层面等单一结构面发生的滑动。当边坡中有单一结构面，它的下部被坡面切割，即当结构面与边坡同倾向，倾角小于边坡角而大于内摩擦角时，容易发生平面滑坡。

（2）楔体滑坡。当边坡中有两组结构面相互交切成楔形失稳体时，容易发生楔体滑坡。这类滑坡常发生在节理发育的坚硬岩体中。

（3）圆弧滑坡。圆弧滑坡是指滑动面基本为圆弧状的滑坡。土体、破碎岩体或软弱的沉积岩边坡的散体结构常发生圆弧滑坡。

以上三种滑坡类型的破坏机理主要为剪切破坏。

（4）倾倒滑坡。当边坡体中结构面倾角很陡时，岩体可能发生倾倒。其破坏机理与以上三种不同，它是在重力作用下，岩块发生转动而产生的倒塌破坏。倾倒滑坡往往发生在台阶坡面上，很少导致整个边坡下滑。

（5）复合滑坡。复合滑坡即是上述两种以上形式组合而成的滑坡。

9.2 边坡工程地质调查研究工作

边坡工程地质调查研究工作是边坡稳定性研究的基础工作，目的是查明矿区边坡工程地质条件，收集边坡稳定性分析、设计和管理等所需要的地质资料，并对矿区边坡稳定性做初步评价。

9.2.1 准备工作

（1）充分收集和利用已有的矿床地质勘探报告，如矿区的地层岩体、地质构造和水文地质情况等矿区地质资料，开采现状图和设计开采终了平面图及地质剖面图，以及基建勘探、生产勘探、边坡滑落、岩移观测和水文观测等资料。另外，还要收集区域地质资料，并对这些资料进行充分的分析，以期对矿区地层、构造和地下水等情况有初步了解。

（2）进行矿区地质踏勘，了解矿区内主要地层界线和断裂构造。另外，还要对矿区外围进行必要的踏勘，力求对矿区地质情况和发展历史有初步了解。

（3）制订矿区边坡工程地质调查的具体计划。

9.2.2 边坡工程地质调查

边坡工程地质调查一般包括矿区岩石类型、结构面、水文地质、边坡滑落、自然边坡等的调查。

9.2.2.1 *矿区岩石类型调查*

矿区岩石类型调查是指对矿区各种成因类型的岩石进行全面调查。

9.2.2.2 *结构面调查*

结构面的调查研究是边坡岩体稳定性分析和评价的基础，一般用工程地质填图的方法进行，即以某种比例尺的矿区地形地质图为底图，对地质点进行观测记录。主要查明结构面的下列特征：（1）结构面的类型、性质和产状；（2）结构面分布特征和连续性，结构面的间距和密度；（3）结构面间充填物的厚度、成分和性质；（4）边坡岩体结构类型和特征。

一般采用赤平极射投影法整理结构面调查所获得的大量数据，即对不同区段绘制结构面极点投影图及极点等值线图，确定优势结构面的数量和产状，对边坡的可能破坏方式和稳定情况做初步评价。

9.2.2.3　水文地质调查

水文地质调查是指查清岩体的渗透性和渗流以及水压分布情况。

9.2.2.4　边坡滑落调查

开采多年的露天矿一般都不同程度地发生过滑坡。这些实际边坡破坏反映了各种因素对边坡稳定性的实际影响，可反算出边坡岩体的力学强度指标，因此，边坡滑落调查是一项重要的边坡工程地质调查工作。

边坡滑落调查内容应包括：滑坡时间、部位、类型、原因、造成危害及处理措施。应特别注意查明滑坡的地质条件，对其进行详细的记录、素描和拍照。对滑体的轮廓、滑面位置要进行大比例尺测量，对正在滑动中的边坡岩体还要进行岩移观测。

9.2.2.5　自然边坡调查

自然边坡是经过长期地质作用的产物，一般都属于稳定类型的边坡。因此通过自然边坡调查，研究自然边坡的性质与特点，分析其稳定的原因，对研究地质条件相类似的人工边坡具有重要意义。

自然边坡调查内容应包括：(1) 边坡的岩石类型；(2) 边坡的岩体结构类型；(3) 边坡的稳定边坡角；(4) 边坡角大小的影响因素。

9.2.2.6　资料整理和绘制工程地质图

野外调查所获得的大量资料，要进行室内整理，并绘制成边坡工程地质图件。在图上应反映出与边坡稳定性评价有关的矿区岩性、构造、地下水、岩体结构等工程地质条件的基本特征，还要反映出工程建设的布局和有关的设计方案。图件主要有工程地质平面图、工程地质剖面图和边坡岩体结构图等。

9.2.2.7　对边坡稳定性的初步评价

在对工程地质野外调查所获大量资料进行整理和分析的基础上，应对所调查地区的边坡稳定性有初步评价，分出稳定、比较稳定及不稳定地段，还应指出各区段边坡可能的破坏方式，为进一步进行边坡稳定性的定量分析和评价打下基础。

9.3　边坡稳定性分析方法

边坡稳定性分析和确定边坡角是边坡研究的核心内容，设计中主要采用以统计资料为基础的类比法，研究中广泛应用岩体结构分析法、极限平衡分析法、计算图法、有限单元分析法、不稳定概率分析法等，这里只简单介绍类比法和岩体结构分析法。

9.3.1　类比法

类比法是设计部门根据统计的资料和经验表格，并结合设计者的经验选取边坡角的一种方法。在进行同类矿山类比时，要使所设计的矿山边坡和选中类比的生产矿山边坡主要工程地质条件相似：首先是组成边坡的岩性和岩体结构相似，其次要考虑到风化作用和水的作用，还要考虑边坡高度、存在年限及边坡几何形状等影响，这样才能取得较正确的结果。

类比法终归是一种直观定性粗略定量的方法，使用时人为因素较多，准确性较差。但是，这种方法有工程实践为依据，又简单易行，易被采矿设计人员掌握和应用，设计周期短。因此，在工程地质条件比较简单的中小型露天矿边坡设计中还是可以采用的，即使边坡工程地质条件复杂而采用其他方法设计边坡的矿山，在做矿山开采可行性研究、规划、任务书、初步设计等阶段时，类比法仍是必不可少的。

9.3.2 岩体结构分析法

岩体结构分析法是根据岩体结构形态、产状、性质、规模及其组合关系，应用赤平极射投影和实体比例投影为手段进行图解分析、定性评价边坡稳定性、推断分析稳定边坡角的一种方法。分析步骤如下：

（1）详细进行野外调查研究，统计边坡岩体结构面的类型、产状、性质和规模等特征；

（2）应用赤平极射投影方法，图解分析边坡范围内具有代表性的结构面、结构体的组合特征，以及与坡面的组合关系，判断边坡岩体的稳定结构类型；

（3）综合应用赤平极射投影和实体比例投影的方法，推断稳定的边坡角；

（4）综合矿山开采设计、工程地质、岩体结构分析等实际资料，编制具有岩体结构网格的工程地质剖面图，为边坡稳定性的力学分析提供边界条件。

9.4 边坡的整治

露天矿边坡整治的主要目的是改善边坡稳定性，把潜在的事故减少到最低程度，是露天矿边坡研究和日常边坡管理的重要组成部分。

9.4.1 边坡整治的原则

边坡整治应该早期发现，预防为主；查明情况，对症下药；治早治好，防止恶化。

同时，应使用多种方法进行综合整治，才能达到预期效果。

9.4.2 整治方法

露天矿的边坡整治包括：清扫维护、防水排水、控制爆破、人工加固等。

9.4.2.1 清扫维护

在生产过程中，应根据经验和揭露的边坡岩体情况对边坡进行经常性的清扫维护，将台阶上松散杂乱的滚石清除。

9.4.2.2 防水排水

治水是最重要的稳坡方法之一。治水的原则是：防止地表水流入边坡，设法减小可能发生滑坡部位的水压。

边坡防水排水的一般方法如图 9-7 所示。

9.4.2.3 控制爆破

控制爆破是维护露天矿边坡稳定比较有效的方法。主要有 3 种：（1）减少每次爆破炸药量到最低限度；（2）在靠近最终边坡附近采用预裂爆破；（3）在预裂爆破和正常生产爆破之间采用缓冲爆破。

9.4.2.4　人工加固

人工加固露天矿边坡不仅是治理滑坡的手段，也是提高边坡角、多采矿少剥岩、降低开采费用的一种途径。

露天矿边坡加固技术中普遍采用挡墙、抗滑桩、金属锚杆（索）、护坡等方法。

A　挡墙

挡墙一般用在滑落量小的不稳定边坡区段，以挡墙自身的重量抵抗滑坡体的下滑力，限制滑体移动或维持运输线路畅通，是加固边坡最常用的一种方法。

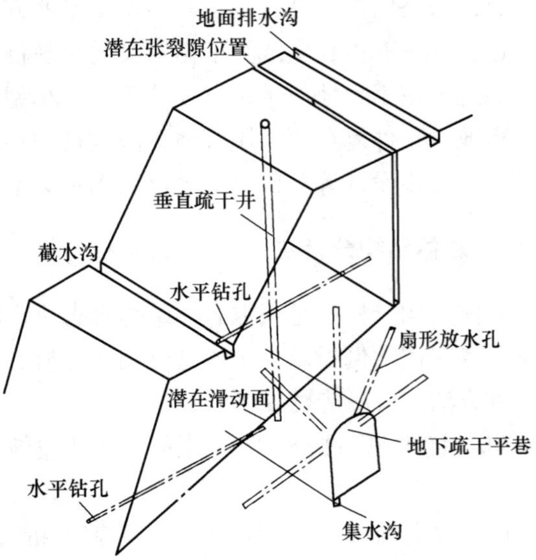

图 9-7　边坡防水排水方法示意图

B　抗滑桩

抗滑桩是指钢筋混凝土或其他材料的桩，按断面的大小分为大断面和小断面的抗滑桩。大断面抗滑桩是在开挖的竖井或坑道内灌上钢筋混凝土，起主要抗滑作用的是混凝土，多用于土体边坡；小断面抗滑桩是在钻孔内放入钢轨或钢管等作为主要抗滑结构，然后用混凝土将钻孔内的空隙填满或用压力灌浆，常用于岩石边坡中。

抗滑桩的参数主要取决于抗滑桩的承载能力和边坡岩体的变形特征，边坡上的抗滑桩受力状态一般是受剪切或受弯矩作用。当坚硬岩石边坡滑动时，沿着滑面有一层很薄的岩石受剪断破坏，此时抗滑桩受剪切力作用，如图 9-8（a）所示。如果边坡沿着一层软弱破碎带滑动，在滑面处出现塑性变形，或是滑面以上的楔形体为松散体，这两种情况的抗滑桩都受弯矩作用，如图 9-8（b）、图 9-8（c）所示。

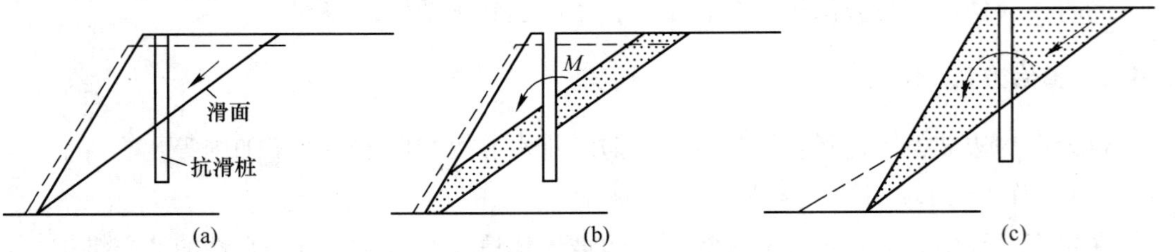

图 9-8　不同滑坡形式抗滑桩受力状态

（a）块状坚硬岩层的滑坡；（b）含有软弱层的岩层滑坡；（c）裂隙发育的风化岩层的滑坡

抗滑桩加固边坡的作用原理是：把桩埋入滑坡体下的稳固岩体后，桩开始承受荷载，使桩发生位移，此时桩前岩体被压缩而产生抗力，从而使滑坡体下滑力的一部分由桩来承受，另一部分通过桩传入稳固岩体，减少了对下部滑坡体的下滑力。

在设计抗滑桩时要在截面上合理地布置钢筋的位置及桩的位置，以使钢筋及抗滑桩充分发挥效力，达到钢材消耗最少的目的。

C 锚杆（索）

锚杆（索）加固边坡是用金属锚杆（索）将滑坡体锚固在深部稳固的岩体中，构成一个共同受力体系，改变滑坡体内部的应力状态。

锚杆（索）由锚头、张拉段、锚固段三部分组成，如图9-9所示。锚头的作用是给锚杆施加作用力，张拉段将锚杆的拉力均匀地传给锚杆周围的岩体，锚固段提供锚固力。

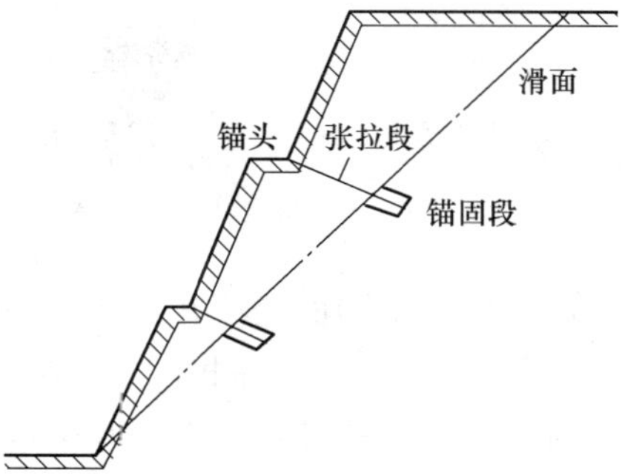

图9-9 锚杆加固边坡示意图

目前安装锚杆（索）的深度可达10～100 m，因此可以锚固潜在滑面很深的边坡。锚杆（索）的倾角在理论上以仰角为宜，实际施工中，为了便于钻孔和锚杆（索）的安装，一般安装成5°～10°的俯角。

此外，为了防止边坡遭风化破坏和岩石滚落，可以采用砌片石、喷锚、铺金属网等方法来护坡。

经验表明，对于边坡治理一般不能用单一方法，应采用综合治理办法治理。例如，某铁矿滑体采用了“减锚抗护喷疏”的综合加固措施进行了人工加固，如图9-10、图9-11所示。

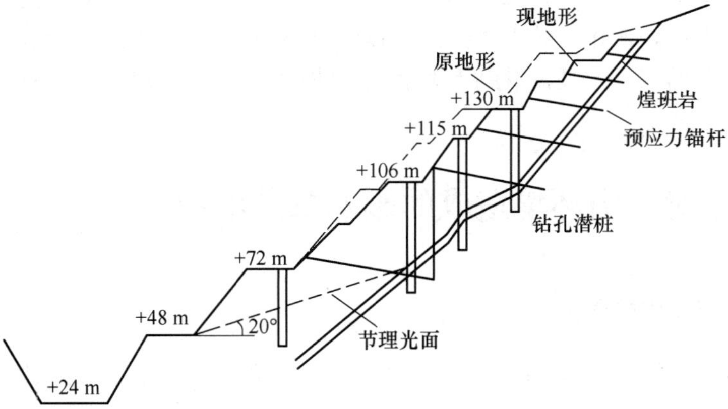

图9-10 某铁矿滑体加固结构布置示意

图9-11 钻孔桩结构

10　矿山环境保护

本章课件　思维导图

矿产资源是国民经济和社会发展的重要物质基础。当今，人们在大规模开发利用矿产资源，创造巨大财富的同时，往往忽视了矿山地质环境保护。矿床开采，实际上是一种人为的对生态平衡的破坏，例如开采过程中，穿孔、爆破、采装、运输等生产过程，会产生大量的粉尘，排放酸性水、放射性污水及泥浆水，还有噪声、震动、辐射等，不仅直接影响工作环境，还会对整个矿区乃至周围的大气、水质和土壤等造成危害；废石堆、尾矿库、贮水池和露天矿边坡的崩落，会诱发一系列矿山环境地质灾害问题；爆破形成的飞石和冲击波都直接威胁着矿区附近人员的安全；开采结束时，留下一个巨大的露天采坑，对地貌、植被和自然景象破坏殆尽，破坏生态平衡，给人类和自然界带来长期的、潜在的威胁。因此，在开发矿业的全过程中，必须把矿山环境保护作为十分重要的内容来考虑，力求在开采过程中，对生态平衡的破坏减少到最低限度，并采取积极措施，改造环境，造福后代。

矿山环境保护的任务就是研究上述过程的形成、危害、监测和控制措施。对矿山环境治理必须达标和有效，特别要大力加强矿山生态环境恢复治理，对矿山开发造成的滑坡、崩塌和泥石流等地质灾害以及水源枯竭、水质恶化等环境问题要加强防御、监测，并及时组织治理。

10.1　矿产开发对矿山环境造成的影响及其治理

10.1.1　矿产开发对自然生态环境造成的影响

人类开展矿业活动对矿山生态环境的影响是多方面的，主要有环境污染、生态资源破坏和地质灾害三大类。

10.1.1.1　环境污染

环境污染主要包括以下三个方面。

（1）矿山及其选、冶部门直接排放的废气，粉尘及废渣排放引起大气污染和酸雨。我国西南地区几年前的土法炼锌的生产方式，产生大量废气、废渣，造成了严重的社会公害。采矿的放射性污染，不只是铀矿具有极强的放射性，其他矿石也或多或少含有放射性，在开采和运移过程中，生产所产生的坑道废水、废石、矿井废气和一些器材等物被放射性污染，对人体和环境有害。

（2）我国矿业活动产生的废水主要包括矿坑水、选冶废水及尾矿池水等。金属矿山的废水以酸性为主，并多含大量重金属及有毒、有害元素（如铜、铅、锌、砷、镉、六价铬、汞、氰化物）以及悬浮物等。众多废水未经达标处理就任意排放，甚至直接排入地表水体中，使土壤或地表水体受到污染，严重地影响了人畜饮水和农田灌溉。

（3）矿山尾矿，尤其是浮选尾矿，其中残留的选矿药剂有氯化物、氰化物、硫化物、松油、有机絮凝剂、表面活性剂等，当受到阳光、雨水、空气的作用以及它们相互作用时，会产生有害气体、液体或酸性水，严重污染地下水和土壤。

10.1.1.2 生态资源破坏

生态资源破坏主要包括以下三个方面。

（1）矿山开发对水资源的破坏主要表现在地下水源枯竭或流量减少。大面积的疏干漏斗造成泉水干枯、水资源逐步枯竭和河水断流，废水废渣的排放，使水环境发生变异甚至恶化，污染的地表水入渗或经塌陷灌入地下，导致地表水、地下水系统失衡，严重影响了矿山地区的生态环境。

（2）大规模的采矿活动常使地形发生较大改变，破坏原始地貌。所有大中型矿山在开采过程中或多或少都会对当地的地形地貌产生不良的影响。

（3）矿山的开采在占用土地的同时，由于露天采场及废石、矿渣、工业垃圾的堆置，对耕地、森林、草地等也造成了破坏。一般一座大型矿山平均占地达 18 万~20 万平方米，小矿山占地也达几万平方米，据此推算，全国矿山开发占用耕地面积是全国耕地面积的 1.04%；占用林地是全国林地的 0.79%。

10.1.1.3 地质灾害

矿山开采作业不规范，没有遵守自上而下、分水平台阶式开采的规定，造成边坡坡度大、基岩裸露、危石和残坡积物未做处理，废石料（渣）随处堆放，导致局部山坡失稳，很容易诱发矿山局部山体滑坡、崩塌等地质灾害。几乎所有矿山都不同程度地遭受到滑坡、崩塌、泥石流灾害的危害或威胁。地质灾害在某种程度上已成为影响矿山建设和矿产开发的“公害”。

（1）滑坡：滑坡是露天矿山最常见的工程地质灾害。当山体坡度超过 25°，地表为砂质黏土和坡积物时，由于长时期受风化侵蚀或水流冲刷而处于自然平衡的临界状态，尤其当受到采矿影响时，很容易出现裂隙、滑动，继而出现大面积的山体滑坡。据资料表明，受采矿影响而引起的山体滑坡在全国许多矿山时有发生。

（2）泥石流：矿产开发活动中，乱采乱挖、随意丢弃废石废土及植被破坏等，都可能诱发泥石流或加大原有泥石流的规模。

10.1.2 矿山环境问题的产生原因

引起矿山环境问题的原因很多，主要有三个方面：

（1）矿山环境管理的法律法规不健全。长期以来，我国的矿山环境管理十分薄弱。在国家层面的立法上，矿产资源法和环境保护法只对矿山环境保护提出了原则性的要求，缺少具体的管理制度和规章。

（2）没有形成有效的治理责任制度和补偿机制。计划经济时期，矿山只是完成生产任务的经济组织，生产多少、生产什么、怎么生产都是按照国家统一安排进行，取得的利润除留出维持生产的费用外也全部上交国家。当时，不论是主管部门还是矿山企业都缺乏对矿山环境保护意识，这个阶段建设投产的矿山，遗留有不同程度的矿山环境问题。即使到目前，按照国家有关矿产资源成本核算规定，决定矿产资源价格的成本主要是生产成本、销售费用、管理费用和财务费用，矿产资源开发造成的环境成本等费用根本没列入现行成本。

（3）矿山生态环境历史欠账较多，治理资金严重缺乏。由于历史原因，不少矿山未预留生态恢复治理资金，地方政府也未认真履行生态环境保护和治理方面的职责，造成许多矿山生态环境破坏存在无人“埋单”现象。

10.1.3　矿山环境的治理

近年来愈演愈烈的矿山地质灾害、潜伏的大量致灾隐患、日益恶化的矿山生产和生活环境向人们警示，单纯从技术角度是不能解决问题的。应当把矿山地质灾害纳入国家防灾减灾政策范围之内，把矿山的防灾减灾与矿山企业、地区经济乃至国民经济的可持续发展结合起来，提高重视程度，加强社会教育，提高人们防灾减灾意识。

建立和实行严格的矿山环境保护制度，从源头上减少矿山环境破坏和污染。矿产资源的开发必须依法提交开发利用方案、环境影响评价和地质灾害危险性评估报告。新建矿山，在办理采矿许可证时，必须提交矿山环境保护与综合治理方案。各级国土资源行政主管部门要依据审批的矿山环境保护与综合治理方案，对新建和生产矿山在建设、生产、闭坑全过程进行矿山生态环境保护监督检查。坚持矿产资源开发利用与生态环境保护并重和“谁开发谁保护，谁破坏谁恢复，谁使用谁付费”的制度，坚持“预防为主、防治结合、综合治理”的方针。严格执行土地复垦制度、排污收费制度，最大限度地减轻矿业活动对生态环境的破坏，防治地质灾害，改善生态环境状况，使矿产开发利用与生态环境保护协调发展。

在技术上，矿区生态环境治理的重点是环境恢复、土地复垦、“三废”资源化利用、矿区绿化、物种多样化以及农业生态化等。鼓励推广剥离—排土—造地—复垦一体化技术，对于有色、稀土等矿山，宜研究推广溶浸采矿工艺技术，发展集采、选、冶于一体的工艺技术；开发推广高效无（低）毒的浮选新药剂产品；在干旱缺水地区，宜推广干选工艺或节水型选矿工艺；积极研究推广共、伴生矿产资源中有价元素的分离回收技术，为共、伴生矿产资源的深加工创造条件；加强对废污水、废气、尾矿的利用和处理；对深凹露天矿，加强实行通风，营造良好的作业环境；控制生产过程中形成的有毒有害气体和粉尘，冲淡排放或选用适宜装置进行净化；选用低噪声设备，对噪声大的设备采取隔声、减振、阻尼、吸声和消声等措施；对爆破引起的振动和滑坡等地质灾害要进行预测，控制与消除其危害；在开采过程中或开采结束后，对废石场、尾矿库以及铁路和建筑物占用的土地进行改造和重新恢复，对重新恢复的土地应重新植被。

10.2　深凹露天矿通风

深凹露天矿的通风防尘问题在设计中应予以足够的重视，深凹露天矿的工作环境甚至不如地下矿。

深凹露天坑内的风流交换分为自然通风与人工通风两类。

10.2.1　自然通风

露天矿自然风流的结构、方向、状态和速度决定着采场内有害气体的分布、大气污染的程度。

露天矿自然风流分类如图 10-1 和表 10-1 所示，其理论基础是空气动力学的平行射流；风速 v_0（m/s）和空气垂直温度梯度 ∇t（℃/m）是形成自然通风方式的主要物理量；背风帮边坡角 $\beta>15°$、顺风向地表开口水平长度 L 与垂直采深 H 之比 L/H 等几何参数是决定各种自然通风方式的地形条件。

在无风和弱风的天气里，采场内空气的运动以对流式和逆增式最为明显。随着地表风力的加强，由热力通风转变为风力通风，形成直流式或复环流式通风。

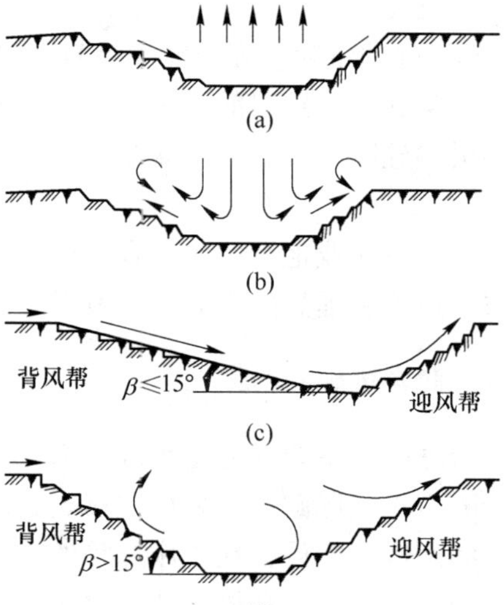

图 10-1　露天矿自然风流分类示意图
(a) 逆增式；(b) 对流式；(c) 直流式；(d) 复环流式

10.2.2　人工通风

人工通风分热力式、机械式和组合式三种。热力式是利用燃油使空气加热以形成对流；机械式是利用风机，在边帮开凿专用通风井，设通风管送风或抽风。目前世界各国露天矿尚未实际采用人工通风。苏联曾采用航空用的涡轮螺旋桨式和喷气式发动机作为露天矿通风的动力，但能源耗费大，会产生噪声和柴油尾气等二次污染。深凹露天矿通风问题，迄今尚未解决。

表 10-1　露天矿自然通风方式物理量

通风方式	物理量的特性	通风主要动力	判断参数
逆增式	$\nabla t<0$ ℃/m $v_0<(0.8\sim1)$ m/s	温度	与 L、H、β 无关
对流式	$\nabla t>0.01$ ℃/m $v_0<(0.8\sim1)$ m/s	温度	与 L、H、β 无关
复环流式	$\nabla t=0.01$ ℃/m $v_0>(0.8\sim1)$ m/s	风流	当 $L/H<5\sim6$，但 $\beta>15°$
直流式	$\nabla t=0.01$ ℃/m $v_0>(0.8\sim1)$ m/s	风流	L、H 可为任意值，但 $\beta\leq15°$
复环流-直流式	$\nabla t=0.01$ ℃/m $v_0>(0.8\sim1)$ m/s	风流	当 $L/H>8\sim10$，但 $\beta>15°$
直流式-复环流式	$\nabla t=0.01$ ℃/m $v_0>(0.8\sim1)$ m/s	风流	L、H 可为任意值，但 $\beta>15°$

10.3　矿尘的治理

矿尘是矿山生产过程中产生并在较长时间悬浮于空气中的尘粒。直径大于 50 μm 的尘粒，在重力作用下很快就会从气流中分离出来，沉落在物体表面，称为落尘。直径在 0.01~50 μm 的尘粒，在空气中能较长时间处于悬浮状态，称为气溶胶颗粒，这种浮尘对大气的污染和人体健康的危害最大，是矿山防尘的主要对象。有些矿尘，如含二氧化硅的矿尘会引起硅肺病，含铅、汞等的矿尘会引起人们中毒，含铀、钍的矿尘能引起放射性危害。

为了保持作业地点的矿尘含量低于卫生标准，确保作业人员的身体健康，必须采取综合的防尘措施，提高防尘效果，改革采矿工艺，减少矿尘产生。

10.3.1　凿岩爆破的粉尘

凿岩爆破是主要的粉尘来源，因此，应选择合理的爆破方法和爆破参数，控制大块的产生，减少二次爆破，或采用非爆破方法破碎大块，或增大矿石大块标准以减少凿岩爆破中矿尘的产生；此外，在矿床开采的各个生产环节，应尽量采用湿式作业，以减少粉尘进入空气中。例如在穿孔机上装设除尘器，并采用湿式凿岩，用水湿润沉积矿尘，向爆破后生成的烟尘喷水雾，装、卸地点也应洒水喷雾。公路运输除采用洒水车降尘外，尚可根据具体情况喷洒其他溶液，如在非常干燥的地区喷洒乳胶化沥青等。

10.3.2　破碎、筛分等作业中的粉尘

对于破碎、筛分等作业中的粉尘污染，宜采用尘源密闭、局部抽风、安装除尘装置等措施。

矿山使用的除尘装置种类繁多，按工作原理，有利用重力、惯性力和电场力等的除尘装置。

密闭除尘及净化是把局部产生点或设备所产生的矿尘局限在密闭空间之内。一方面控制粉尘扩散飞扬，另一方面为抽尘净化创造有利条件。这种方法对防止高度产尘点粉尘的扩散是非常重要和有效的措施。在破碎、磨矿、筛分、选矿、烧结厂等经常产生并排放大量粉尘的生产工艺过程和地点，比如溜矿井装卸点、井下破碎硐室、皮带运输机的矿岩转载点等，普遍采用密闭抽尘方法来控制粉尘对生产车间和周围环境的污染。

10.3.3　运输与卸载过程的粉尘

粉尘污染主要来自废石排弃过程的运输与卸载，其污染程度主要取决于岩石的脆性、硬度以及如季节、风向、风速、大气温度与降雨量等外部因素。岩石的脆性越大、硬度越小，则形成粉尘的可能性越大。飞扬的粉尘悬浮于大气中，使大气的透明度降低，吸入人体可造成尘肺病。粉尘（特别是含有毒性或辐射性的粉尘）的分散会污染土壤、植物和水，不但危害现场作业人员，也危害着家畜和其他生物的安全。

传统方法是在采场运输沿线及排土场进行喷雾洒水以达到降尘的目的。国外采用一种黏性聚合物代替水进行喷雾降尘，效果良好。

为了防止排土场的粉尘危害人畜，排土场应布置在居民区的主导风向的下风侧。在已堆置好的排土场台阶或坡面上积极种草植树，既可加固排土场，又可改变排土场的小气候，降低风速，起到固沙降尘的作用。

10.4 污 水 处 理

水是一种宝贵的资源，是人类生存、动植物生长和工农业生产不可缺少的物质。水具有自净能力，当水体受到污染后，由于水本身的物理、化学性质和生物作用，可以使水体在一定时间内及一定条件下，逐渐恢复到原来的状态。但是，如果排入水体的污染物质超过水的自净能力，使水的组成及其性质发生变化时，就会使动植物的生长条件恶化，使鱼类生存受到损害，使人类生活和健康受到威胁。矿山排放的废水，往往是含有大量悬浮物质的泥浆水、酸度很大的酸性水、毒性很大的含氰废水和放射性废水等，必须加以治理才能排放，以免污染水体，造成严重的危害。

矿山工业废水的治理应考虑以下方面：

（1）应考虑工艺改革和技术革新，使废水少产生或不产生；宜采取修筑排水沟、引流渠、预先截堵水、防渗漏处理等措施，防止或减少各种水源进入露天采场和地下井巷。宜采取灌浆等工程措施，避免和减少采矿活动破坏地下水均衡系统。选矿废水（含尾矿库溢流水）应循环利用，力求实现闭路循环。未循环利用的部分应进行收集，处理达标后排放。

（2）开展综合利用，化害为利，变废为宝；鼓励将矿坑水优先利用为生产用水，作为辅助水源加以利用。在干旱缺水地区，鼓励将外排矿坑水用于农林灌溉，其水质应达到相应标准要求。

（3）应采用物理法、化学法和生物法等基本方法进行处理。研究推广酸性矿坑废水、高矿化度矿坑废水和含氟、锰等特殊污染物矿坑水的高效处理工艺与技术。

10.4.1 分离废水中的悬浮物

废水中悬浮物底的分离一般采用重力分离法和过滤法。

重力分离法是使废水中的悬浮物在重力作用下与水分离的方法，有自由沉淀、絮凝沉淀和重力浮选（当悬浮物比重小于 1 时）三种。它们所需的构筑物分别是沉砂池、斜管沉淀池和斜板隔油池。重力分离法在矿山应用很广，例如选矿厂的尾砂坝、砂矿床水力机械化开采的尾矿坝等。

过滤法是使废水通过带孔的过滤介质，使悬浮物被阻留在过滤介质上的方法。过滤介质有隔栅、筛网、石英砂、尼龙布等材料。

10.4.2 含酸废水的治理

含酸废水的主要危害有腐蚀管道和钢筋混凝土水工建筑、妨碍废水处理的微生物繁殖。酸水污染通常表现为显性与隐性两种形式，当酸水污染较轻时，酸性水中溶解有重金属离子，在生态系统的食物链中被吸收蓄积，最终高度蓄积作为人类的食物而导致人的中毒，这是隐性污染；当酸水污染严重时，渗入土壤，时间长了会造成土质钙化，破坏土层松散状态，因而影响农作物生长，可使植物枯死，水生动物灭绝，呈现显性污染。

金属矿山排放出来的酸性水的治理主要是中和法，中和法分酸碱水中和及投药中和两类。前者是指当地同时存在酸、碱两种废水时，将它们中和，以废治废。后者是指在酸性废水中投加碱性药剂，如石灰、电石渣等，使酸性水得到中和，可以治理不同性质、不同浓度的酸性废水，尤其是适用于处理含金属和杂质较多的酸性废水，在实际生产中应用最普遍。

酸水一经形成，以中和法处理需花费大量的人力、物力，且中和产物的处理仍是一个难题。有的矿山为降低处理费用还采用截流稀释法。有关专家提出应从酸水形成机理中各个环节入手，采取积极措施抑制酸水的形成：

（1）尽量在气候干燥的季节剥离含有硫化物的岩石，控制岩石的破碎程度，采取集中堆放和及时掩埋等措施，缩短硫化物废石在大气中的暴露时间。

（2）使废石堆与地下水、地表水隔绝。

（3）截流排土场中产生的酸水，使其不漫溢，集中加以中和处理。

10.4.3　含氰废水的治理

在金属矿山企业中，有采用氰化法提取金属的，例如用氰化法直接从脉金及其加工品（尾矿、精矿、中矿、焙烧渣等）中回收金等；也有用氰化法提取金属后的尾砂作为充填料的。由于氰化物的流失、氰化废水的排放，都将污染水源而造成严重的危害。

因为氰化物是一种剧毒物质，毒效奇快，若在人的口腔黏膜吸进一滴氢氰酸（50～60 mg），瞬间即死。

氰化物虽然剧毒，但破坏它也是比较容易的。通常采用综合回收、尾矿池净化和碱性氯化法净化等加以处理，即能收到很好的效果。

用氰化法提取金时，在废水中氰化物的赋存形式主要是游离的氰化钠，铜、锌的络氰化物和大量的硫氰化物。通过酸化解释、挥发逸出、碱液吸收等三个阶段，从含氰废水中回收氰化钠，这种治理含氰废水方法是比较积极的。

用尾矿池净化含氰废水，也能获得良好的效果。因为贮存在尾矿池中的含氰化物的尾矿水，与空气的接触面积很大，停放数天后，水中的单氰化物就能与空气中的二氧化碳作用，产生碳氢化合物（HC）进入大气中；加上尾矿对氰化物还有吸附作用和生化作用，因而能有效地降低废水中氰的含量，达到排放标准。采用碱性氯化法，即投放漂白粉或液氯，对含氰废水的净化也能收到很好的效果。

10.4.4　放射性废水治理

放射性废水的危害，是 α、β、γ 射线通过外照射和内照射对人体造成伤害。根据其含放射性强度的不同，放射性废水分为高水平—居里级、中水平—毫居里级、低水平—微居里级三种，一般是后两者居多。

放射性废水的处理，目前尚无根治的办法，大都采用贮存和稀释，或使之转移到更安全的地点。

不同浓度的废水，其处理方法也不相同：

（1）高水平废液，一般贮存在地下，使之与外界环境隔绝。目前正研究采用固化处理，把废液转化为坚固、稳定的固体，如放射性玻璃体、陶瓷体等。

（2）中低水平的废水，一般用化学沉淀、离子交换、蒸发浓缩、生物处理法，把废水中大部分放射性物质转移到小体积浓缩物中。当处理后的废水放射性含量很小时，再经稀释即可排放。

10.5 固体废物贮存和综合利用

对于采矿活动所产生的固体废物，应坚持“因地制宜，积极利用”的指导思想，实行“谁排放、谁治理，谁利用、谁受益”的原则。

10.5.1 固体废物贮存

珍惜和合理利用一切土地，可以利用荒地的，应少占或不占耕地。

使用专用场所堆放，采取有效措施防止二次环境污染及诱发次生地质灾害：

（1）应根据采矿固体废物的性质、贮存场所的工程地质情况，采用完善的防渗、集排水措施，防止污染地表水和地下水。

（2）宜采用水覆盖法、湿地法、碱性物料回填等方法，预防和降低废石场的酸性废水污染。

（3）尾矿库坝面、坝坡应采取种植植物和覆盖等措施，防止扬尘、滑坡和水土流失。

10.5.2 固体废物的综合利用

大力推广采矿固体废物的综合利用技术：

（1）推广表外矿和废石中有用元素和矿物的回收技术，如采用生物浸出—溶剂萃取—电积技术回收废石中的铜等。

（2）推广利用采矿固体废物加工生产建筑材料及制品技术，如生产铺路材料、水泥添加剂、尾矿制砖等。

（3）研究尾矿再选和共伴生矿物及有用元素的回收技术。

（4）推广利用尾矿、废石作为充填料，充填采空区或塌陷地的工艺技术。

10.6 土地复垦

土地复垦是指把被破坏和荒芜的土地重新加以利用，其目的一方面可以保护土地资源，实现土地资源的二次开发和利用；另一方面也起到保护生态环境的作用。

金属矿床开采特别是露天开采，对采场范围内的耕作物和自然景物将破坏殆尽，而且要占用大片土地排弃废石和选矿尾砂。它们不仅与农争地、与林争山、与渔争水，还破坏生态平衡，污染周围环境。例如对 16 个选矿厂的统计，其尾砂坝占用土地 12712 亩（1 亩 = 666.7 m^2），而且风起尘扬，严重影响着农作物生长，污染周围大气。因此在地下资源开发之前和在开发过程中，要根据矿区地质条件、矿山发展远景及当地具体情况，制定矿山土地复垦计划，选择不同复垦方式恢复矿山生态环境。

土地复垦的原则应该是：社会生态与经济发展相结合，环境综合整治与生态重建相结合；加强采前的统一规划，采矿与复垦相结合；村庄搬迁与中心村（小城镇）规模重建相结合；土地恢复与农业结构调整相结合；采取有效的工艺措施，治理与预防相结合。

废石场、尾矿库等固废堆场服务期满后，应及时封场和复垦，防止水土流失及风蚀扬尘等。矿山废弃地复垦应做可垦性试验，采取最合理的方式进行复垦。对于可开发为农牧业用地的矿山废弃地，应对其进行全面的监测与评估；采用生物工程进行废弃地复垦时，宜对土壤重构、地形、景观进行优化设计，对物种选择、配置及种植方式进行优化；对于存在污染的矿山废弃地，不宜复垦作为农牧业生产用地。

10.6.1　充分利用露天开采的采空区

露天开采的采空区主要是指露天采场空区，如果很大、很深，在一般情况下是不可能全部用废石充填的，应考虑扩大其用途。

例如，可将采空区栽种果木鲜花，修建亭台楼阁，把它建成疗养胜地，或畜牧养鱼，改变环境，造福人民。如果采空区比较靠近城市，则可以与城市的废料处理结合起来。在充分考虑了地表水和地下水影响之后，作为城市的废料坑。待填满了废料之后，在其上铺上足够的土层便可作为绿化区或其他用途。

10.6.2　排土场、尾矿库造田

排土场和尾矿库占地面积大，治理排土场和尾矿库是矿山环境保护的一项重要内容。最直接的方案还是复垦。

若排土场废石堆土质松软，覆土工程较简单，可直接进行整平和铺敷工作。对于坚硬岩石的排土场，可在排土场上整平压实，或覆盖尾矿，经过疏水、晒干后，再铺敷耕植土。

排土场的复用工程可与排土工艺结合，先将剥离的坚硬岩石堆置于排土场下部，将表土堆置在上部，经整平施肥即可耕作。有的矿山可先将表土分层堆置于废石堆外围，形成土质护坡，在护坡上植树种草，而排土线则由外向内推进，以期早日形成树林。

如果尾矿库堆积的是经过磨矿的微细粒尾砂，它们的粒度往往在 0.074 mm 以下。当尾矿库干缩以后，就是一片砂荒地。它与普通土壤的特性不同，表面热度高，容易烧死作物的根；见水板结、发沉；在自然状态下发干，风起尘扬，没有胶体，不成团粒结构，不宜植物生长。因此，在这样的尾矿库造田，应考虑在其上铺一层隔水层，然后在隔水层上覆盖耕植土，即可根据具体要求划块成田。如果尾矿中富含有害元素，不宜种植粮食作物时，可考虑建设成林场。

排土场和尾矿库土地复用问题是一项复杂的综合性技术工作，涉及采矿学、生物学、地质学、土壤学、植物栽培学、农田水利学、环境保护学等多学科知识。复垦区的设计不仅包括功能设计，还应包括绿化树种优选、栽植工艺、种植布局等，需研究矿山土壤的性质、肥沃程度、适宜种植的植物品种和土壤改良的可能性等。因此，复垦工程方案的制定，必须有土壤学家和农艺师的参与。

第三篇

露天开采设计

露天开采设计是整个矿山建设过程中的一个关键环节。矿山设计工作的质量不仅影响到设计本身，而且影响矿山的正常生产。

一个露天矿从计划建设到建成投产，少则需要2~3年，多则达到7~8年或更长，其投资可达数亿元。矿山建设必须按计划、有步骤地进行，才能达到预期的效果。

通常，矿山建设包括如下几个阶段：

（1）勘探与建设立项阶段。该阶段包括矿床初步勘探、详细勘探、项目建议书、可行性研究及设计任务书等。

（2）建设准备阶段。该阶段包括初步设计与施工设计，必要时还添加技术设计。

（3）建设阶段。该阶段包括施工、试车、投产及设计总结。

露天开采三维模型

11 露天矿山设计方法

本章课件 思维导图

矿山设计时，首先要进行一些重大的技术决策，然后再进行具体设计。

对于露天矿设计而言，主要的技术决策有矿山生产规模、露天开采境界、总图布置及外部运输、露天开拓系统、露天开采工艺过程及装运设备类型。这些决策过程又是相互影响、相互制约的。例如，露天开采境界的大小对选择开拓系统有很大的影响；反过来，不同的开拓系统又决定了最终边坡的组成及角度。因此，两者要反复设计，相互调整。在整个设计过程中，都存在这种相互关联、反复调整的关系，需要妥善地做好设计的组织工作。

11.1 设计原则与方法

11.1.1 原则

矿山设计中要贯彻下述基本原则。

A 注重经济效益，尽量采用先进技术

衡量工程建设经济效益的主要标志是投资省、工期短、达产快、成本低、产品质量好、投资收益率高。因此，在矿山设计工作中要认真研究各项技术措施，进行多方案的比较。对于技术问题，不仅要从技术上看，还要从宏观经济上来考虑。

设计中尽量采用先进技术，但要处理好先进与实用、先进与经济合理的关系。先进技术必须建立在一定的物质基础上，不能盲目追求先进。要充分考虑设备及备品备件的供应、操作熟练程度及组织管理等因素。

B 重视资源的综合开发利用

矿产资源是不可再生的宝贵财富，要认真确定合理的开采范围和开采顺序，尽量提高矿石回采率，降低贫化率，提高矿石加工对有用成分的回收率。

对于具有工业价值的共生矿产和伴生有用组分，必须综合开采利用。在目前技术经济条件下暂时不能综合开采利用的，尤其是稀土资源，必须采取有效的保护措施。

C 节约能源

在经济合理的情况下，能源的选择、供给、构成、平衡等方面要进行多方案比较，把能耗作为重要因素加以考虑，尽量选用能耗少的生产工艺和设备，降低能源消耗。

D 重视安全生产

矿山的安全生产是关系到职工生命、保护国家财产和保证生产建设正常进行的一个重大问题，因此在矿山设计中必须重视安全生产，对危害职工身体健康的治理措施和防止发生伤亡事故的安全措施，必须与主体工程同时设计、审批、施工和验收，所需材料、设备一并列入概（预）算。

E　重视环境保护

采矿本身就是破坏自然环境、造成污染的一种工业，因此矿山设计要重视环境保护。

11.1.2　设计方法

就露天采矿部分而言，其设计程序大致如下：

(1) 初步确定露天开采境界；(2) 初步确定矿山生产能力；(3) 初步确定矿山总图布置及外部运输；(4) 初步确定开拓方式及装运设备类型；(5) 具体进行开拓运输布线；(6) 修订露天开采境界；(7) 编制采掘进度计划，验证生产能力；(8) 确定采剥设备数量及工艺参数；(9) 具体进行总图布置及外部运输。

在矿山设计中经常遇到许多技术决策问题，如开拓方案的选择、设备类型的确定、开采技术参数的选取等。解决这类技术决策问题的方法有如下几种：

(1) 类比法：根据类似条件的生产矿山，选取行之有效的方案或技术措施，如台阶高度、爆破参数等的选取，大多采用类比法。

(2) 方案法：方案法是确定设计方案时应用最广泛的一种方法。根据矿山的开采技术条件，拟定出若干技术上可行的方案。按技术上优越、经济上合理的准则，淘汰明显的不合理的方案，最后对剩余的方案进行详细的技术经济分析，选取最优方案。如开拓系统的确定、设备选型和厂址选择等重大技术决策，常常采用方案法。

(3) 优化方法：采用矿山系统工程的思想，运用运筹学、计算机模拟、现代优化设计理论等高新技术手段对设计进行优化。如露天开采境界圈定、设备配比、采掘进度计划编制和卡车调度等可采用这种方法。

11.2　矿山设计的前期工作

在正式开展设计以前，要编制项目建议书、开展可行性研究、制定设计任务书，这些工作都属于设计前期工作，与矿山设计关系密切，往往由设计单位拟定。

11.2.1　项目建议书

项目建议书是矿山建设立项的基础文件。项目建议书要根据国民经济和社会发展的长远规划，经过调查、预测和分析，说明矿山建设的必要性和可能性，供上级领导做出决策。通常，项目建议书应包括下述内容：

(1) 建设项目提出的必要性和依据；(2) 工程方案、建设规模和建设地点的初步设想；(3) 资源情况、建设条件、协作关系和国外引进的初步分析；(4) 投资预算和资金筹措设想；(5) 项目的进度安排；(6) 经济效益和社会效益的初步估计。

11.2.2　可行性研究

可行性研究的任务是对矿山建设项目在技术、经济上进行深入细致的调查研究、全面分析和多方案的比较，从而对拟建项目是否应该建设以及如何建设做出论证和评价，为项目投资决策以及编制设计任务书提供依据。可行性研究是矿山建设立项前具有决定性意义的工作，它是设计工作的起点，又是以后一系列设计工作的基础。

按照可行性研究的工作深度，可分为三个阶段，即机会研究、初步可行性研究及详细可行性研究，其中后两种研究是主要的。机会研究是针对矿山资源条件，通过市场需求和初步分析，判断该项目是否有深入研究的必要，一般是概略地做定性分析。初步可行性研究涉及市场、规模、选址、投资风险及效益等各个方面，并对多个设想方案进行分析筛选，提出较系统的设想方案，既要有定性分析又要进行定量分析。详细可行性研究需要对市场需求、产品选择、原料来源、生产规模、工艺技术、设备选择、人员组织、项目构成、建筑面积、地址选择、投资总额、建设周期、财务评价、风险分析、经济效益等多方面进行较准确的分析计算和论证，寻求在一定生产条件下成本最低、投资最小的方案。

一般情况下，露天矿山建设可行性研究包括总论、地质、采矿、矿山机械、选矿及尾矿设施、总图运输、公用辅助设施及土建、环保、劳动定员、成本、投资概算、经济评价等基本内容。

(1) 总论：总论是可行性研究概略性的全面介绍，是可行性研究在工作完成后的一个简单总结。总论包括项目提出的背景及依据、现状概况、项目的建设条件、建设方案、需求预测和拟建规模、经济效益存在的主要问题及建议等。

(2) 地质：包括矿区地质及矿床地质、矿床工业指标及矿石储量、地质勘探及取样分析、地质资源及勘探工作综合评价、存在的问题及建议。

(3) 采矿：包括露天开采境界、生产能力、开拓系统、采剥工作、生产进度计划、防排水、排土场等。

(4) 矿山机械：包括矿山运输、破碎、压气、通风、排水等机械设施。

(5) 选矿及尾矿设施：包括原矿性质及选矿试验、设计工艺流程及指标、生产能力及工作制度、主要设备选择、厂房布置、辅助设备、尾矿设施等。

(6) 总图运输：包括矿区总体布置，总平面布置和内、外部运输等。

(7) 公用辅助设施、土建工程及环保：包括给排水、电气自动化仪表及通信、机电汽设施、热工及暖风、土建工程及生活福利设施以及环境影响预测、安全与工业卫生、控制污染及生态变化的措施。

(8) 企业生产组织、劳动定员、项目实施计划、总投资估算、成本估算、经济评价。

(9) 采矿部分附表：基建工程量及基建生产进度计划表、主要设备表、劳动定员估算表、主要技术经济指标。

(10) 采矿部分附图：露天开采基建终了平面图、最终平面图、剖面图等。

11.2.3 设计任务书

所有新建、改建、扩建矿山项目都要根据国家和地区的发展规划和建设布局，由主管部门组织计划、设计单位编制设计任务书，任务书的各项意见主要依据可行性研究报告。

通常，露天矿设计任务书的内容包括：建设的目的与依据、建设规模、产品方案与开采工艺、矿产资源、地质条件、资源综合利用和环境保护（包括土地复垦）的要求及占用土地的估算、防空抗震等要求、建设工期、能源利用、投资控制数、劳动定员控制数、要求达到的经济效益和技术指标以及材料、燃料、动力、供水、运输等协作配合条件。

对于改扩建的露天矿还应包括原有的固定资产的利用程度和现有生产潜力发挥情况。自筹基建项目应注意资金、材料、设备的来源。

小型矿山设计任务书的内容可以适当简化。

11.3 矿山设计的内容

矿山设计一般采用两阶段设计，即初步设计和施工设计。

对于技术条件简单的小型矿山，可简化初步设计，把重点放在施工设计；如果开采技术条件极其复杂，可根据具体情况增加一项技术设计，采用三阶段设计，即初步设计、技术设计和施工设计。

11.3.1 初步设计

设计任务书批准后，主管部门便可委托设计单位按设计任务书开展初步设计。

初步设计是项目决策后的具体实施工作，也是设计工作的第一阶段，并作为施工准备的重要依据。初步设计对拟建矿山的主体到局部都做了基本规定，对各项设计方案及技术决定做系统、全面的论证和计算。

初步设计的深度应满足下述要求：(1) 能够指导施工设计；(2) 指导筹建矿山和征购土地；(3) 指导基建施工和企业生产的准备工作；(4) 控制基建投资和指导编制基建进度计划；(5) 提供设备材料的订货依据；(6) 提供培训人员的依据。

初步设计包括设计说明和图纸两部分。与可行性研究相类似，不过初步设计在内容上和深度上比可行性研究更深入细致，达到投资概算的深度。设计概算是控制矿山建设总投资的主要依据。

11.3.2 技术设计

当开采条件极为复杂的情况下，为了对某些重大技术问题进行更加深入的分析研究，需要采用技术设计。

技术设计内容一般和初步设计相类似，但对于重大技术方案要进行更全面深入的技术经济计算和综合评价，以满足方案确定、开展试验和设备制造等方面的需要。

11.3.3 施工设计

施工设计是根据已批准的初步设计，按照设计方案绘制施工图。施工图是组织和指导工程具体施工的最终依据。

在施工设计阶段，主要应完成以下工作：

(1) 对初步设计中的主要技术决定和项目进行复核、验算。

(2) 绘制建筑物、构筑物的结构详图及其附件图，并使建筑物和设备相适应。

(3) 编制施工图和安装图，如铁路站场的纵、横剖面图及装卸设备安装图。

(4) 完成总平面图的连接，即解决工业场地上建筑物、构筑物、道路、管线的布置与连接，使这些工程与地表控制点连接。

(5) 编制设计预算。

11.4 设计的基础资料及设计中的几个问题

11.4.1 设计的基础资料

通常，矿山设计应具备下述基础资料：

（1）地质勘探报告及附图：地质勘探资料是矿山设计最重要的基础资料。在着手设计之前，应对地质勘探工作深入分析，以便确定其可靠程度，对矿床勘探程度做出综合评价。地质勘探报告及附图应说明矿区地质、地层结构、矿床特征、地质构造、矿体产状、矿石成分及品位、矿岩物理力学性质、矿石工艺加工性质、水文地质资料、勘探方法、矿床工业指标及储量计算等，图纸比例通常是1∶1000~1∶2000。

（2）地形测绘资料：地表地形的比例一般为1∶1000~1∶2000，厂区的地形图可为1∶5000。

（3）工程地质资料：对荷重较大的建筑物、构筑物及露天矿边坡部分，需要有工程地质勘探资料。

（4）水源资料：矿山工业用水和生活用水等水源资料。

（5）气象资料：包括四季气温、年平均温度、负温值及负温天数、每月降水量、最高洪水位、主导风向及风速、土壤冻结厚度及地震等级等。

（6）矿区经济地理资料：如地区经济情况及工业发展远景，地区动力、燃料、材料和食品等供应条件及价格，地区人口及交通条件等。

（7）建筑材料资料：建筑材料的来源、种类、质量、数量及价格。

（8）设备资料及现状资料：对改建或扩建矿山必须提供矿山现状资料，如开拓系统、矿山设备现状、生产指标、材料消耗、设备及劳动生产率、建筑物和构筑物、总图布置等。

11.4.2 矿山设计中的几个相关问题

一个完整的矿山设计，除地质、采矿外，还包括选矿、总图、矿机、土建、电气、环保、技术经济等方面，它们对采矿部分的设计有很大影响，采矿设计人员应有足够的重视。

下面谈谈几个相关问题。

A 矿山建设的外部条件

矿山建设的外部条件是指矿区的外部运输、供电、供水及材料、燃料的供应，特别要做到路、水、电的“三通”。对于边远山区矿山建设往往是很困难的，有时尽管矿床地质条件很好，开采容易，然而由于外部条件不具备，矿山建设变得不合理。

矿区外部的运输通常用铁路或公路与附近的运输干线相连，这些外部运输线路往往是矿山专用线路，花费很高，因此设计前要论证外部运输的可能性。

矿区的外部供电是将高压电从附近的变电站传输进来，对于远离供电网的矿区或险峻山区，架设输电线路很困难，其费用不容忽视。

矿区的水源地通常是指附近的河流湖泊，敷设输水管线和水泵房也需要一笔相当大的开支，特别是在我国西北干旱地区，供水问题尤为突出。

矿山的材料和燃料，主要指三材（钢材、木材、水泥）和柴油，消耗量很大，其来源、种类、价格、运输费用等情况对设计有很重要的影响。

B　矿山总图运输

露天矿设计中的总图运输包括厂址选择、采场以外的运输及管线布置，其建设费约占矿山建设总投资的30%~50%。

厂址选择主要是指选矿厂、排土场、机修厂等工业场地布置。选矿厂和排土场是采场矿、岩运输的目的地，它们的位置对选择采场总出入沟口的位置以及矿山开拓系统有很大关系。总出入沟口的选择应以矿岩运输功最小为原则，并合理分配矿岩运输线路和运输量，同时兼顾线路敷设的要求，尽量做到地势平坦。

另外，采场外部运输是指排土场、选矿厂至总出入沟口之间的地面运输，其运输方式要与采场内运输方式配套。当外部运输方式和采场内不一致时，要合理安排转载站位置及转载设备。

总之，设计中的总图运输部分和采矿部分紧密相关，两者要统筹安排、相互协调。

C　矿山设备选择

选择采剥设备时，要注意设备之间的配套，包括类型、规格和数量上的配套。例如，大铲配大车，而且铲车数量也要合理。

选择设备时，还要重视辅助作业的设备，如道路维修、边坡及工作面清扫、炮孔装药填塞、大块破碎等设备，特别是对于采用大型设备的露天矿，辅助设备的功能对大型设备能力有很大影响。

D　矿山技术经济

矿山建设是一项投资大、收益慢、风险高的工程，其建设投资达数亿元，基建时间要3~4年，而且由于矿床开采技术条件的变化，往往使矿山不能达到预期的经济效益。为了做好矿山投资效果分析，设计中要求对各种影响因素做敏感性分析、盈亏平衡分析、企业投资效果分析及国民经济效益分析，充分考虑各种条件下矿山建设的经济效益。

动画-虚拟露天场景

12 境界圈定

本章课件　思维导图

金属矿床的开采有三种情况，一种是全部采用露采，一种是全部采用地采，还有一种是一部分采用露采，另一部分采用地采。本章只讨论适合露天开采的情况。

露天开采境界是指适合露采并划归给露采的矿床开采范围，是露天矿开采终了时达到的空间轮廓，由采场的地表境界、底部境界和四周帮坡组成。

合理确定露天开采境界实际上就是要寻找露天开采与地下开采的合理分界，是露天矿开采设计的一项重要任务，直接影响矿山生产能力、服务年限和企业的经济效益。

12.1 剥采比的概念

为了采出矿石，露天开采一般需要剥离一定数量的岩石。剥离的岩石量与采出的矿石量之比，即每采出 1 t 或 1 m^3 矿石所需剥离的岩石量称为剥采比，其单位有 m^3/m^3、t/t 和 m^3/t，设计中多用体积比，生产统计中多用重量比。

在设计中，常用不同含义的剥采比来反映不同开采空间与时间的剥采关系以及在经济上的合理性，如图 12-1 所示。

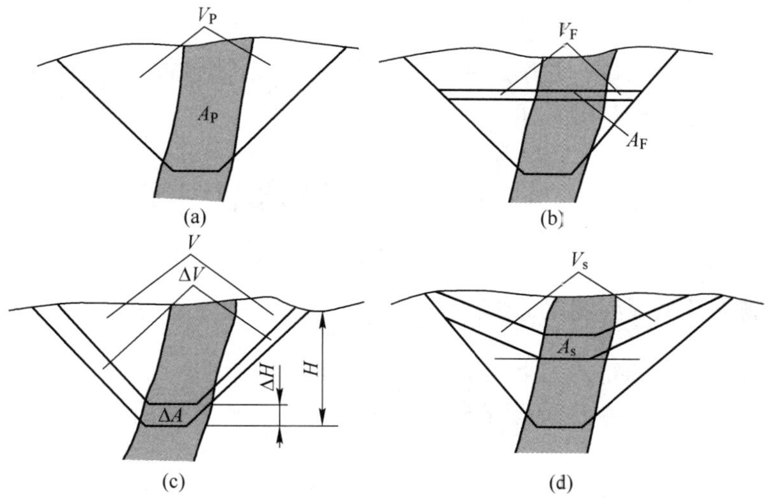

图 12-1　常用剥采比

（a）平均剥采；（b）分层剥采；（c）境界剥采；（d）生产剥采

A　平均剥采比（n_P）

如图 12-1（a）所示，平均剥采比是指露天开采境界内总的岩石量 V_P 与总的矿石量 A_P 之比，即 $n_P = V_P/A_P$。

平均剥采比反映了露天开采境界内总的矿岩比例，标志着露天矿总体的经济效益。在设计中常作为参照指标，用来衡量设计的质量。

B　分层剥采比（n_F）

如图 12-1（b）所示，分层剥采比是指露天开采境界内某一水平分层的岩石量 V_F 与矿石量 A_F 之比，即 $n_F = V_F / A_F$。

尽管露天矿极少采用单一水平生产，但是分层剥采比能反映某一水平或几个相邻水平的开采条件。

C　境界剥采比（n_J）

如图 12-1（c）所示，境界剥采比是指在境界设计中，露天开采境界每增大单位深度（ΔH）时，所引起的岩石增量（ΔV）与矿石增量（ΔA）之比，即 $n_J = \Delta V / \Delta A$。

境界剥采比一般随着深度增加而增加。

D　生产剥采比（n_s）

如图 12-1（d）所示，生产剥采比是指露天矿投产后，生产过程中某一些时期的剥离岩石量 V_s 与采出矿量 A_s 之比，即 $n_s = V_s / A_s$。

生产剥采比在矿山生产与设计中经常应用，一般按年、季、月来计算。

E　经济合理剥采比（n_{JH}）

经济合理剥采比是指经济上允许的最大剥岩量与采矿量之比，主要是根据经济因素确定的，是确定露天开采境界的主要依据，其大小直接影响到是否适合采用露采或露采与地采所占的比例。经济合理剥采比没有具体的几何意义，不表示露天开采境界内某一具体空间或时间的岩石量与矿石量之比。

除经济合理剥采比外，各种剥采比的计算都是以采出矿石量和剥离岩石量为基础的。在矿山生产统计中，采出矿石常用原矿计算；在设计中，常按储量计算。因此，计算剥采比时又分原矿剥采比和储量剥采比。

12.2　确定露天开采境界的原则

12.2.1　影响露天开采境界圈定的因素

影响露天开采境界圈定的因素较多，主要有以下几方面：

（1）自然因素：包括矿床埋藏条件，如矿体产状、矿岩性质、地质、地形和矿石品位等。

（2）技术组织因素：包括露天和地下开采的技术水平、装备水平、矿山附近的铁路、主要建筑物、构筑物等。

（3）经济因素：包括基建投资、基建时间、达产时间、矿石的开采成本和售价、矿石开采的损失贫化以及国民经济发展水平等。

对于不同矿床条件，这些因素的影响程度是不同的。其中，经济因素十分重要，通常用某种剥采比与经济合理剥采比相比较来确定开采境界。但经济因素并不是唯一的，用经济合理剥采比初步确定开采境界后，尚需考虑自然因素、技术组织因素等方面对开采境界的影响，进行综合分析后确定境界。

12.2.2 合理的开采境界应具备的条件

合理的开采境界应能保证以下条件：

（1）生产成本一般不应超过地下开采成本或允许成本。

（2）在经济因素允许范围内，尽可能使开采境界内获得的矿石储量最大，以充分利用矿产资源。

（3）露天矿基建投资不应超过允许投资。

（4）保证生产安全。

12.2.3 确定露天境界的原则

露天境界一般采用某种剥采比不大于经济合理剥采比的原则进行圈定。

A 境界剥采比不大于经济合理剥采比，即 $n_J \leqslant n_{JH}$

该原则是针对临近露天境界的那层矿岩而言的，要求在露天境界边界层矿石的露采费用不高于地采费用，具有使整个矿床开采的总经济效益最佳的含意。该原则使用简单方便，国内外都普遍运用。

但是，按 $n_J \leqslant n_{JH}$ 确定的露天开采境界不能直接控制露天矿投资和生产成本（生产剥采比）。另外，如图 12-2 所示，对某些不连续矿床或覆盖层很厚的矿床应用该原则确定境界时，其境界剥采比可能符合要求，但初期剥采比将会超过允许值。对于这类矿床，不能单独用 $n_J \leqslant n_{JH}$ 原则确定开采境界，需采用其他原则进行补充。

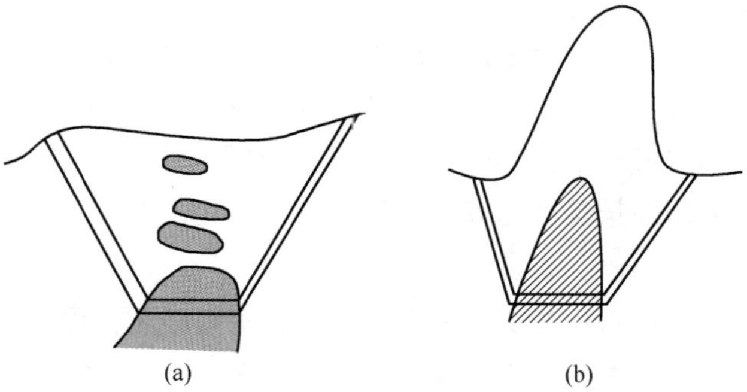

图 12-2 不适宜用 $n_J \leqslant n_{JH}$ 原则的矿床
（a）不连续矿床、覆盖层很厚的矿床；
（b）上部覆盖层为高耸山峰的矿床

B 平均剥采比不大于经济合理剥采比，即 $n_P \leqslant n_{JH}$

该原则认为用露天开采境界内全部储量的总费用不高于用地下开采该部分储量的总费用。由于采用算术平均，露天开采某个时期经济效益可以劣于地采，但总体平均不劣于地采即可，与第一原则比较，扩大了露天境界。该原则适用于某些贵重的有色、稀有金属矿，通过该原则扩大开采境界，尽量采用露采，起到减少资源损失的作用。

但露天境界过大，使矿床开采的总费用不能达到最小，并且可能引起基建剥离量大，投资多，基建时间长。

该原则一般作为 $n_J \leqslant n_{JH}$ 原则的补充。对于某些覆盖层很厚或不连续的矿体，当采用 $n_J \leqslant n_{JH}$ 原则确定出境界后，还要核算境界内的平均剥采比。另外，当采用 $n_J \leqslant n_{JH}$ 原则确定境界后，境界外余下的矿量不多，用地下开采这部分矿石经济效益较差时，应考虑扩大开采境界，将余下的矿量用露天开采，此时也需要验算平均剥采比。

C 生产剥采比不大于经济合理剥采比，即 $n_s \leqslant n_{JH}$

该原则认为露天矿任一时期按正常工作帮坡角进行生产时，其生产成本不超过地下开采成本或允许成本。它反映了露天开采的生产剥采比的变化规律，保证各个开采时期的生产剥采比不超过允许值。确定的露天境界一般比 $n_P \leqslant n_{JH}$ 原则小，但比 $n_J \leqslant n_{JH}$ 原则大。

该原则没有考虑整个矿床开采的总经济效益。另外，对同一矿床，由于开拓方式和开采程序不同，最大生产剥采比出现的时间、地点、数值及其变化规律不同，这对开采深度影响很大，也给开采境界的确定带来一定困难。因此，设计中一般不采用该原则。

12.3 经济合理剥采比的确定

从确定露天境界的原则可以看出，露天境界的确定一般是采用某种剥采比小于经济合理剥采比来确定的，因此，首先需要确定经济合理剥采比。

经济合理剥采比的计算方法有比较法与价格法两种，通常取两种方法计算的低值。

12.3.1 比较法

比较法是用露采和地采相比较，并使露采的经济效益不劣于地采。

按比较的内容不同，比较法又分为原矿成本比较法、精矿（或金属）成本比较法和储量盈利比较法。

一般来说，多采用原矿成本比较法。当露采和地采的贫化率相差较大时，则以精矿或冶炼出的金属量为基础，用精矿（或金属）成本比较法计算经济合理剥采比。对于开采价格昂贵或资源稀缺的金属矿床，以开采相同矿石储量露采和地采获得的盈利相等做比较，采用储量盈利比较法计算。

12.3.1.1 原矿成本比较法

原矿成本比较法的成本只计算到矿石产品，以开采获得 1 m^3 原矿为前提，开采单位矿石露采成本不大于地采成本为计算依据，公式推导如下：

$$\begin{cases} C_L = \gamma a + nb \\ C_L \leqslant \gamma C_D \end{cases} \Longrightarrow \gamma a + nb \leqslant \gamma C_D \Longrightarrow n \leqslant (C_D - a)\gamma/b$$

这样求得的剥采比 n 就是我们要求的经济合理剥采比 n_{JH}（m^3/m^3），即：

$$n_{JH} = (C_D - a)\ \gamma/b \tag{12-1}$$

式中，C_L 为露采矿石成本，元/ m^3；C_D 为地采矿石成本，元/t；a 为露天开采采矿费用，元/t；b 为露天开采剥离费用，元/ m^3；γ 为矿石体重，t/m^3。

12.3.1.2 精矿成本比较法

精矿成本比较法的成本计算到精矿产品，以开采获得 1 t 精矿为前提，露采的总成本不大于地采的总成本为计算依据，剥采比（m^3/m^3）即：

$$n_{JH} = \frac{c_D - a_L}{T_L b}\gamma \tag{12-2}$$

式中，c_D 为地下开采获得 1 t 精矿的采、选费用，元/t，$c_D = (C_D + f_D) T_D$；a_L 为露天开采获得精矿的采、选费用，元/t，$a_L = (a + f_L) T_L$；T_L、T_D 分别为露采和地采 1 t 精矿需要的原矿量，t/t；f_L、f_D 分别为露采和地采 1 t 原矿的选矿费用，元/t；a、b、C_D、γ 符号意义同前。

12.3.1.3 储量盈利比较法

储量盈利比较法以露采和地采方法开采相同矿石储量获得的盈利相等为计算基础。

A 单一有用成分矿床

（1）产品为原矿时，剥采比（m^3/m^3）为：

$$n_{JH}=\frac{\eta'_L(B_L-a)-\eta'_D(B_D-c)}{b}\gamma \tag{12-3}$$

式中，η'_L、η'_D分别为露采和地采视在回采率，%；B_L、B_D 分别为露采和地采的原矿价格，元/t。

（2）产品为精矿时，剥采比（m^3/m^3）为：

$$n_{JH}=\frac{\gamma}{b}(\mu_L-\mu_D) \tag{12-4}$$

$$\mu_L=\frac{a_0\eta_L\varepsilon_L}{B_L}A_L-\frac{\eta_L}{1-\rho_L}(a+f_L)$$

$$\mu_D=\frac{a_0\eta_D\varepsilon_D}{B_D}A_D-\frac{\eta_D}{1-\rho_D}(c+f_D) \tag{12-5}$$

式中，μ_L、μ_D 分别为露采和地采单位工业储量加工成最终产品获得的盈利，元/t；a_0 为矿石地质品位,%；η_L、η_D 分别为露采和地采的矿石实际回采率，%；ε_L、ε_D 分别为露采和地采的选矿回采率,%；A_L、A_D 分别为露采和地采的精矿价格，元/t。

式（12-3）、式（12-4）的含义是将露天开采单位工业储量的盈利超过地下开采单位工业矿量盈利的数额全部用于剥岩，其允许的剥岩量，即经济合理剥采比。

B 多种有用成分矿床

对于多种有用成分矿床，计算方法有两种：一种是每种成分逐个计算；另一种是把所有成分折合成一种主要成分来计算。

a 逐个计算法

设围岩品位为零，剥采比（m^3/m^3）为：

$$n_{JH}=\frac{\gamma}{b}[(\eta_L-\eta_D]\sum_{i=1}^{n}a_{0j}\varepsilon_j p_i+(\eta'_D D_D-\eta'_L D_L) \tag{12-6}$$

式中，η_L、η_D 分别为露采和地采的实际回采率,%；η'_L、η'_D分别为露采和地采视在回采率,%；D_L、D_D 分别为露采和地采的每吨原矿采、选加工费，元/t；a_{0j}为矿石地质品位,%；b 为露天开采剥离费用，元/；p_i 为某种精矿中含有用成分（如金属）1 t 的价格，元/t；n 表示有用成分序号的上限；i 表示有用成分序号的下限；ε_j 为选矿回收率,%。

b 折合法

综合开采多种有用成分矿床时，以一种有用成分为主，其他矿物为顺便采出。计算经济合理剥采比时，应在露采和地采收益中分别加上顺便采出矿物的收益。该方法的剥采比（m^3/m^3）为：

$$n_{JH}=\frac{[\eta'_L(A_L-a_L)-\eta'_D(A_D-C_D)]\gamma}{T_L b}+\sum_{i=1}^{n}\frac{[K_{LSi}(A_{LSi}-f_{LSi})-K_{DSj}(A_{DSj}-f_{DSj})]\gamma}{T_L b} \tag{12-7}$$

式中，K_{LSi}、K_{DSj}分别为露天和地下开采 1 t 最终产品（主矿分物）时顺便采出有用成分回收量；A_{LSi}、A_{DSj}分别为露天和地下开采顺便采出的有用成分的最终产品价格，元/t；f_{LSi}、f_{DSj}分别为露天和地下顺便采出的有用成分的选矿费用，元/t；C_D 为地下开采获得 1 t 精矿的采选费用，元/t；A_L、A_D 分别为露天和地下开采的精矿价格，元/t。

12.3.2　价格法

价格法以露天开采单位产品的全部成本等于该类产品的价格为计算基础，计算时还可考虑一定的利润指标。

假设产品为精矿，经济合理剥采比（m^3/m^3）计算如下：

$$n_{JH} = (A_L - a_L - e_1)\gamma/(T_L b) \tag{12-8}$$

式中，A_L 为露天开采时精矿价格，元/t；T_L 为露天开采一吨精矿需要的原矿量，t/t；e_1 为利润指标，元/t；其他符号同前。

12.3.3　各种计算方法的评价

12.3.3.1　成本比较法

A　原矿成本比较法

需要的基础数据较少，计算简单，应用方便；但没有考虑露天开采和地下开采在矿石损失和废石混入方面的差别。常在露采和地采矿石损失和废石混入率相差不大、矿石不贵重时使用。

B　精矿成本比较法

考虑了两种开采方法因废石混入率不同、采出矿石质量差别对企业经济收益的影响，但未考虑两种开采方法因矿石回采率不同而影响矿产资源利用的差别。

两种开采方法的废石混入率相差较大，损失率接近，且精矿成本低于市场售价时使用。

C　盈利比较法

综合考虑了露天和地下两种开采方法对矿产资源的利用程度、产品的数量和质量等因素的差别；但需要的基础数据较多，计算较烦琐，受产品价格影响。

盈利比较法较全面地考虑了露天开采和地下开采之间技术经济因素的差别，对露天开采和地下开采均有盈利的富矿床，两种开采方法的回采率和废石混入率相差较大时，应使用本法计算经济合理剥采比。

12.3.3.2　价格法

价格法的特点是计算所得的经济合理剥采比与矿产品的销售价格紧密连在一起。

该方法适用于：某些价值较低的矿床，如石灰矿、白云石矿、硅石矿、油页岩、劣质煤、贫金属矿床等；某些由于技术条件不宜用地下矿床而只能用露天开采的矿床，如砂矿、含硫较高易自燃的矿床等。

用盈利比较法和价格法计算经济合理剥采比，其值大小受产品价格影响是明显的。

12.4　境界圈定的方法

微课-境界圈定的方法

采场底部周界、最终帮坡和开采深度是境界的三要素，境界圈定工作是在空间上确定露天开采的范围，在内容上确定境界这三个要素。

12.4.1 最小底宽的确定

露天矿最小底宽应满足采装、运输的要求，保证矿山工程正常发展。

（1）对于铁路运输的矿山，露天矿的最小底宽，如图 12-3 所示。

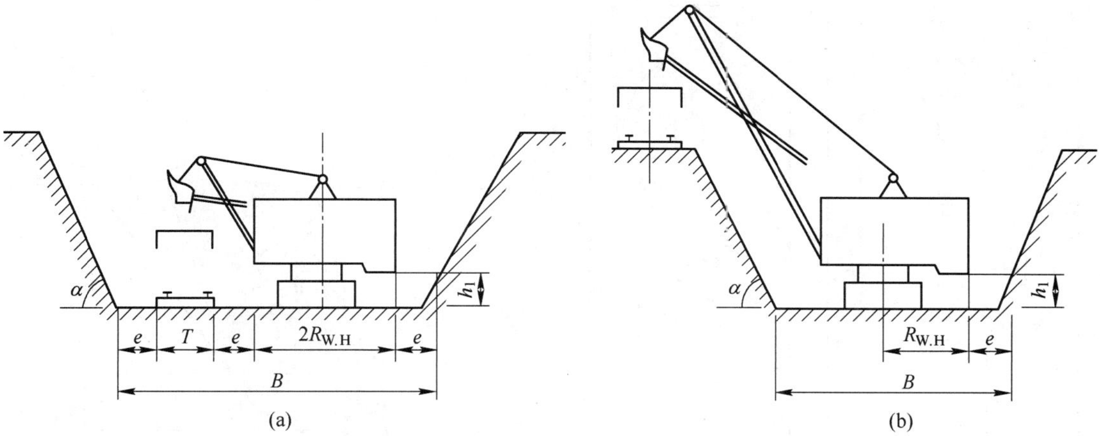

图 12-3 铁路运输最小底宽的计算

（a）平装车；（b）上装车

1）平装车：

$$B_{min} = 2R_{W.H} + T + 3e - h_1\cot\alpha \tag{12-9}$$

式中，B_{min}为露天矿最小底宽，m；$R_{W.H}$为挖掘机体回转半径，m；T 为铁路线宽度，m；e 为挖掘机体、边坡及车辆三者间的安全距离，取 1.0～1.5m；h_1 为挖掘机体底盘高度，m；α 为露天矿最下一个台阶的坡面角。

2）上装车：

$$B_{min} = 2(R_{W.H} + e - h_1\cot\alpha) \tag{12-10}$$

式中，e 为挖掘机体至边坡间的安全距离，取 1.0～1.5 m。

（2）当采用汽车运输时，底宽应满足汽车调车要求，如图 12-4 所示。

1）若采用回返式调车，则：

$$B_{min} = 2(R_{cmin} + 0.5b_c + e) \tag{12-11}$$

2）若采用折返式调车，则：

$$B_{min} = R_{cmin} + 0.5b_c + 2e + 0.5l_c \tag{12-12}$$

式中，$R_{c.min}$为汽车最小转弯半径，m；b_c 为汽车宽度，m；e 为汽车距边坡的安全距离，m；l_c 为汽车长度，m。

在确定露天境界底时，若矿体厚度小于最小底宽，则底平面按最小底宽绘制；若矿体厚度比最小底宽大得不多，底平面可用矿体厚度为界；若矿体厚度远大于最小底宽时，常按最小底宽作图，但露天境界底位置不易确定，需要考虑：（1）使境界内的可采矿量最大而剥岩量最小；（2）使可采矿量最可靠，露天矿底宜置于矿体中间，以避免地质作图误差所造成的影响；（3）根据矿石品位分布，使采出的矿石质量最高；（4）根据矿岩的物理力学性质调整露天矿底的位置，使边坡稳固且穿爆方便。总的原则是“多采矿、采好矿、少剥岩”。

矿体厚度远大于最小底宽的情况下，也可以先按矿体厚度作图，然后继续向下无剥离地采矿，直至最小底宽为止，如图 12-5 所示。

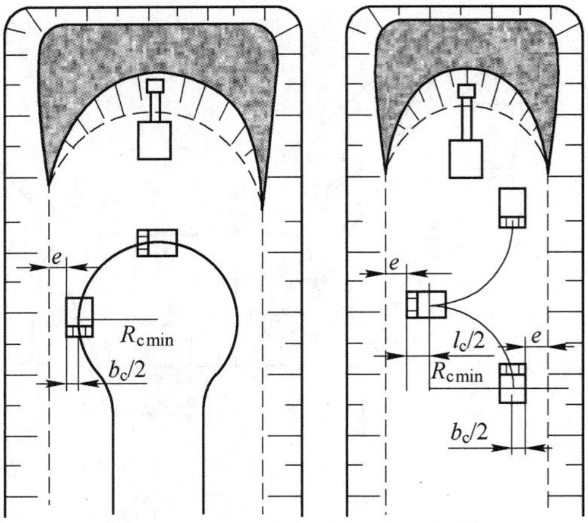

(a)　　(b)

图 12-4　汽车运输最小底宽的计算

（a）回返式；（b）折返式

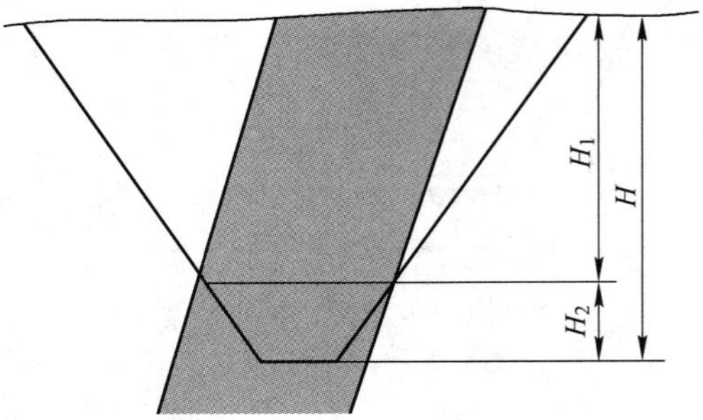

图 12-5　厚矿体的无剥离开采

H_1—最初确定开采深度；

H_2—无剥离开采的深度；

H—最终的露天开采深度

12.4.2　最终边坡角的确定

12.4.2.1　露天矿最终边帮从两方面来考虑

A　按边坡稳定来确定

多采用类比法，即参照类似矿山的实际资料选取。对工程地质条件复杂的矿山，由研究部门通过系统的工程地质调查后，按组成边帮的矿岩物理性质、地质构造、水文地质等因素用计算方法确定。

B　按最终边帮组成来确定

如图 12-6 所示，设露天矿深度为 H，最终边坡角为 β，台阶高度为 h，台阶坡面角为 α，最终平台上需布置安全平台、清扫平台和运输平台。

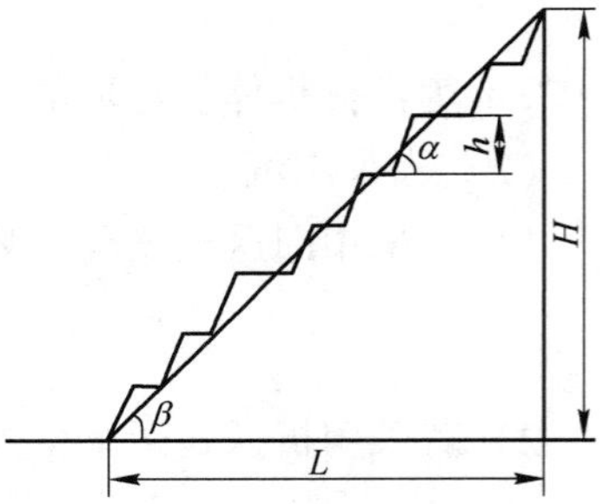

图 12-6　最终边帮组成

最终帮坡角 β 计算：

$$\cot\beta = L/H$$

$$H = nh$$

$$L = nh\cot\alpha + \Sigma l_{安} + \Sigma l_{清} + \Sigma l_{运} \tag{12-13}$$

式中，$l_{安}$、$l_{清}$、$l_{运}$分别为安全平台、清扫平台和运输平台宽度，m；n 为最终帮台阶数；L 为最终帮在剖面上水平投影总宽度，m。

一般三个台阶组成一个单元，每隔两个安全平台设置一个清扫平台（当最终边帮实行并段时，可不留安全平台）。安全平台宽度一般不小于2~3 m，清扫平台宽度根据清扫运输方式确定。

12.4.2.2 缓倾斜矿体的最终边坡角

对缓倾斜矿体，若边坡角大于矿体倾角，则最终边坡角应按矿体倾角计，即边坡沿矿体下盘布置，以便充分采出下盘矿石，如图12-7所示。

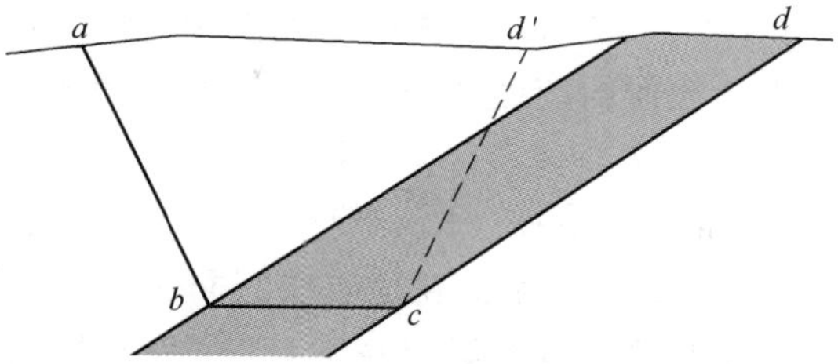

图12-7 缓倾斜矿体下盘的边坡角

一般来说，按边坡稳定确定的边坡角比按边帮组成（尤其是有运输平台的边帮）确定的大。最终边坡角的大小对露天矿剥离量影响较大，选择时在保证露天矿安全的前提下，最终边坡角尽可能大些，以减少剥离量。

12.4.3 开采深度的确定

开采深度是根据某种剥采比小于或等于经济合理剥采比来确定的，$n_J \leqslant n_{JH}$原则采用最为广泛，这里只介绍以$n_J \leqslant n_{JH}$原则确定开采深度的方法。

12.4.3.1 境界剥采比的计算方法

根据矿体埋藏条件，境界剥采比的计算可分为长露天矿和短露天矿两种情况进行。

A 长露天矿的境界剥采比计算方法

对走向长度大的倾斜、缓倾斜矿床，一般按地质横剖面图计算境界剥采比。计算方法有面积比法和线比法，其中线比法比较简单。

a 线比法

对于倾斜矿床，如图12-8所示，境界剥采比的求法为：

(1) 在地质横剖面图上作通过境界深度H和$H\text{-}\Delta h$的水平线，通常取Δh等于台阶高度。

(2) 按照选取的最终边坡角和露天底宽，绘出境界深度H和$H\text{-}\Delta h$的底（BC、$B'C'$）以及顶底盘边坡线（AB、CD）。

(3) 矿山工程由C'降到C。连接开采深度为H和$H\text{-}h$的坡底线$C'C$作为方向线。

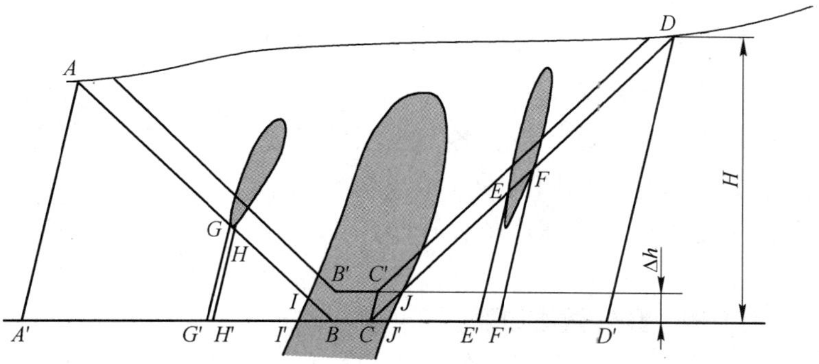

图12-8 线比法求境界剥采比

（4）通过地表境界点 A、D 和边坡线与矿体交点 E、F、G、H、I、J，分别作 $C'C$ 的平行线与深度为 H 的水平线相交于 A'，D'，E'、F'、G'、H'、I'、J'。

（5）计算境界剥采比 n_J

$$n_J = (A'G' + H'I' + J'E' + F'D')/(G'H' + I'J' + E'F') \tag{12-14}$$

对于缓倾斜或近水平矿体，如图 12-9 所示，境界剥采比的求法可简化为：

$$n_J = AB/BC \tag{12-15}$$

b　面积比法

如图 12-10 所示，在地质横剖面图上作通过境界深度 H 和 $H\text{-}\Delta h$ 的水平线，常取 Δh 等于台阶高度。按照确定的露天矿底宽和顶底盘边坡角，绘出开采境界线，量出矿岩面积增量 ΔS、ΔS_1 和 ΔS_2，计算境界剥采比：

$$n_J = (\Delta S_1 + \Delta S_2)/\Delta S \tag{12-16}$$

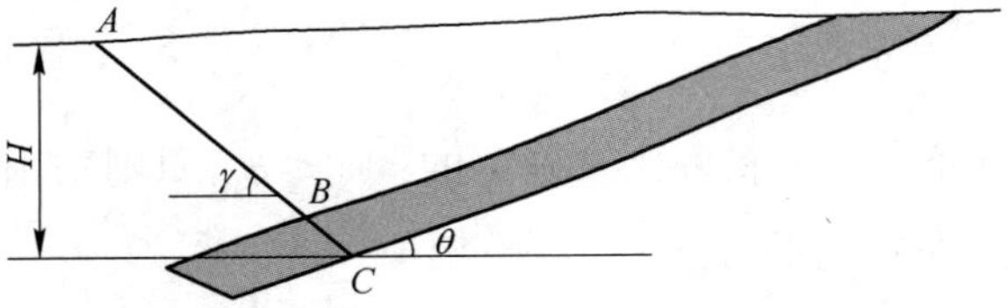

图 12-9　线段比法求缓倾斜矿体的境界剥采比

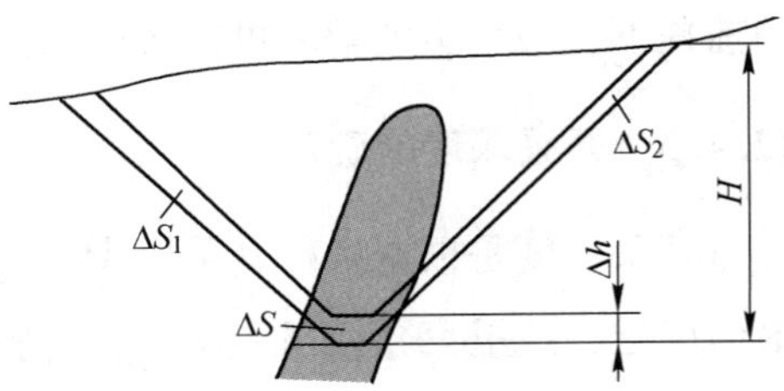

图 12-10　面积比法求境界剥采

B　短露天矿的境界剥采比计算方法

走向长度短、深度大的露天矿，端帮剥离量占比重较大，用地质横剖面图不能正确确定矿床境界剥采比，可应用平面图法确定，其步骤如下：

图 12-11 中 Ⅰ—Ⅰ 横断面图上 $abcd$ 表示露天开采境界，顶帮边坡线交分支矿体于 e、f。在深度为 H 的分层平面图 $O—O'$ 上，绘有露天矿底平面周界 $bb'cc'$。为了求境界剥采比，将露天矿地表周界垂直投影到平面图 $O\text{-}O'$ 上，得 $aa'dd'$；再将边坡面与分支矿体的交面 ef 也投影下来，得 $ee'ff'$。分别求算 $aa'dd'$、$bb'cc'$ 及 $ee'ff'$ 三部分的面积 S_1、S_2、S_3，然后用面积比法计算境界剥采比，即：

$$n_J = (S_1 - S_2 - S_3)/(S_2 + S_3) \tag{12-17}$$

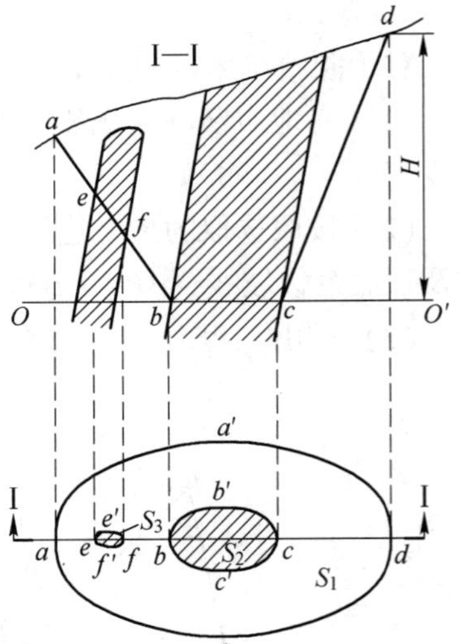

图 12-11　求 n_J 的平面图法

12.4.3.2　开采深度的确定

先拟设几个不同的开采深度，计算各开采深度的境界剥采比，作出深度-剥采比的回归曲线，求出境界剥采比等于经济合理剥采比时对应的深度值，这个深度值就是理论开采深度。

以 $n_J \leqslant n_{JH}$ 原则为例，具体做法如下：

（1）在某横断面图上，根据已确定的最终边坡角和最小底宽，做出若干个不同深度的开采境界方案，如图 12-12 所示。当矿体埋藏条件简单时，开采深度方案可取少些；当矿体埋藏条件复杂时，深度方案应多取些，并且必须包括 n_J 有明显变化的深度。

当断面与采场走向斜交时，图上的边坡角应该用伪边坡角，如图 12-13 所示。伪边坡角换算公式为：

$$\tan\beta' = \tan\beta\cos\delta \tag{12-18}$$

式中，β'为斜交断面图上的伪边坡角；β 为选定的实际边坡角；δ 为正交横断面与斜交断面在平面上的夹角。

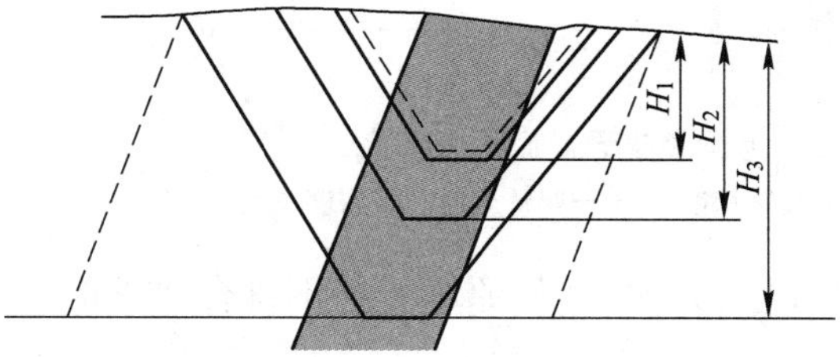

图 12-12　长露天矿开采深度确定

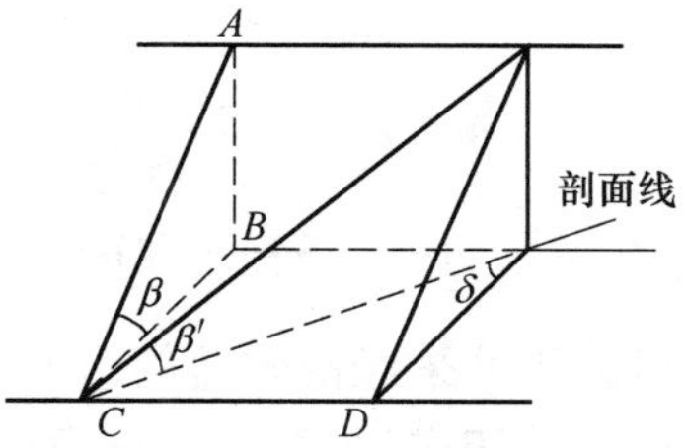

图 12-13　伪边坡角计算

（2）计算各深度的境界剥采比。

（3）将各方案的境界剥采比与开采深度绘成 n-H 关系曲线，再绘出代表经济合理剥采比的水平线，两线交点的横坐标 H_J，就是该断面上的理论开采深度，如图 12-14 所示。

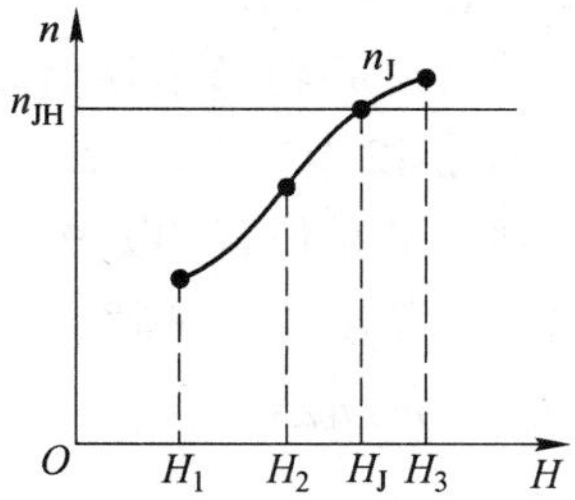

图 12-14　境界剥采比与深度的关系

12.4.4　底部周界的确定

长露天和短露天底部周界的确定在空间控制方法有些差异，但原理相同，这里只以长露天为例进行叙述。

长露天矿走向很长，有时变化比较大，要在空间上完全控制住境界，必须在各个地质横剖面图分别求理论开采深度，然后放在纵断面上进行整体调整，确定最终深度，并圈定底部合理周界，步骤如下：

（1）确定各横断面的理论开采深度：按第 12.4.3.2 节的方法在各横断面图上初步确定理论开采深度。

（2）确定最终开采深度：在地质纵断面图上调整露天底标高。在各地质横断面图上标上初步确定的理论开采深度，由于各断面上矿体埋藏条件、矿体厚度和地形都不同，所得的深度也大小不齐。连接各深度点得出一条不规则的深度折线，如图 12-15 中的虚线。为了有利于开采和布置运输线路，露天底应调整成同一标高。当矿体埋藏深度沿走向相差较大，而且深部长度又能满足开拓运输布线要求时，露天底可调整成梯段形，即多个底。

调整露天底的原则是使境界内的平均剥采比最小，具体方法是尽量少圈岩石多圈矿石，并使圈出与圈入的矿石工业储量或金属量基本相等，必要时还要在有关的横断面进行分析和验算。图 12-15 中的粗实线便是调整后的开采深度。

（3）圈定露天矿底平面周界：

1）各横剖面的底部周界位置的确定。按调整后的开采深度，在露天底平面图上各剖面线上确定底部位置，每个剖面一般得到两个点。

2）确定端帮位置。实质是在走向上确定露天开采境界，以便减少露天矿两个端帮岩

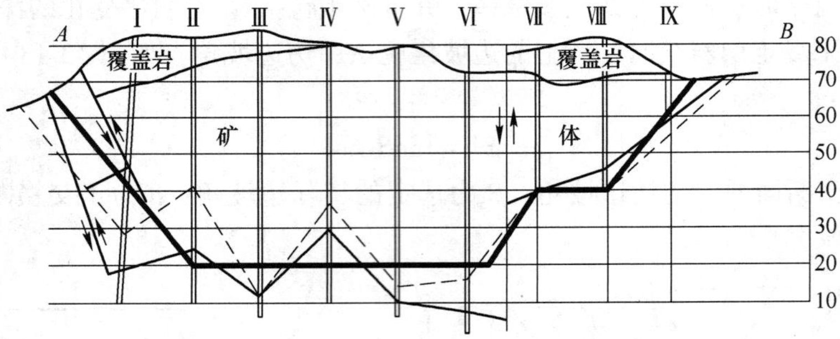

图 12-15 在地质纵断面图上调整露天矿底平面标高

——矿体界线；- - -调整前的开采深度；——调整后的开采深度

石量对露天开采经济效益的影响。也就是按端帮 $n_J \leqslant n_{JH}$ 的原则，把不符合要求的少量端部矿体及其相应的大量端部岩石圈出开采境界。

图 12-16（a）为纵断面图，k 为矿体走向末端位置，b 为能满足上述原则要求的端帮坡面位置，L_y 为圈出的端部矿体长。

端帮境界剥采比等于端帮在垂直面 $A—A$ 上的岩石投影面积 S_V 与矿石投影面积 S_A 之比，如图 12-16（b）所示。

确定端帮位置的方法，可用方案法。选定若干个端帮位置方案，如图 a、$b\cdots$，分别求出其端帮境界剥采比，绘出 n_J 曲线与 n_{JH} 水平线，两线交点即为所求的端帮位置，如图 12-16（c）所示。

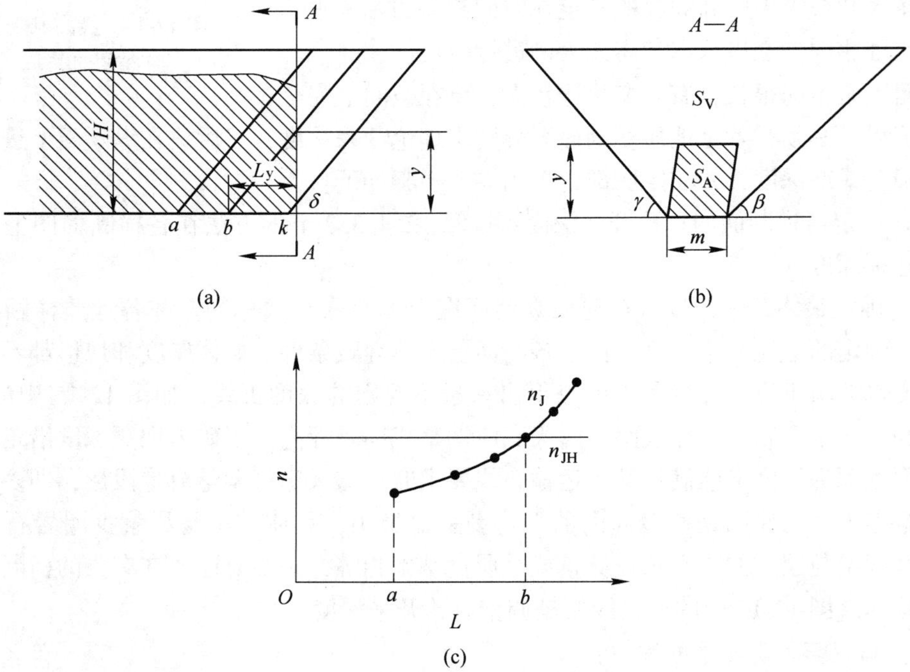

图 12-16 端帮位置确定

对于极长的矿体沿走向圈定开采境界时，则不必去掉矿体两个端部的圈出长度，可直接由矿体端部圈定。在这种情况下，端帮内的矿岩量不会超过全部矿岩的计算误差。

将确定的端部点位置投影到底部平面图上，即底部周界在端部的位置。

3）连成底部周界。将1）、2）得到的点连成一条圆滑的线，这条线即底部周界。底部周界要平直，弯曲部分要满足运输线路曲线半径要求；底部长度要满足设置运输线路的需要，如图12-17所示。

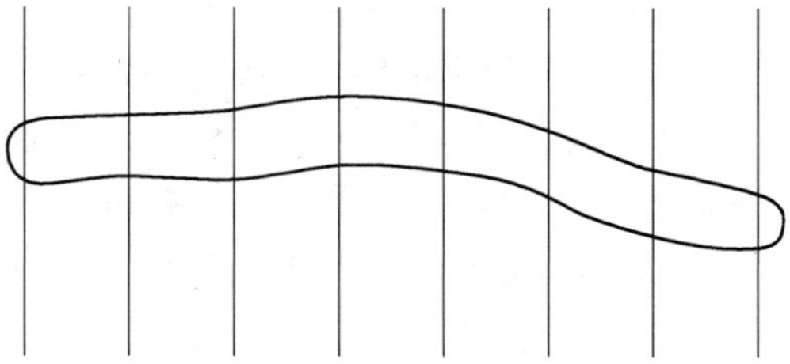

图12-17 露天矿底部周界的确定

12.4.5 露天矿开采终了平面图的绘制

绘制露天矿开采终了平面图的过程比较复杂，先确定选矿厂、排土场位置，再选择总出入沟口数量和位置以及坑线布置形式，通过设备选型初步确定的运输车型，才能确定出入沟的宽度和坡度，有了这些，才可以进行终了平面图的绘制。

12.4.5.1 用扩圈法确定初始境界

初始境界不需要布置出入沟。扩圈法确定初始境界的步骤如下：

(1) 在地形平面图上绘制设计的底部周界，最好是在CAD软件用图层管理对各种线进行管理，通过图层管理关闭和打开，对各种线进行操作。

(2) 由作为境界最低台阶的坡底线的底部周界开始，按台阶坡面角外扩一圈，得到境界最低台阶的坡顶线，完成最低台阶的坡顶线和坡底线的绘制。

(3) 按每两个安全平台布置一个清扫平台的要求，一个台阶一个台阶地外扩，直到地表，得到初始境界所有台阶的位置。

12.4.5.2 用破圈法初步确定最低台阶出入沟位置

用破圈法初步确定最低台阶出入沟位置的方法为：

(1) 确定选矿厂、排土场位置，再选择开拓方法，确定总出入沟口数量和位置。

(2) 在第12.4.5.1节确定好的初始境界上布置总出入沟口。

(3) 根据布置坑线的实际展线条件，灵活采用直进式、折（回）返式、螺旋式等方式，在初始境界从总出入沟口开始，从上往下将每个台阶破开，布置各台阶的出入沟，即破圈法，直到最低台阶，得到最低台阶出入沟位置。实际上，这个过程也确定了境界内坑线的布置形式。

值得注意的是：这个过程不需要太严格，只是根据坑线的展线情况，粗略地得到最低台阶出入沟位置。由于布置坑线时未考虑转弯半径、纵坡、缓和曲线等太严格的道路设计要求，因此需要将最低台阶出入沟位置适当延长偏移一段距离。

在境界上布置运输通道，会使整个边坡变缓，使原设计的境界底偏移，因此，从总出入沟口由上往下逐个台阶布置运输道路，得到最终境界是不现实的。

12.4.5.3 用扩圈法确定最终境界平面图

通过第12.4.5.2节确定了最低台阶出入沟位置和境界内坑线的布置形式后，需要从境界底部周界按照其出入沟位置重新确定以上每个台阶的位置，该过程采用扩圈法绘制。

扩圈法确定最终境界步骤与第12.4.5.1节方法相近，只是多了一个布置各台阶出入沟（斜坡道）的环节，同时需要考虑转弯半径、缓和段等道路设计要求。

扩圈法确定最终境界的步骤如下：

(1) 在地形平面图上绘制设计的底部周界和底部出入沟（斜坡道）位置。

(2) 按最终边坡组成要素（台阶高、坡角、平台宽）和开拓系统的要求布置开拓运输线路，还需要考虑防排水工程（如台阶上水沟的布置），每两个安全平台布置一个清扫平台，一个台阶一个台阶由内而外（标高是由下而上）依次绘出各台阶坡底、坡顶线、台阶坡面和平台。绘制时，要注意斜坡道和各台阶的连接，如图 12-18 所示。处在地表以上的台阶坡底线不能闭合，要使其末端与相同标高的地形等高线密接。

(3) 检查、修正上述露天境界。绘制完露天矿开采终了平面图后，以此平面图为准，修正各横断面的境界，使平面图与断面图一致。个别情况下，当布置开拓运输线路后边坡变化较大时，应检查最终境界的合理性，即境界剥采比或平均剥采比是否超过经济合理剥采比，并修正。

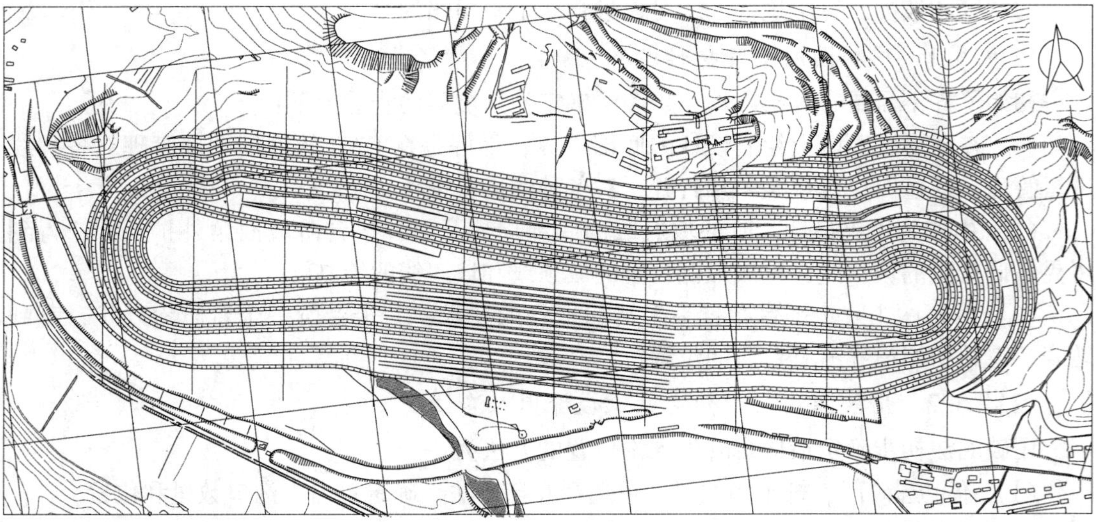

图 12-18 某露天矿终了境界图

13 矿山开拓

本章课件　思维导图

矿山开拓包括：建立从地表至工作水平的运输通道以及采场与受矿站、排土场和工业场地的运输联系，并及时准备出新的工作水平。

如果露天矿同时以山坡和凹陷形式存在，应分为上部开拓和深部开拓。

露天矿开拓的分类通常以运输方式为主，并结合开拓坑道的具体特征来划分，可以分为单一开拓和联合开拓两大类。

单一开拓主要有铁路和公路开拓两种形式，联合开拓可以由铁路与汽车联合，还可以由铁路、汽车与胶带、提升、平硐、溜井等相联合形成多种形式的开拓方式。图 13-1 所示为铁汽联合开拓方式。

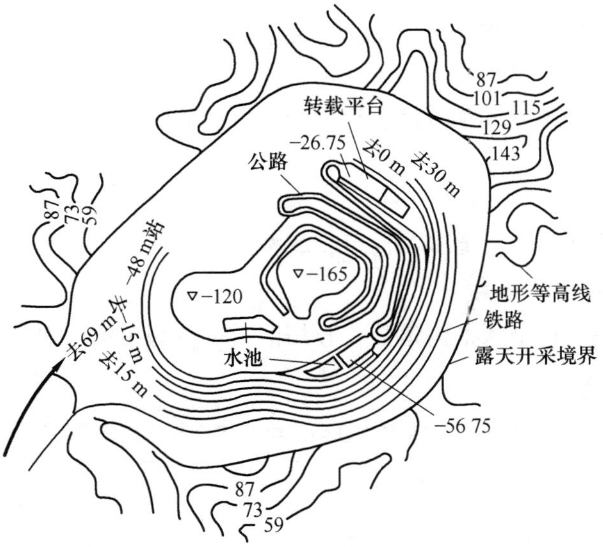

图 13-1　铁路-汽车联合开拓

13.1　单一开拓方式

13.1.1　铁路开拓

铁路开拓是一种运输能力大、运营费低、设备及线路结构坚实、工作可靠、易于维修、作业受气候条件影响小的开拓方式，在我国大中型露天矿中广泛应用。

但铁路开拓在线路的平面曲线及纵向坡度上要求严格，线路坡度小，曲率半径大，展线长，因此，掘沟工程量大，基建工程量大，建设时间较长，对矿山工程发展有一定制约。另外，铁路运输设备的投资较多，日常生产中的线路移设、维修工程量大，运行管理复杂，工作帮推进速度慢，新水平开拓延深工程缓慢，灵活性较差。在凹陷露天矿用折返沟道开拓时，随开采深度下降，列车在折返站停车换向次数增加，影响运输效率。

因此，铁路系统是最复杂的。单一铁路运输开拓方法的使用逐渐减少，特别是在深凹露天矿，已成为一种不合理的开拓方式。采用铁路运输开拓的露天矿，当转入深部开采时，一般可改成联合运输开拓，如公路-铁路联合、公路-胶带-铁路联合等。

13.1.2　公路开拓

公路开拓也称为汽车开拓，与铁路开拓相比，沟道坡度大，展线短，掘沟工程量小，基建时间短，基建投资少，沟道布置可适应各种地形条件，机动灵活，分采分运方便，有利于选别开采。公路开拓还有以下优点：汽车配合电铲装运矿岩，能充分发挥电铲效率；采场可设置多出入口，有利于空车与重车分道行车，运输分散，运输效率较高；最小工作线长度短，能适应各种开采程序的需要，可采用无段沟或短段沟开拓新水平，缩短新水平服务时间，减少掘沟工程量；对于分期开采的矿山，易实现扩帮过渡扩大采场；便于采用移动坑线，加速露天矿的新水平准备，有利于强化开采；可适当加陡工作帮坡角，提高露天矿的生产能力，易实现均衡生产剥采比；便于采用高、近、分散的排土场。公路开拓可以说是万能的开拓方式。

但公路开拓也存在运输成本较高、运距受到限制的缺点。

13.1.3　开拓沟道

铁路开拓和公路开拓的通道多为沟道，或称坑线。

13.1.3.1　开拓沟道分类

按沟道服务水平及每个水平沟道数，开拓沟道可分为单沟、总沟、组沟，其特点及适用条件的比较见表 13-1。

表 13-1　单沟、总沟、组沟特点与适用条件

开拓沟道	特　点	适用条件
单　沟	每个台阶均有各自独立的坑线为其服务	开采近水平、埋藏浅的矿床，当矿岩运向不同且运量大时
总　沟	一个坑线系统服务露天矿全部开采水平（总出入沟）	深露天矿
组　沟	设立两个以上的坑线系统，服务露天矿的全部开采水平。即每个坑线系统为一组台阶服务	露天矿运量大，一个出入沟系统能力不足，或排土场、选矿厂的方位不同，或多个排土场

一般情况下，露天开采每个开采台阶只有一条沟道为其服务。如果每个坑线系统均采用一对干线，可使线路系统的结构和运行组织管理简化。在运量大且长而深的采场，为给工作平盘创造顺向行车条件，可成对建立坑线系统，即对沟系统，分别通行空、重列车，如图 13-2 所示。空车坑线可按下坡制动条件确定，坡度可比重车坑线大，以缩短运距。

当有两个排土场或运量很大的露天采场，可以建立两个或多个坑线系统，如图 13-3 所示，使每个台阶均有两个或多个出入沟口，即组沟系统。组沟可以分散采场的岩、矿运输量，缩短运输距离，空、重车辆能顺向运行；当某一个出入口发生故障时，采场的运输作业不致中断。但出入口数增多时，采场的公路坑线相应增多，导致开拓沟量及采场附加剥岩的增加。因此，出入沟口的数目应根据生产需要综合进行技术、经济分析后确定，一般数目不宜过多。

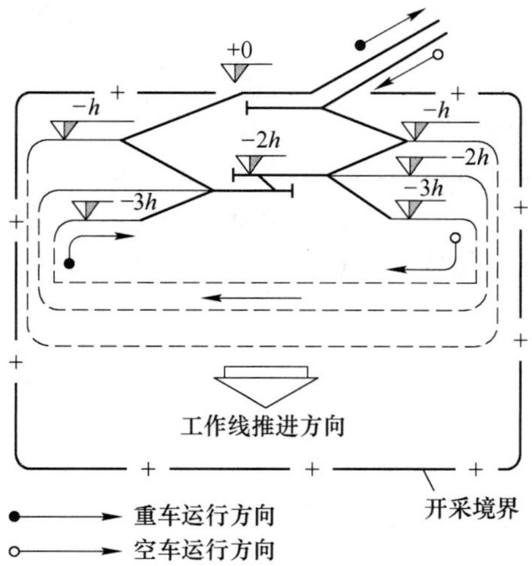

图 13-2 对沟（双坑线）系统

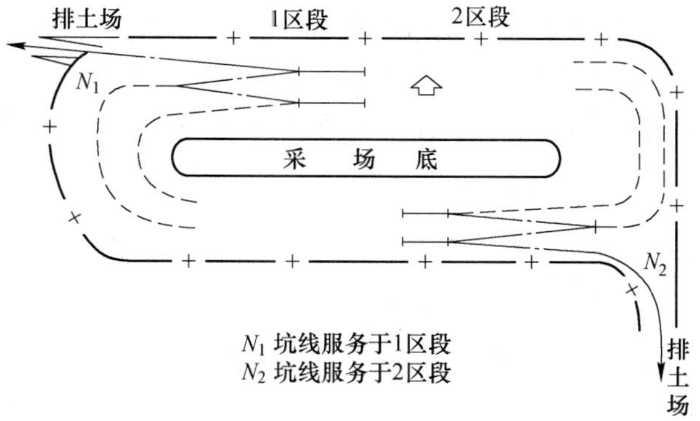

图 13-3 组沟系统

13.1.3.2 出入沟布置

总出入沟口是整个开拓系统的咽喉部位，其位置尽量设置在地形标高较低、工程地质条件较好、距工业场区、选矿厂和排土场较近的地方，降低矿岩综合运输功。

开拓沟道多设在采场内，埋藏较浅的缓倾斜矿床也可将开拓沟道延伸到境界以外，采用采场外部出入沟，改善运行条件。因此，按与开采境界的相对位置不同，坑线可分外部沟与内部沟，或称为外部坑线和内部坑线。如图 13-4 所示，*af* 为外部沟，*fbc* 及其以下坑线均为内部沟。若将坑线 *afb* 改为内部，则可设在境界内部的 *a′b′* 位置。内部沟或外部沟的方向取决于矿、岩卸载点的方位，以及地表地形及天然河流或人工建、构筑物等障碍因素。使用外部沟的露天矿，若境界内采剥总量大，外部沟的服务深度可稍大；反之，外部沟不宜太深，一般不超过 2~3 个台阶。

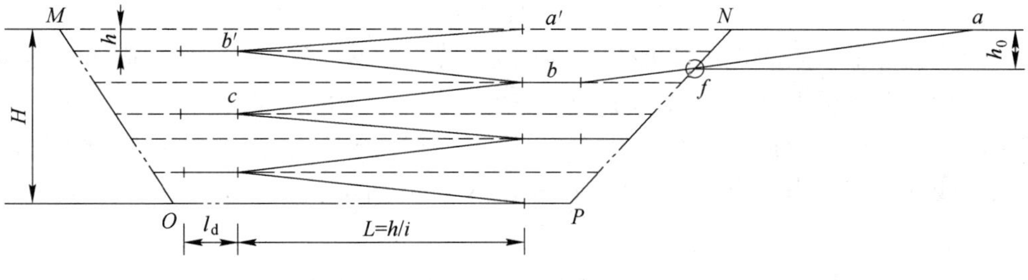

图 13-4 坑线系统纵断面透视图

MOPN—露天境界；*af*—外部沟；*H*—开采深度；h_0—外部沟服务深度；l_d—折返站长度；*l*—每个台阶的倾斜坑线长度；*h*—台阶高度；*i*—线路坡度

13.1.3.3　坑线布置形式

从空间形状上来看，坑线布置形式是指采场干线在平面图上的投影形状，如图 13-5 所示。

A　直进式坑线

直进式坑线展线最短，车辆运行条件好，在可能条件下应优先采用，适于长而浅的采场或长而深的采场上部若干台阶。

B　折返式、回返式坑线

折返式坑线和回返式坑线都属于线路迂回展线的坑线，以锐角变换方向，如图 13-5（b）和图 13-5（c）所示。回返式回返曲线半径比较小，一般情况下很难满足铁路的展线要求，而折返式不适合汽车调车，因此，公路采用回返式坑线，铁路采用折返式坑线。

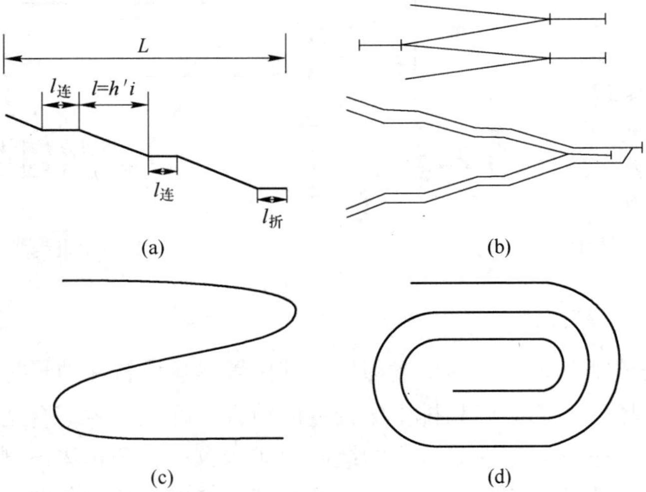

图 13-5　坑线布置形式

（a）直进式；（b）折返式（铁路）；（c）回返式（公路）；（d）螺旋式

折（回）返式坑线如设于采场一帮，由于需要设置折（回）返平台，使采场的边坡角减缓，增加附加剥岩量，车辆运行通过回、折返式区段时，要降低运行速度，影响线路通过能力及运输效率，线路配置及运行组织较复杂。因此在可能条件下，折返式坑线应与直进式坑线配合应用，尽量减少折（回）返次数。

对于采剥总量较大的长深露天矿，为了减少坑线折返次数，当工作帮尚未到达境界位置而采场端帮已达境界且边帮稳定时，可将折返站设于端帮，如图 13-6（a）所示，但折返站可能呈曲线形。若折返站不设于端帮，也可按螺旋式坑线的形式在端帮设置有限制坡度的联络线（空车下滑、重车上升），如图 13-6（b）所示。

C　螺旋式坑线

螺旋式坑线开拓的线路从出入口处开始环绕采场四周边帮盘旋向下延深，如图 13-7 所示。坑线沿采场边帮和端帮直进，在周帮上形成环形，运距短，有利于发挥列车效率。螺旋式坑线适用于采场边帮的稳定性较好、采场宽度较大、近似圆形的深露天矿，通常布置在露天采场上部固定帮上，如用于工作帮，则要求每个台阶工作线呈曲线形发展，工作

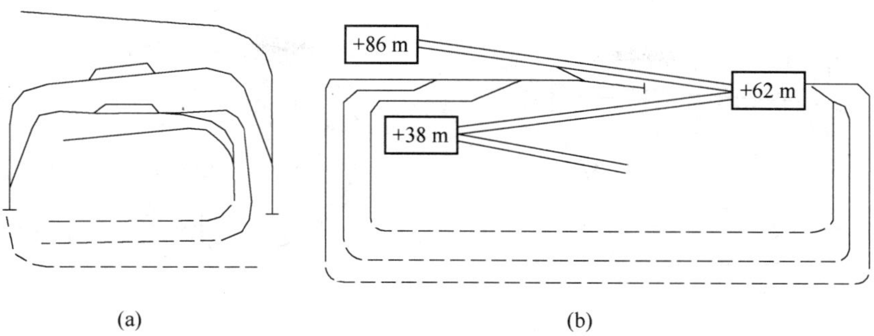

图 13-6 减少坑线折返次数折返站的布置

（a）折返站设在端帮；（b）在端帮设置有限制坡度的联络线

线长度和推进方向经常改变，生产组织复杂；各台阶间及台阶全长上平盘宽度变化大，使剥离与采矿不均衡；同时工作的水平数少，新水平准备时间长，基建工程量大。

用螺旋式坑线开拓倾角较缓的层状矿体时，将引起超前剥离。因此，可先采用回（折）返干线开拓，待上部台阶的矿岩采剥完毕，再在采场周帮已形成的非工作帮上改建成螺旋干线，如图 13-8 所示。

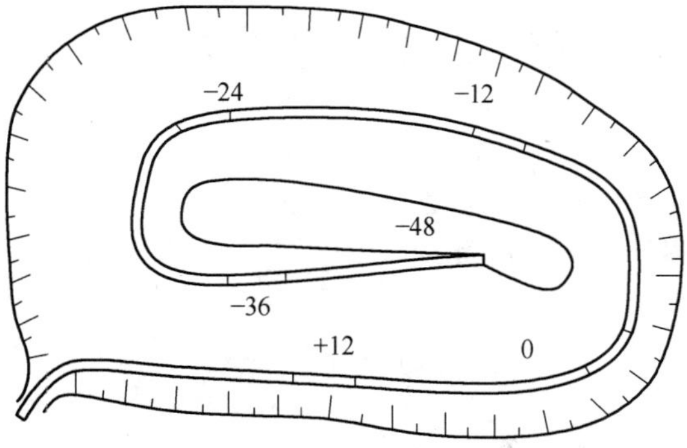

图 13-7 公路螺旋式坑线开拓

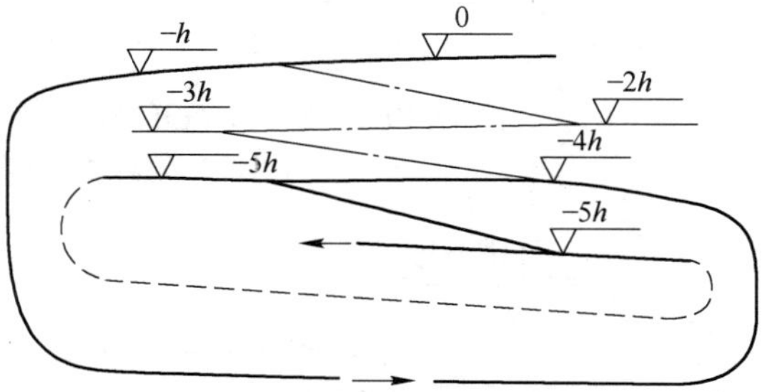

图 13-8 上部水平改建为螺旋式坑线

——铁道坑线；---拆除的坑线；— — —工作面铁道

h—台阶高

螺旋式干线开拓，要求采场四周边帮的岩石比较稳固，若局部岩石不够稳固时，可在稳固的边帮上局部采用回（折）返式坑线，以避开不稳定部位。

D 公路斜坡道

公路斜坡道的实质是利用地下斜坡道建立深凹露天矿的公路开拓系统。

公路地下斜坡道布置在采场境界以外，自地表向下环绕采场呈螺旋线形，如图 13-9 所示；或在矿体下盘回返，即回返式斜坡道，如图 13-10 所示。采场各生产台阶通过平硐与斜坡道相连接。

公路斜坡道的出入口有两种：一种是地表出入口，需设有上部结构，以便对出入口加以保护，如图 13-11 所示。另一种是通向生产台阶的出入口，出入口位于台阶坡面上，不需要修筑的出口构筑物。但为了防止雨雪进入地下斜坡巷道，平硐朝向生产台阶的出口方向倾斜 1°~3°，如图 13-12 所示。

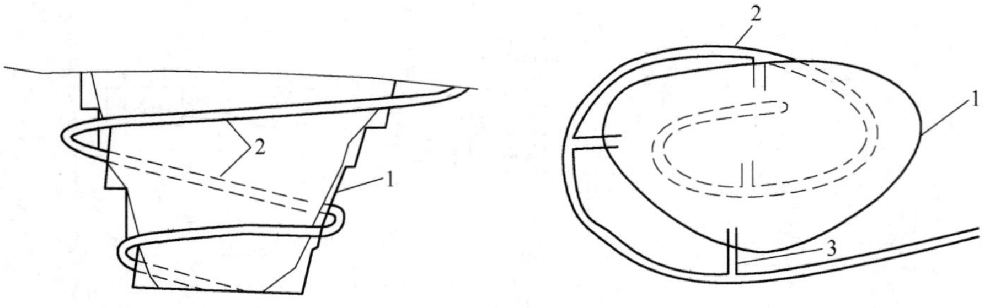

(a) (b)

图 13-9 环绕采矿场的地下公路螺旋斜坡道开拓示意图

1—露天境界；2—公路斜坡道；3—联通平硐

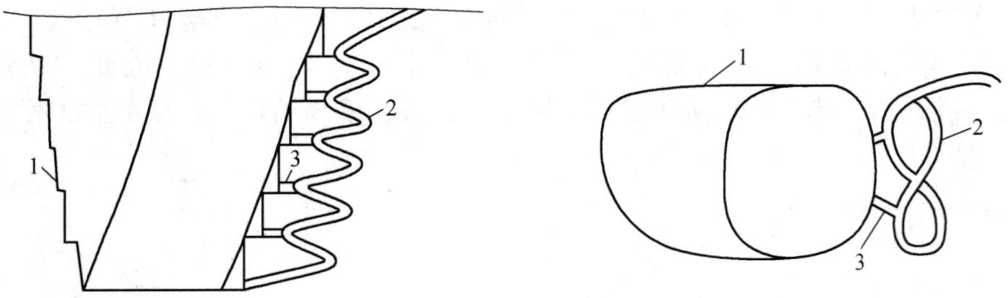

(a) (b)

图 13-10 采矿场下盘开采境界外的公路地下回返斜坡道开拓示意图

1—露天境界；2—公路斜坡道；3—联通平硐

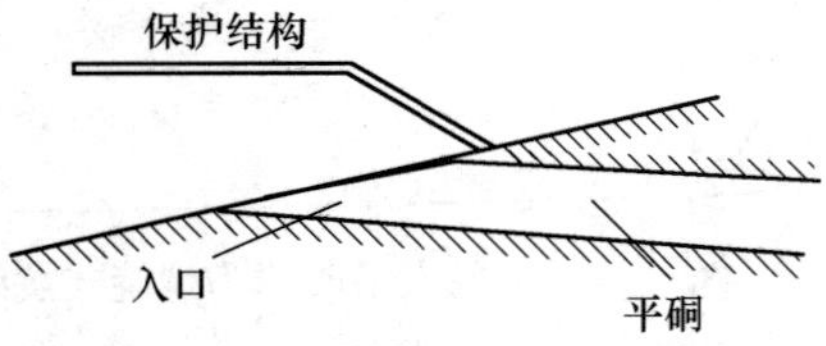

图 13-11 保护公路地下斜坡道入口的上部构筑物

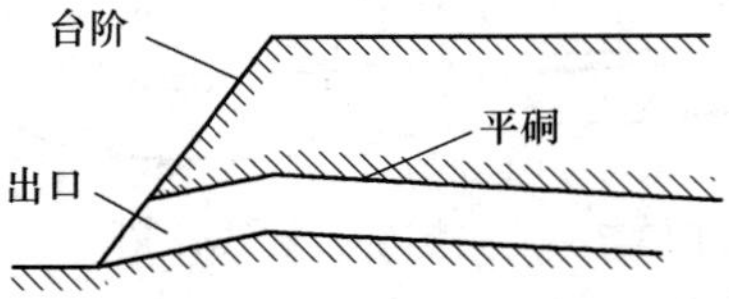

图 13-12 公路地下斜坡道通向采矿场生产水平的出口

采用公路斜坡道，虽然要增加露天矿的巷道掘进和支护工作量，掘进巷道比开掘露天坑线困难，而且单位进尺成本也高，但是，不需要在采场边帮上设置开拓坑线，因此，可以加陡边坡角，减少剥岩量，如图 13-13 所示。掘进地下斜坡道的费用可以从节约的附加剥岩费用中得到补偿。

另外，公路斜坡道不会因采矿边坡局部片落影响运输作业的正常进行，可以减少公路干线的维护工作量；运输作业还不受气候（雨、雪等）的影响；新水平准备工作可以与采矿作业平行进行，提高露天矿的采矿强度。

E 多种坑线形式的联合

露天矿山往往是多种坑线形式的联合利用，扬长避短，达到效果最佳，图 13-14 为外部、内部、螺旋、折返坑线联合开拓系统。

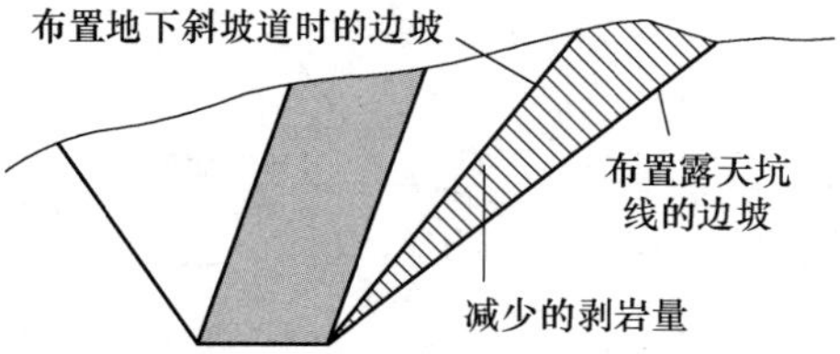

图 13-13　布置地下斜坡道加陡边坡减少剥岩量

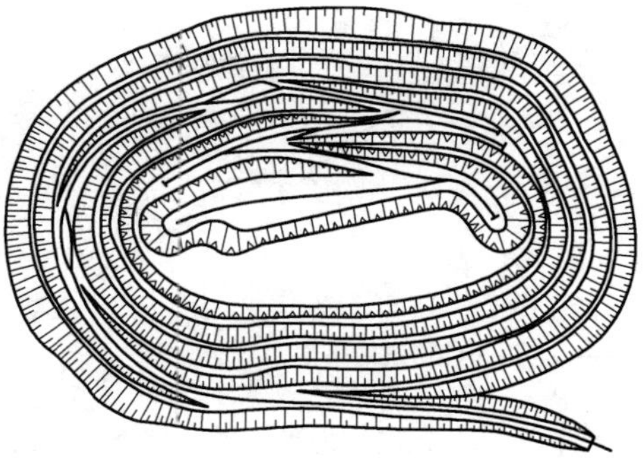

图 13-14　多种坑线形式的联合应用

13.1.4　固定坑线与移动坑线

开拓坑线按在开采期间的固定性不同分为固定坑线和移动坑线。设在非工作帮的坑线称为固定坑线，其服务年限比较长，运输条件好，但要求边坡稳定；设在工作帮的坑线称为移动坑线，移动坑线随着工作帮的推进而不断改变其位置，服务时间比较短，是为了早见矿而采用的。

13.1.4.1　山坡露天开拓

由于山坡露天矿的采剥作业是从最上部的采剥台阶开始，逐层向下进行的，因此大多采用固定坑线开拓，干线从地表到山顶最高开采台阶一次修筑完成。其布线原则如下：

(1) 当地形条件允许时，开拓干线尽量布置在采场境界外，既不远离境界，又保证干线位置固定，运距最短；需考虑线路技术条件、边坡稳定条件，必要时用挡土墙加固路基。

(2) 当采场在单侧山坡上，干线大多布置在采场的端帮境界外。当采场内地形为孤立山峰，四周无依靠或下部有一侧依靠时，干线布置在孤立山峰的非工作山坡上，即工作面由下盘向上盘推进时，干线布置在上盘。反之，干线布置在下盘。这样，多个开采台阶同时推进时，下部开采台阶推进不会切断上部各开采台阶的线路与干线的联系。

(3) 当运输条件许可时，采场内尽量采用两侧进车的环行运输线路，提高装运效率。重车下坡运行，在制动条件许可时，可加大干线坡度，减少线路工程量和运距。

(4) 充分利用地形，减少线路施工的填、挖方工程量。在满足线路技术条件的要求下，尽量避免或减少回头弯路。在陡峻的山坡上挖方容易，填方难，宜采用路堑坑线。

(5) 当采场与工业场区相对高差不大、开采深度较小、开采阶段数较少以及山坡展线条件好时，尽量采用单一直进式系统，或直进式与回（折）返式联合应用。

(6) 最高开拓台阶应保有一定的装载和运输量，要具有电铲、穿孔机及车辆调车回头转弯等项作业所必需的宽度和长度。当采用特大型设备时，其宽度和长度需相应增大。当露天采场附近地形较陡，不具备向每个开采台阶修筑固定入车线路的条件时，可间隔 1~2 个开采台阶修筑固定入车线。无固定入车线的开采台阶，可在推进速度较慢的工作帮基岩上或在爆堆上修临时公路与相邻台阶的固定线路联通，以便建立该台阶的运输通路，如图 13-15 和图 13-16 所示。

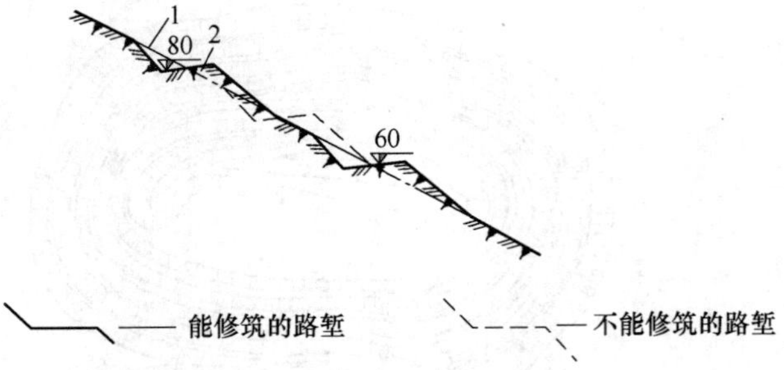

图 13-15　在山坡地形陡的条件下不能向每个开采水平修筑固定入车公路示意图
1—原地表线；2—公路入车路堑

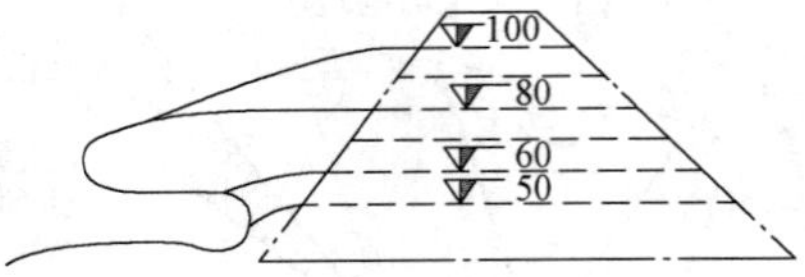

图 13-16　工作面移动公路布置示意图

(7) 当矿体埋藏延展很深时，不仅要注意山坡露天矿部分开拓坑线合理布置，还应考虑山坡露天矿与深凹露天矿两部分矿体开拓的衔接，以免造成从山坡露天开采向深凹露天开采过渡时期减产或停产。

13.1.4.2　凹陷露天开拓

A　固定坑线的形成

固定坑线一般布置在矿体底盘非工作帮；为了使采掘工作线能较快地接近矿体进行采矿，也可设在采场的端帮；只有当底盘岩石工程地质条件较差或为了减少矿石在矿岩接触带的损失贫化时，才将固定坑线布置在矿体顶盘非工作帮。

固定坑线的形成过程一般是在采场最终边帮按确定的沟道位置、方向和坡度从地表向下台阶掘进出入沟，自出入沟的末端掘进开段沟，建立初始工作线。

a　直进、折（回）返式

当垂直走向采剥时，沿矿体走向掘进开段沟，如图 13-17（a）所示；当沿走向采剥时，垂直或斜交矿体走向掘进开段沟，如图 13-17（b）所示；无段沟采剥时，直接在出入沟末端扩帮进行采剥作业，如图 13-17（c）所示。

当扩帮工作线推进到一定宽度，即台阶坡底线距新水平出入沟的沟顶边线不小于最小工作平盘宽度时，又可按上述程序开始向下部新水平掘沟进行扩帮作业，开拓坑线自上而下逐渐形成。

b　螺旋式固定坑线的形成

如图 13-18 所示，沿采场最终边帮上确定的沟道位置、坡度和方向从地表向下水平掘进出入沟，自出入沟的末端沿采场边帮掘进开段沟，建立初始采剥工作线。螺旋坑线开段沟的方向与出入沟的延深方向相一致，以便上、下台阶出入沟能顺向连接。扩帮与采剥工作线均以出入沟末端为固定点呈扇形方式推进，工作线的推进速度在其全长上不等，工作线的长度和推进方向也经常发生变化。

当工作线推进到一定距离，即达到保证该台阶采剥作业能正常进行的平台宽度时，在该台阶出入沟末端留长度为 40~60 m 的连接平台，再按上述程序沿采场边帮开始下部新水平的掘沟和扩帮，最后形成环绕采场四周边帮的螺旋坑线。

螺旋坑线开拓时，各开采水平之间相互影响较大，新水平准备时间较长，根据工程发展的特点，同时开采的台阶数少，露天矿生产能力较低。因此，单一螺旋坑线开拓方法在

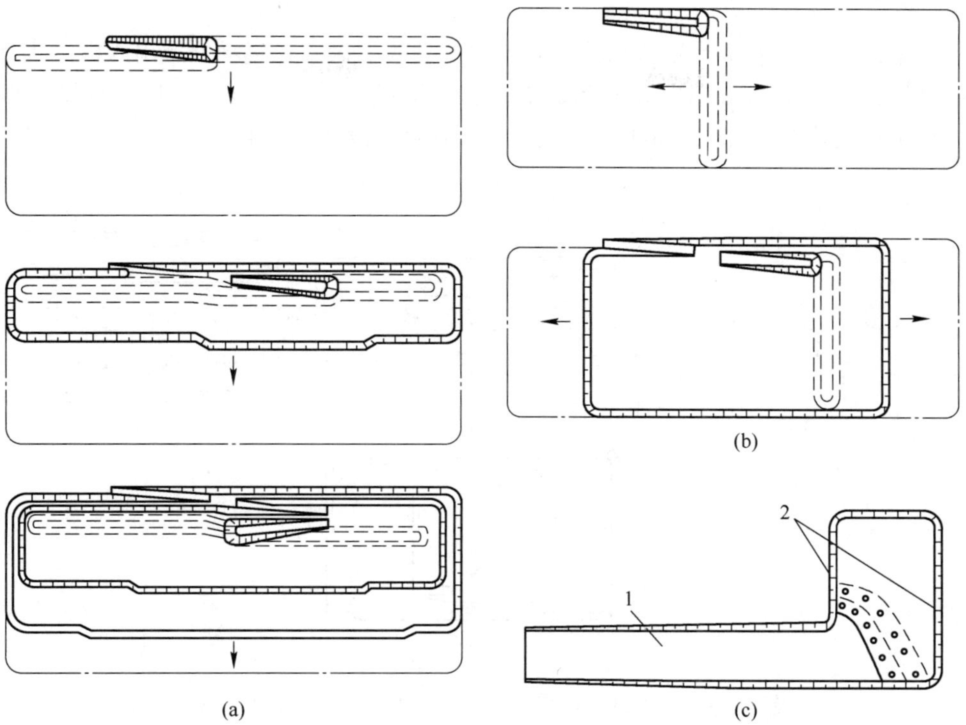

图 13-17 深凹露天矿公路固定坑线开拓时矿山工程发展程序示意图

（a）开段沟沿走向布置时；（b）开段沟垂直走向布置时；（c）无段沟时

1—出入沟；2—横向工作面

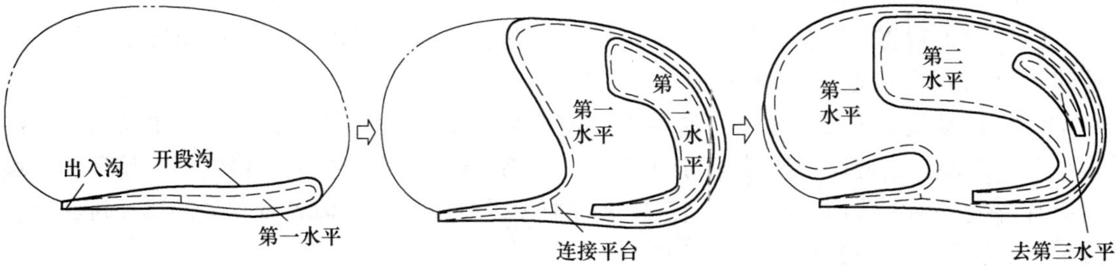

图 13-18 深凹露天矿螺旋坑线开拓的矿山工程发展示意图

大型露天矿一般不采用，只有当露天矿场长度不大、同时开采的台阶数很少的小型露天矿可用该方法，或露天矿上部用回返坑线，深部由于平面尺寸缩小而改用螺旋坑线开拓，即回返-螺旋坑线联合开拓。

固定坑线开拓线路质量好，运输设备效率高，汽车运输轮胎磨损少，铁路运输不存在线路移设问题；工作帮均为完整的台阶高度，穿孔、采掘、运输等设备的效率高，工作帮坡角较大，对减少生产剥采比和加大开采强度有利。

但采场内至地表出口的平均运距较长，延深新水平的周期比较长，使露天矿产量受限。

B　移动坑线的形成

根据采矿工艺要求，首先从地表沿矿体的上盘或下盘矿岩接触处掘出入沟，当达到新水平标高后，在出入沟末端掘开段沟、扩帮，以形成初始工作线。然后，分别向两侧推进，进行采矿与剥岩，如图 13-19 所示；或采用无开段沟，直接在出入沟的末端扩展工作面。

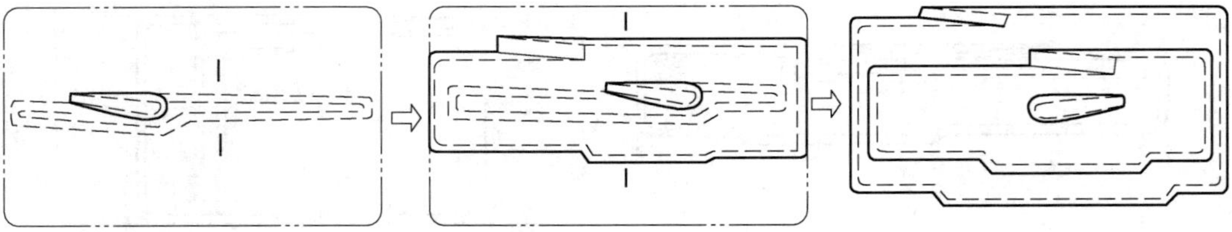

(a)

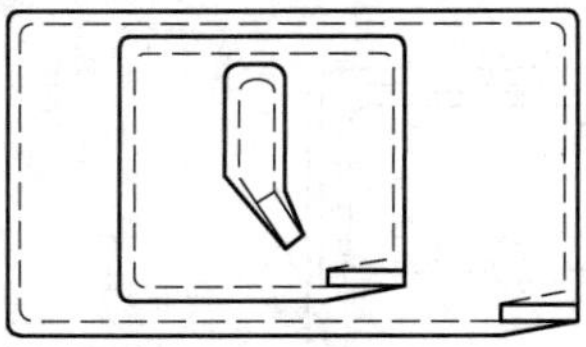

(b)

图 13-19　深凹露天矿移动坑线开拓的矿山工程发展示意图

（a）段沟沿走向；（b）段沟垂直走向

移动坑线设置于露天采场的工作帮，在爆堆上或工作面推进较慢的基岩段修筑。爆堆上修筑简单，是公路移动坑线开拓广泛应用的一种方式。

移动坑线开拓的特点有：

（1）能加快露天矿的建设速度。在矿体倾角较陡时接近矿体布置移动坑线，能较快地建立起采矿工作线，提前出矿。

（2）移动坑线设置在采场工作帮上，随着采剥工程的发展，最后固定在采场的最终边帮上。因此，当矿床地质勘探与工程水文地质情况尚未完全探明，最终开采境界与边坡角都有待最后确定或由于技术、经济发展等原因需要改变开采境界时，采用移动坑线开拓对采场的正常生产不致产生很大影响。

（3）采用移动坑线开拓时，开段沟的位置与工作面推进方向可以根据采剥工作的需要确定，且容易调整和改变。

（4）移动坑线布置在矿体上盘，采矿工作面自上盘向下盘推进，有利于减少矿岩接触处矿石的损失与贫化。

（5）在设置坑线的工作帮上既有运输线，又有采掘线。移动坑线由于不固定，经常变动，穿过的台阶被斜切成上、下两段，其高度由零变至台阶全高，在纵断面上呈三角形，俗称“三角台阶”，如图 13-20 所示。三角台阶相对于固定坑线

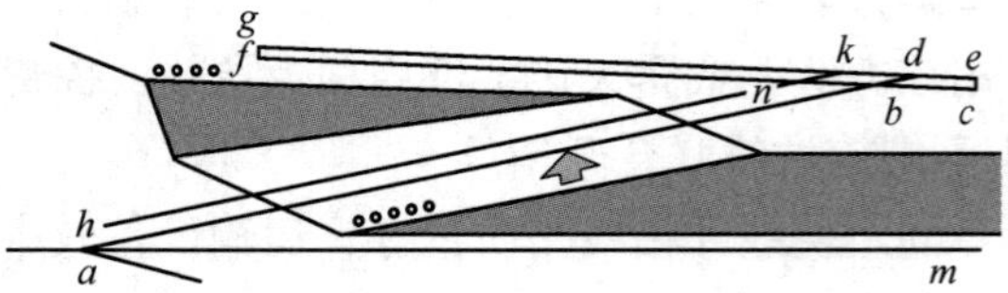

图 13-20　移动坑线

ab—运输干线；*fn*—坑线上部水平采掘线；

hn—上部三角台阶采掘线；*am*—下部三角台阶采掘线；

gk—上部水平采掘线移道后位置；

de—折返站；*bc*—移道后位置，此时 *ab* 可移至 *hn* 位置

工作帮的完整台阶来说，穿孔、爆破、采掘、移设等生产环节的有关技术经济指标都明显降低，生产组织管理工作也很复杂。

13.1.5　开拓沟道定线设计

开拓沟道定线即确定沟道的空间位置，下面以公路运输坑线为例。

13.1.5.1　公路的平面要素

公路在平面上是由许多直线路段和曲线路段组成。

如图 13-21 所示，平曲线常用下列五个要素表示：转折角 α（或称为平曲线半径之夹角）、平曲线半径 R、切线长度 T、曲线长度 L、外矢距 E（交角点到圆曲线中点的距离）。

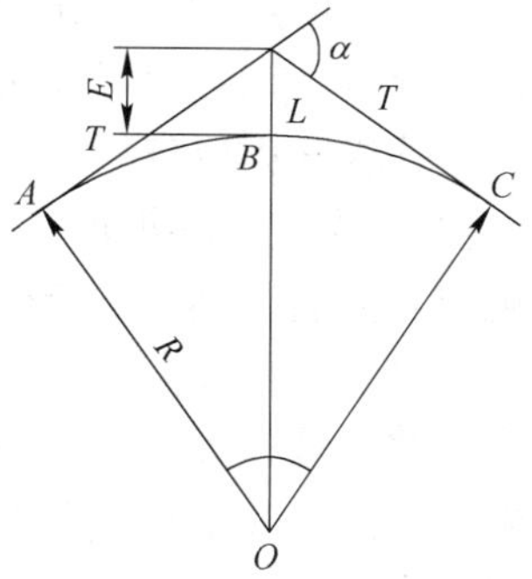

图 13-21　公路的平面要素

A　平曲线半径

曲线路段的中心线在平面上所对应的半径称为平曲线半径。线路的曲率半径是为满足汽车结构特征而定的，最小平曲线半径应大于汽车的最小转弯半径。

B　回头曲线

露天矿公路的特点是线路平面布置复杂，有很多的曲线段和 S 形弯道，有间隔的缓坡路段或水平路段。

在山坡或凹陷露天矿布置线路时，由于受到地形条件和采场长度的限制，需迂回修筑公路，这时必须选用锐角转折，并将弯道布置于夹角之外，这种弯道称为回头曲线。

根据地形条件的不同，回头曲线分对称和非对称两种。

对称回头曲线由主曲线、辅助曲线和插入直线段组成。如果按其主曲线与辅助曲线之间有无直线段又可分为有直线段插入和无直线段插入两种，如图 13-22 所示。

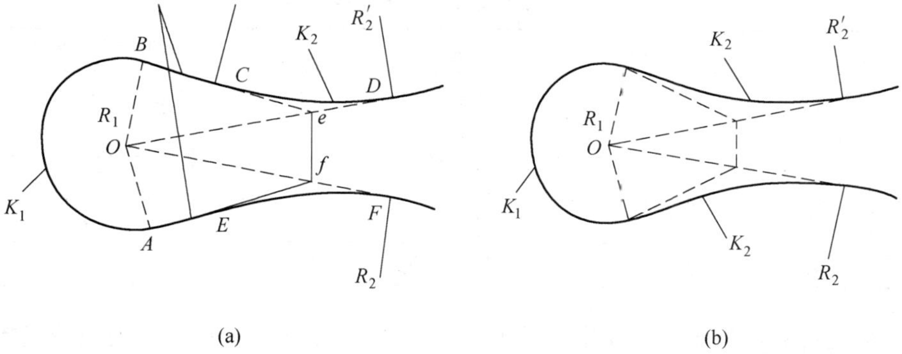

图 13-22　对称回头曲线平面图
（a）有直线段插入的回头曲线；（b）无直线段插入的回头曲线
K_1—主曲线；K_2—辅助曲线

在生产实践中，为适应地形条件的变化，减少土石方工程量，可采用非对称回头曲线，即两条辅助曲线和插入直线段的长度可以不相等，如图 13-23 所示。

13.1.5.2　公路的纵断面要素

公路的纵断面主要是研究路段的填方、挖方量及其在垂直方向的合理衔接。线路纵断面应是一条平滑线，由水平线、倾斜线、凹凸竖曲线以及不同坡度的连接线等部分组成。两相邻不同坡度的直线段相交点称为换（变）坡点，换坡点的形状可分为凹形的和凸形的两种。不论凹形的或凸形的换坡点，都应分别设置凹形或凸形的竖曲线予以缓和。

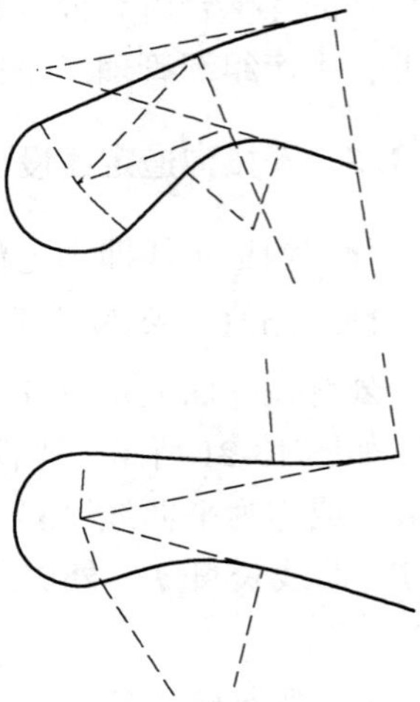

图 13-23　非对称的回头曲线

线路纵断面应包括如下主要参数。

(1) 最大允许纵坡：纵坡是公路主要技术参数之一，纵坡确定得是否合理直接影响到汽车的行驶安全、使用寿命、道路质量、工程投资和运输成本等。

道路纵坡过大，汽车上坡使用低速挡过久，水箱的水容易沸腾、油管容易“气阻”发生熄火和停车等现象。下坡时，重载车辆制动比较困难，制动器温度急剧上升，且刹车次数多，导致轮鼓发热，甚至失效而发生安全事故；如果纵坡过小，会使线路增长，扩帮量大，基建投资多，影响经济效益。

生产实践证明，露天矿公路的最大纵坡应根据采掘工艺特点、地形条件、道路等级、自卸汽车类型以及空重车行驶方向等因素综合分析确定。在条件允许时，应尽量采用较缓的坡度。干线长度超过 1 km 时，平均坡度不宜大于 5.5%。

(2) 坡长限制：为防止汽车在大坡段上运行时发动机和制动器过热而发生故障，保证行车安全，对坡段长度应有所限制。当纵坡大于 5%时，应在规定的长度处或在换算坡长不超过 800 m 的地方，设置纵坡不大于 3%的缓和坡段，长度一般为 40~50 m。

换算坡长 L_H 的计算式为：

$$L_H = \Sigma\gamma_i l_i \tag{13-1}$$

式中，γ_i、l_i 分别为各坡段的换算系数和长度，换算系数见表 13-2。

表 13-2　限制坡长及其坡长换算系数

纵坡 i/%	限制坡长/m	坡长换算系数 γ
5<i≤6	800	1.00
6<i≤7	500	1.60
7<i≤8	350	2.30
8<i≤9	250	3.20
9<i≤12	150	5.30

(3) 纵波折减：当曲线半径小于或等于 50 m 时，该曲线的最大纵坡应予以折减，见表 13-3。

表 13-3　平曲线纵坡折减

平曲线半径/m	15	20	25	30	35	40	45	50
纵坡折减值/%	4.0	3.5	3.0	2.5	2.0	1.5	1.0	0.5

如果在海拔 3000 m 以上的高原地区，各级公路的纵坡按表规定折减，见表 13-4。

表 13-4 高原地区纵坡折减

海拔高度/m	3000~4000	4000~5000	5000 以上
纵坡折减值/%	1	2	3

（4）竖曲线：当自卸汽车经换坡点时，如果没有竖曲线予以缓和，则车辆将受到震动。换坡角越大、行驶速度越高，则震动越剧烈。此外，凸形换坡角的大小还影响行车视距。因此，换坡点应设置竖曲线，保证汽车行驶平稳，并具有足够视距。竖曲线的形式一般采用圆曲线，如图 13-24 所示。

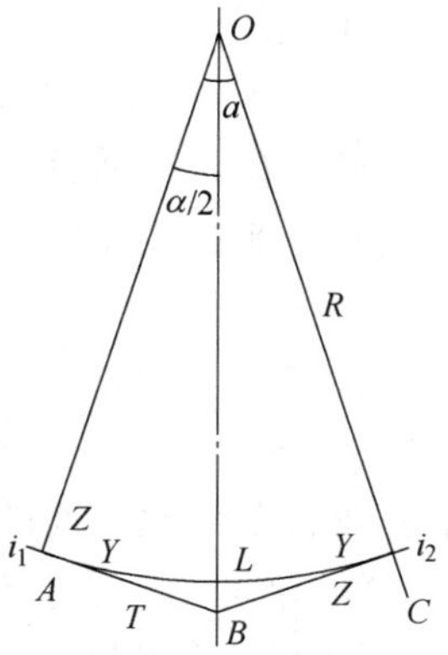

图 13-24 凹形竖曲线

13.1.5.3 定线方法

线路定线就是在地面或地形图及纵断面图上确定出线路合理的空间位置，所确定线路应是线路工程量少、运输距离短、运输条件好（弯道少、曲线转角小和行车安全等）、线路系统与地面总体布置相协调以及少占耕地等，减少建设投资和运输经营费。

定线工作分为室内图纸定线和室外现场定线。这里仅介绍室内图纸定线。

根据线路要素和地形条件引导出的可能线路方向称为导线，按限制坡度的条件分为自由导线和紧坡导线。

平均地面坡度小于限制坡度的地段称为自由导线地段。在自由导线地段内没有高程障碍，定线时主要是绕避平面障碍；平均地面坡度大于限制坡度的地段称为紧坡导线地段。在紧坡导线地段内有显著的高程障碍，往往需要展长线路以达所需的升高。

A 自由导线地段

自由导线地段的定线步骤如下：（1）以直尺定出直线和各交点；（2）以量角器量出转角度数；（3）以曲线板选配曲线半径；（4）确定曲线各要素，选配缓和曲线长度，确定曲线的起点和终点；（5）从起点开始定出百米标和公里标；（6）当确定出一定距离（2~3 km）的线路平面后，即绘制纵断面图；（7）对地面纵断面设计坡度线进行修改，要求各坡段长度、变坡点位置和坡度参数等符合设计规范规定，路基标高最少高出洪水位 0.5 m；（8）当纵断面上出现较大的填挖方或急剧的起伏及有害坡度等缺点时，若将平面稍加改移即可消除缺点时，应重新设计线路平面和纵断面；（9）当前一地段平纵断面设计好以后，即可设计下一地段。

B 紧坡导线地段

紧坡导线地段的定线方法大体与自由导线地段相同。但为了使展线与地形相配合，一般应在设计平面前使用两角规在等高线平面图上先绘制导向线，如图 13-25 所示。其步骤为：

（1）按一定坡度使线路升高一个等高线间距（等高线间距的高差是固定的）来确定线步距。

步距计算：

$$\Delta l = \Delta h/(i_x - i_Q) \tag{13-2}$$

式中，Δl 为定线步距，m；Δh 为等高线高差，m；i_x 为限制坡度,‰；i_Q 为平均的曲线纵坡折减。

(2) 使两脚规的张开度等于定线步距 Δl，从已知点开始，依次向相邻等高线截取 Δl，连接各等高线上的点，所得折线即为导向线，其纵断面即为定线坡度的不填不挖线。

(3) 以导向线为基础，将相应地段的导向线化直，在转折处选配适宜半径的曲线，绘制成线路平面，并以此线路平面绘制纵断面，可得填挖数量不大的线路纵断面。

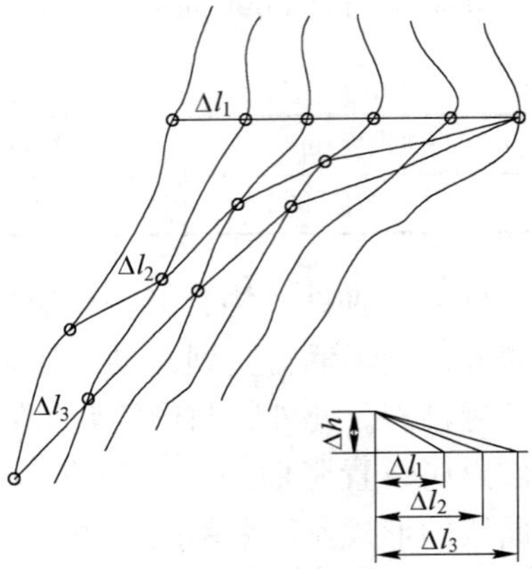

图 13-25　不同步距的导向线

在绘制导向线时，应注意以下几点：

(1) 导向线要顺直圆滑，无急剧的转折，大体上化直后能满足线路平面的要求。

(2) 导向线应注意趋向最近的控制点，或者由控制点引导向线。

(3) 当地形坡度变化较大，等高线有稀有密时，在等高线较稀地段，若两脚规的张开度小于等高线之间的距离，说明地面坡度小于定线坡度，可不严格要求按等高线定点，但要使总的步距数和跨过的等高线数相等，而使整个路段平均坡度仍接近定线坡度。

13.1.5.4　线路平面图的标示法

线路平面图中应标出以下各项要素：

(1) 子午线和方向角。如图 13-26 所示，子午线是表示南北方向的线段，或称为南北线。方向角是标示线路路段方向的一个要素。目前方向角一般采用象限角标示法，其方向用北东（NE）、南西（SW）、北西（NW）和南东（SE）若干度、分、秒来表示。

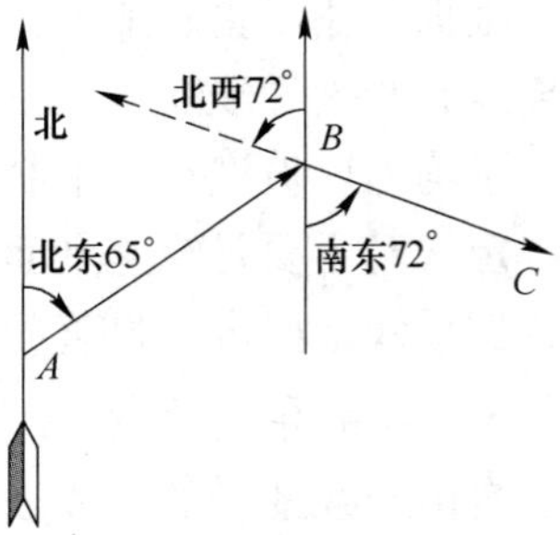

图 13-26　子午线、方向角标示法

(2) 直线路段的长度。在路段上方标出长度，以米为单位。

(3) 交角点序号。标出交角点的序号，如 JD1、JD2、…。

(4) 平曲线要素。在图中平曲线附近明显处分别标出平曲线要素，或另列表统一标示。

(5) 百米标。线路自始点至终点用百米标表示出全线的平面长度，即从始点起每隔 100 m 用累计数 1、2、3、…的数号表示出来。同时尚需标出曲线段的始点和终点。桥梁、涵洞及其他重要构筑物在里程标表中也需标出。

(6) 交角点。在始点、终点和交角点处，应标出 x、y 的坐标。

(7) 地形素描。沿线路的带状地形图，尽可能把主要地形、地物、湖泊、低洼地和高程等素描出来。

13.1.5.5　线路纵断面图的标示法

在原地形纵断面图上根据公路的各项技术要素如纵向坡度、坡长、减缓坡道坡度和长度、竖曲线半径以及已定的公路始点、终点和中间点的标高等设计出公路纵断面图。

纵断面图的纵、横坐标比例不同，横向比例常采用1∶5000、1∶2000、1∶1000或1∶500；纵向比例常采用1∶500、1∶200、1∶100或1∶50。比例的大小，应根据线路复杂程度以及设计深度来决定。

纵断面图应表示纵向坡度、距离、原地面标高、百米标、线路平面、地貌、里程标、竖曲线位置和要素以及桥涵位置等，并在线路平面栏中标示出线路各地段的长度、方向角和曲线各项要素，在设计线的上、下部还应标示出各点或桩号的填方或挖方的高度。

13.2 联合开拓方式

13.2.1 铁路、公路联合开拓方式

公路开拓能加速露天矿新水平准备，提高新水平延深速度，强化矿山的开采。铁路开拓适于运距长，运量大，运费低的情况。把具有运输成本低、适于长远距和大运量的铁路运输与运行灵活、基建投资少的汽车运输相联合，充分发挥两者的优点，取长补短，已成为露天矿常用的开拓方式。

矿山建设初期，可以采用单一的汽车或铁路开拓方式，也可以铁汽并用，加快建设速度。随着矿山工程的发展，矿山平面尺寸增大，深度增大，铁路可以变为固定线路系统。此时上部水平用铁路运输，下部水平尺寸较小采用汽车开拓。在采场内汽车把矿岩转载入铁路车辆，用铁路运往排土场和矿石破碎站，形成联合开拓。

铁汽联合开拓与单一铁路或公路开拓相比有下列优缺点：

优点为：（1）在采场深部水平使用汽车运输，机动性、灵活性大，能加快掘沟速度，减少新水平准备时间，加大矿山生产能力，提高电铲效率，改善矿石和矿岩分采效果；免除铁路运输复杂的移设工作和改善工作组织，提高铁路运输能力。（2）在采场上部固定线使用铁路运输，缩短了汽车运距，降低了汽车运营费用，提高了汽车的生产能力和技术经济效益。

缺点为：同时存在两种运输方式，比单一方式工艺复杂，并需安设转载设施。

13.2.2 胶带联合开拓方式

随着露天开采的不断延深，开采技术条件的变化和矿岩自然因素的影响，导致矿山生产能力不断下降，矿石成本不断增加。下部可以采用汽车，中间接以胶带机或提升机，上部及地表再接以胶带机或铁路运输，组成间断连续运输的开拓方式。

胶带联合开拓方式生产能力大，爬坡能力强、运费低，能强化开采作业，是露天矿广泛应用的一种开拓方式。

采用胶带机开拓虽然初期投资高，在使用胶带运输前需预破碎，破碎机站移设工作较复杂，但总体上生产费用低，成本受开采深度影响小。当开采深度未超过150 m时，单一汽车运输与间断-连续运输的费用大致相等；当开采深度超过150 m时，单一汽车的运输费用急剧增加，每延深100 m，费用就增加50%，而胶带机运输费用增加的不多，每延深100 m只增加5%~6%。

13.2.2.1 胶带输送机线路的设计

胶带机开拓主要用沟道，沟道一般布置在矿床下盘，或布置在露天矿的非工作帮或端

帮上。胶带机沟道一般按直进布置；若露天矿很深，长度小，可按螺旋式或折返式布置，如图 13-27 所示。采用折返式并使用短输送机时，通过线路转折可避开采场内不宜设置运输线的地方。

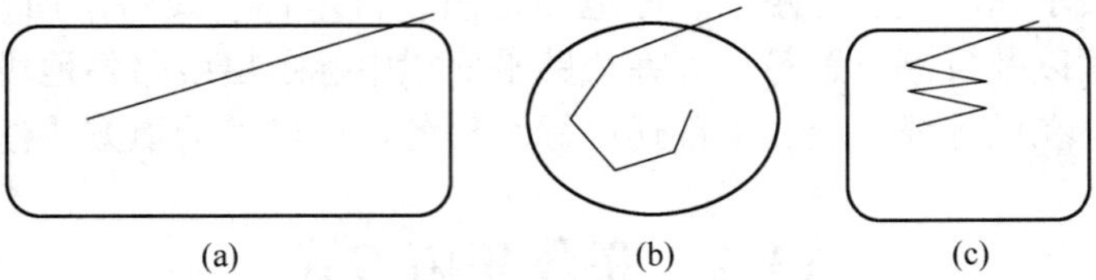

图 13-27 胶带输送机道的布置
（a）直进式；（b）螺旋式；（c）折返式

当露天矿边坡不稳定且有滑坡危险时，胶带输送机设在地下坑道（如斜井）较好。矿岩通过斜井内的胶带机提升至地表，斜井内要设置胶带机和运送备件及检修用的窄轨铁路，斜井断面参考图 13-28。地下坑道胶带输送机的优点是不受气候条件及采剥作业的影响，能缩短输送机长度，避免与采场边坡上的运输线交叉，但基建工程量大，建设周期长，基建投资大。

破碎机设在地下需要很大的破碎机硐室及运送备品备件的巷道，建设和管理复杂，还需要通风除尘、消防设施。对凹陷露天矿，为了减少对工作帮推进的影响，破碎转载站可设在露天采场的两端或非工作帮。破碎站可随工作水平的延深而下移，布置形式如图 13-29 所示。

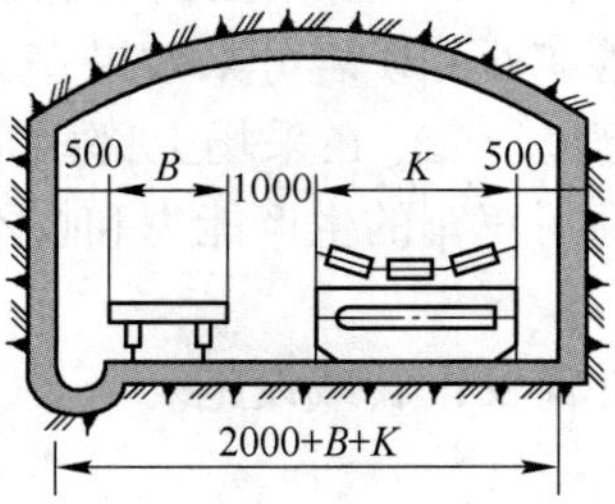

图 13-28 胶带输送机斜井断面（单位：mm）

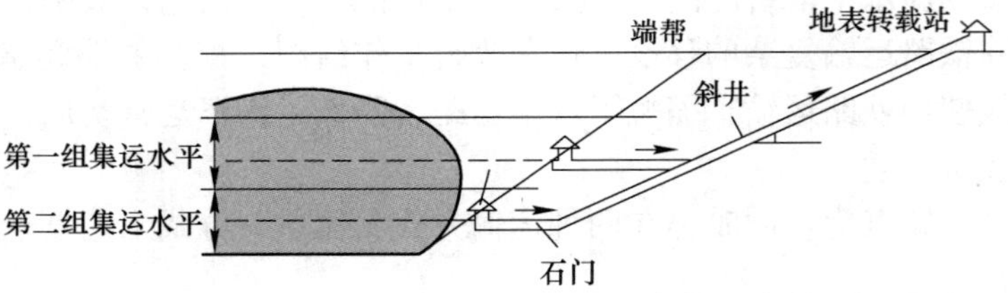

图 13-29 破碎转载站布置图

一个集运水平所服务的深度一般为 60～80 m。例如，某集运水平服务台阶数为 4 个，破碎机卸矿平台设在第二个水平，第一个水平矿岩往下运输，而第三个、第四个水平往上运输，如图 13-30 所示。

13.2.2.2 胶带联合开拓的主要特点

（1）自动化程度高，操作简单，维修方便，生产能力大，劳动生产率比公路运输高 1～3 倍，比铁路运输高一倍。

（2）升坡能力大，可达 16°～18°，特殊构造的输送机可达 45°，节省基建工程量。地形复杂时比铁路开拓适应性强。

（3）运输距离短，克服同样高程，运距为公路的 1/4～1/3、铁路的 1/10～1/5。

（4）采用胶带开拓时，电铲效率显著提高，与铁路开拓的电铲效率相比，可提高

25%~30%。

（5）分期开采的矿山，扩帮过渡剥离岩石时，采用电铲—移动破碎机—胶带运输工艺可强化剥离工作。

（6）节省能耗和燃料。

（7）对矿岩块度有一定要求，矿岩进入输送机前需要预先破碎，运送棱角锋锐的矿岩胶带磨损较大。

（8）敞露的胶带运输机受气候条件影响，需安设运输机通廊或使用防冻的胶带。

胶带输送机作为露天矿联合开拓方式的组成部分，如露天矿深度很大，单一公路、铁路开拓或铁汽联合开拓不适宜时，可采用汽车（铁路）—半固定破碎机—胶带输送机联合开拓。

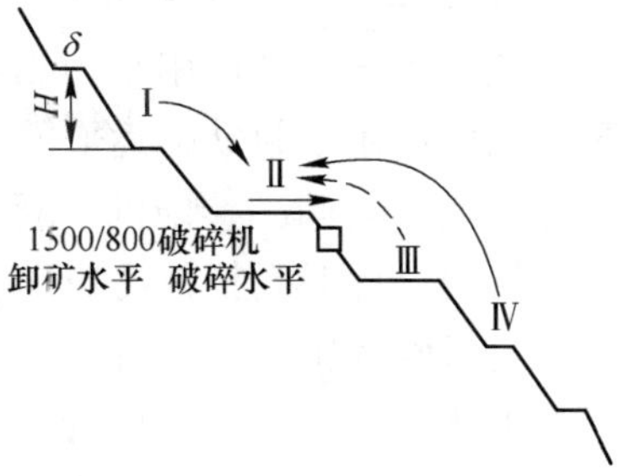

图 13-30 各台阶往集运水平运输
Ⅰ，Ⅲ，Ⅳ—开采水平；
Ⅱ—集运水平（卸矿水平）；
H—台阶高度

13.2.3 斜坡提升

斜坡提升机道开拓是以较陡的开拓通道，建立工作面与地表的运输联系，提升容器有箕斗和串车等。它不能直达工作面，需与汽车或铁路开拓等共同构成完整的开拓系统。

常用的斜坡提升机道开拓方式有斜坡箕斗开拓、斜坡串车开拓和重力卷扬开拓三种。

13.2.3.1 斜坡箕斗开拓

斜坡箕斗开拓是以箕斗为提升容器的斜坡提升机道开拓方式，采场内用汽车或铁路运输，地面用汽车、铁路或胶带输送机运输，斜坡箕斗在受矿或卸矿点均需转载。箕斗系统有单斗与双斗之分，根据矿山产量及同时工作水平数选取，小型矿山可采用单箕斗系统。大中型矿山产量大，多采用双箕斗系统。

斜坡箕斗开拓的主要特点如下：

（1）设施简单，工作可靠，维修简便。

（2）能以最短的距离提升或下放矿岩，克服大的高差，缩短汽车或铁路的运距，节约能耗，降低成本，减少基建投资，并可减少工作人员和降低材料消耗。

（3）箕斗提升的提升角度较大（25°~40°），在深凹露天矿应用可减少运输线路工程量，加大采场最终边帮角，减少露天矿境界的扩帮量。

（4）与胶带运输机相比，不需矿岩破碎工作，直接提升大块矿岩。

（5）可适应多品种物料提升，标高不同的上、下工作面可同时出矿。

（6）随着开采水平的下降，箕斗道要不断延深，为使延深与提升机的正常生产作业互不干扰，每套提升设备要配置两台翻卸设备。一台移位，另一台仍能使用，交替延深。

（7）运输环节多，增加了箕斗受矿和箕斗卸矿的环节，衔接点相互制约较大，影响生产能力。

（8）转载站结构庞大，栈桥工程量大，移设困难，矿仓结构复杂。矿仓闸门如关不严，容易跑矿。

（9）寒冷地区，矿岩含水较多时，矿岩易冻在箕斗箱上不易卸净。

斜坡提升机道开拓是中小型、高差大的露天矿一种有效的开拓方式，曾得到广泛的应用。

13.2.3.2 斜坡串车开拓

斜坡串车开拓是以串车为提升容器的斜坡卷扬机道开拓方式，可提升或下放矿岩，适用于采场内使用窄轨铁路运输的小型露天矿，提升或下放垂高在100 m左右为宜。

在山坡露天矿，卷扬机一般应布置在采场外。露天采场为孤立山包时，卷扬机道只能设在采场内，此时卷扬机房应布置采场外的底部，采用倒提升的方式。

在一条斜沟中最好布置一台卷扬机，如果布置两台卷扬机，两台卷扬机的线路在延深时互相干扰，当两套线路提升和延深同时进行时，下水平作业安全受威胁。

采场内采用多台卷扬机作业时，应尽量避免架设横跨卷扬机道的栈桥，无法避免时，可用局部留岩柱的方法代替栈桥，也可以完全采用暗斜井的方式。

13.2.3.3 重力卷扬开拓

重力卷扬开拓是利用重力作用下放重车并带上空车的斜坡提升方式，适用于小型山坡露天矿。采场内一般采用人推车或自溜滑行。每台重力卷扬一般只完成一个阶段的下放任务。当露天矿为多段作业时，每个阶段可设一台专用重力卷扬。

13.2.3.4 斜坡提升机道的适用条件

（1）地形复杂、高差较大的山坡露天矿。

（2）深凹露天矿，特别是面积较小、深度大的深凹露天矿。

（3）露天矿产量较小，提升机道所在的露天矿边帮岩体较稳定。

13.2.4 平硐溜井

平硐溜井开拓系统将工作面的矿岩运至溜井口卸载，沿溜井自重溜放，装入平硐的运输设备，并运至卸载点。

平硐溜井开拓所用设备少，溜井的运距短，运营费低；但井壁易磨损，管理不当时易堵塞和跑矿，放矿时粉尘大，应加强通风，采取防尘措施。

平硐溜井（槽）开拓方式可应用于各种规模的山坡露天矿，露天矿年生产规模从几十万吨到几百万吨，有的达到近千万吨。系统由采场、平硐、地面的水平运输与溜井（槽）垂直或急倾斜重力运输组成。

我国采用平硐溜井开拓的露天矿绝大多数用于溜放矿石。

13.2.4.1 溜井（槽）的布置

平硐溜井（槽）位置的选择，要考虑矿区地形、矿床埋藏特点、采矿工艺要求、采场运输方式、工作面推进方向、同时开采的台阶数及溜井（槽）的数目等。一般以运输功小、井巷工程量小为原则 。溜井的有效深度和平硐标高应与矿山服务年限相适应。

溜井（槽）可以布置在采场内，也可布置在采场外。溜井断面呈圆形或矩形，尺寸应不小于矿岩最大块度的5倍。溜井倾角不小于55°，上口多设在采场内部。

采场内溜井（槽）的布置：

（1）一般采用主溜井（槽）集中放矿，溜井（槽）位于矿量重心附近，可以缩短运距，减少采场运输设备数量、基建投资、经营费用和生产人员。

（2）对于大型露天矿，如果矿石粉矿率高溜井易产生堵塞，溜井或溜井下口放矿闸门需要经常检修，溜井在采场内经常降段，生产影响大时，可考虑设置备用溜井。矿石溜井（槽）与废石溜井尽可能分别开凿在矿体与岩石中，减少矿石损失贫化。

（3）当采场上部台阶矿量不大，且山顶地形较陡（一般大于40°）时，溜井上部可采用一段明溜槽，缩短平硐长度，降低溜井深度，减少井巷工程量。采场内采用汽车运输时可布置较长的明溜槽放矿，但铁路运输时不宜采用长溜槽、多水平同时卸矿，因为铁路运输不能在溜槽侧帮设置卸矿平台，必须修筑横跨明溜槽的栈桥，不仅生产不安全，而且栈桥的架设和维护困难，影响生产。

（4）采用长明溜槽放矿时，溜槽通过的岩层要求相当稳固、岩石坚硬、整体性好，并有切实的防排水措施。否则，由于溜槽严重磨损、槽帮塌方、大块堵井以及矿石冲击井口等事故，给生产造成困难。

明溜槽应避免布置在沟谷中，以减少地表水向明溜槽汇集。对于南方多雨地区，明溜槽放矿的防排水措施尤为重要。

采用明溜槽放矿时，汽车运输尽量在集中的卸矿平台上卸矿。当必须多水平同时卸矿时，一般下部卸矿平台应设于明溜槽的两侧位置，避免架设横跨溜槽的栈桥。

一般明溜槽下部要接一段暗溜井。当采场比高较小、溜槽服务年限不长、溜放矿石块度不大时，溜槽下部也可以不接暗溜井，直接在溜槽下部设置挡墙及安装放矿闸门结构。

13.2.4.2 平硐内运输方式

露天矿采用平硐溜井（槽）开拓时，矿石（或废石溜井溜放的岩石）必须经过溜井下口的放矿闸门或给料机到其他运输设备中，再转运到卸矿地点。目前，我国露天矿平硐内应用最多的运输方式为铁路，也可采用水平箕斗、胶带输送机将矿石运至破碎车间。

13.2.4.3 适用条件

（1）矿床埋藏于高山地带，采场与工业区（或排土场）的相对高差较大（一般大型露天矿相对高差大于120~180 m，中、小型露天矿一般不低于100 m）。

（2）矿区地形复杂、山坡陡峻、地表被沟谷切割，修筑地表运输线路困难，工程量大。

（3）具有开凿平硐溜井的地质条件。要求溜井穿过岩层整体性强，没有较大断层破碎带和软岩夹层，节理和裂隙不发育以及地下水不大等条件。若受条件限制，必须在地质条件较差的地段开凿溜井平硐，可以进行局部或全部加固，并采取必要的防排水措施。

（4）矿石（或岩石）黏性大、含泥量多，在溜放过程中易发生堵塞时不宜采用。但经采取措施能减少甚至避免严重堵塞时仍可以采用。

（5）因矿石溜放过程中产生粉矿而影响矿石质量，降低矿石价值时不宜采用。如平炉铁矿石、建筑用料石等。

粉矿率高的矿石，从生产管理和溜井结构上采取必要措施后能减少溜井堵塞时，仍可采用溜井放矿，但在比较方案时必须考虑粉矿的不利影响。

因硅尘对人体的危害较大，故硅石矿不宜采用溜井放矿。

13.3 新水平准备及掘沟工程

为使露天采场保持正常持续生产，需及时准备出新的工作水平。新水平准备是露天矿基建和生产中的控制性工程，是露天矿延深和持续生产必须进行的开拓准备工作，包括掘进新水平的出入沟、开段沟和为下一个新水平准备掘进出入沟所需要的扩帮工程。

新水平准备速度的快慢是限制露天矿生产能力的决定因素，在露天矿的设计和生产中，对新水平的准备必须予以高度的重视。

13.3.1　新水平准备程序

新水平准备程序如图 13-31 所示，随着采掘工作的进行，工作线不断向前推进。如图 13-31（a）所示，当+154 m 水平扩帮推进一定距离后，即可挖掘下一水平+142 m 水平的出入沟，然后掘进开段沟；当整个段沟形成后，沿工作帮一侧或两侧的段沟向水平方向推进，以便为再下一个开采水平+130 m 挖掘出入沟创造条件，如图 13-31（b）所示；当+142 m 水平扩帮推进一定距离后，即可挖掘下一水平+130 m 水平的出入沟，如图 13-31（c）所示，如此发展下去。

新水平准备方法和矿山采用的开拓方式有关，各种开拓方式的新水平准备方法、工程量、周期各不相同，各有其特点。

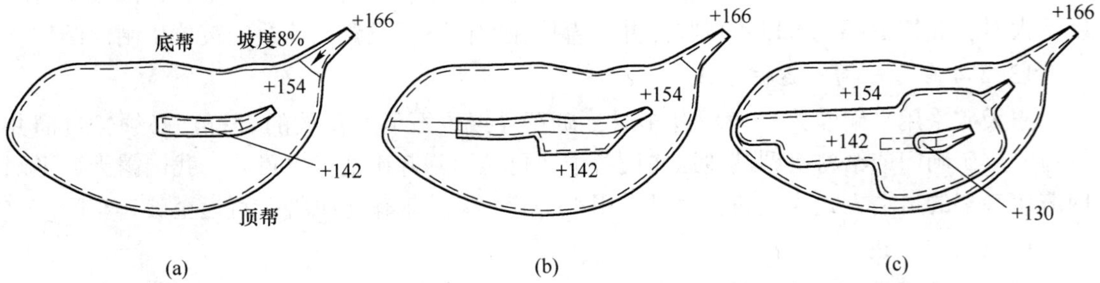

图 13-31　新水平准备工程平面示意图
（a）+142 m 水平准备状态；（b）+142 m 水平准备完毕状态；（c）+130 m 水平准备状态

13.3.2　加快新水平准备的措施

不管采用哪一种开拓方式的露天矿，新水平准备都是关键性工程。在设计和生产中必须采用合理的延深程序，加强技术与组织，以加快新水平准备。可以采取以下措施。

A　提高设备的生产能力

由于受新水平条件的限制，设备的生产能力不高。为此，在新水平准备工程中应采用生产能力较高的采掘设备，并相应地改善运输、爆破、排水等环节，提高采掘设备的生产效率及生产能力。

B　增加扩帮和掘沟的平行作业时间

对于矿体走向很长的露天矿，不必掘完段沟全长就可以进行扩帮。在条件允许的情况下，增加扩帮设备，可以缩短新水平准备时间。由于汽车运输优越性大，可以缩短采区长度和开段沟长度，又能更多地采用平行作业，缩短新水平准备时间，因此尽量采用汽车运输。

C　抓住主要环节，确保重点工程

新水平准备过程中，各类工程对新水平开拓时间的影响程度是不同的。为此，不应平均安排。在可能条件下，对重点工程应从人力、物力和设备的配置上予以保证，确保新水平开拓提早竣工。

D　减少新水平准备的工程量

在可能条件下，采用汽车运输方式进行新水平准备，尤其是采用垂直矿体走向开沟，向两端扩帮，可大大减少开沟工程量，加快新水平的准备速度。此外，改进爆破工艺，尽量减少爆堆的宽度，也可以减少新水平工程量。

总之，采用合理的开拓程序、正确的施工方法以及使用高效的采掘设备，集中必要的力量，新水平准备速度是可以大大加快的。

13. 3. 3　掘沟

在露天开采过程中，无论是在基建期间还是在整个生产时期内，都要进行掘沟延深工程。而掘沟速度又是加速延深的前提，是影响新水平准备工作的一个关键因素。

13. 3. 3. 1　掘沟方法的分类

掘沟方法主要按有无运输环节和矿山采用的工艺设备类型以及沟道断面的采掘程序进行分类。

掘沟方法按有无运输环节可分为有运输掘沟和无运输掘沟两类。无运输掘沟方法多用于沿山坡地形掘进三角形横断面的单壁沟；其他掘沟方法一般常用于凹陷露天矿掘进梯形横断面的双壁沟。

13. 3. 3. 2　掘沟工序

在坚硬岩石中，掘沟工序包括穿孔爆破、采装、运输、二次破碎，在有涌水的露天矿尚需进行排水工作。铁路运输掘沟除上述工艺外，还有拆铺线路工作。

由于是在断面狭窄的尽头处作业，尤其是掘三角台阶的出入沟，穿孔、爆破、采装、运输等掘沟工作条件都特别差，效率不高。

A　穿孔爆破工作

为提高掘沟速度，可以选用多排孔微差挤压爆破来改善爆破效果。在凹陷露天矿掘进双壁沟时，由于属于掏槽起爆，边孔爆破的夹制作用较大，边孔的装药量比其他孔增加15%~20%。靠非工作帮处掘沟时，为保护边坡稳定性，应进行控制爆破，位于最终边帮平台部分的钻孔，宜采用较小的孔网参数和孔径，钻孔不超深或少超深，适当减少钻孔的装药量，在沟帮地面上加一排孔径小的垂直短孔或布置与沟帮坡面平行的斜孔。

B　装运工作

a　汽车运输掘沟

多采用平装车全段高掘沟方法，即在全段高一次穿孔爆破，汽车驶入沟内采掘工作面，全段高一次装运。这种掘沟方法的掘沟速度主要取决于汽车在沟内的调车方法。

沟内的调车有回返式和折返式两种调车方式。为了提高车辆供应，折返式除了有单折返线方式外，还可采用双折返线调车，如图 13-32 所示。

这三种方式中，掘沟速度以双折返线调车最高，单折返线调车最低。当汽车供应充足时，采用双折返线调车法较为优越。

出入沟的底宽按汽车的技术规格及其在沟内的调车方法确定，开段沟的底宽除考虑上

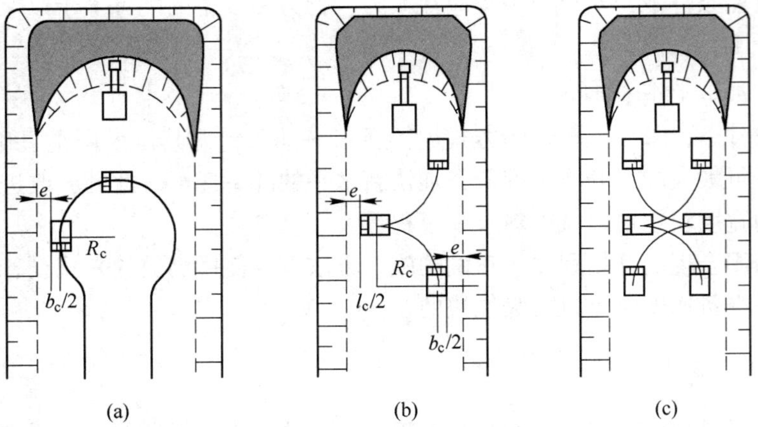

图 13-32 汽车在沟内的调车方式

(a) 回返式；(b) 单折返式；(c) 双折返式

述因素外，还要考虑初始扩帮的爆堆基本上不埋运输道路的要求，两者取大值。

(1) 按调车方式确定的最小底宽。回返式调车的沟底宽比折返式大。

回返式调车时：

$$b_{min} = 2(R_{cmin} + b_c/2 + e) \tag{13-3}$$

式中，b_{min}为沟底最小宽度，m；R_{cmin}为汽车最小转弯半径，m；b_c 为汽车宽度，m；e 为汽车边缘至沟帮底线的距离，m。

折返式调车时：

$$b_{min} = R_{cmin} + l_c/2 + b_c/2 + 2e \tag{13-4}$$

式中，l_c 为汽车长度，m。

(2) 按爆堆要求确定的最小底宽。如图 13-33 所示，开段沟沟底的最小宽度：

$$b_{min} = b_B + b_D - W_D \tag{13-5}$$

式中，b_B 为爆堆宽度，m；b_D 为道路宽度，m；W_D 为爆破带底盘抵抗线，m。

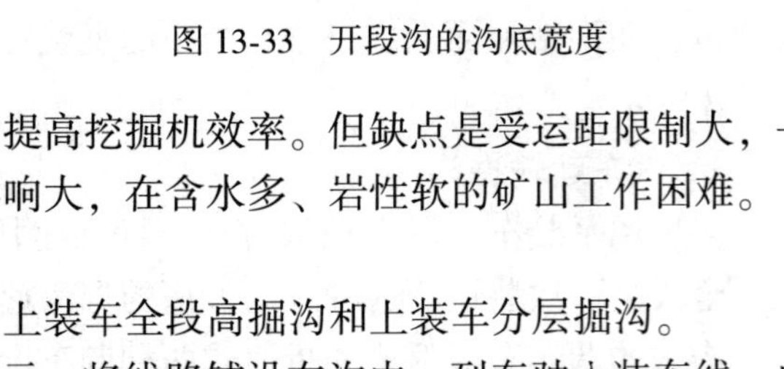

图 13-33 开段沟的沟底宽度

汽车运输掘沟的优点是运输灵活方便，适于各种复杂地形；采装与运输能较好地配合；入换简单，装车回转角小，有利提高挖掘机效率。但缺点是受运距限制大，一般超过合理运距则不经济；受季节和气候影响大，在含水多、岩性软的矿山工作困难。

b 铁路运输掘沟

铁路运输掘沟分为平装车全段高掘沟、上装车全段高掘沟和上装车分层掘沟。

(1) 平装车全段高掘沟。如图 13-34 所示，将线路铺设在沟内，列车驶入装车线，电铲向自翻车装载，每装完一辆车，列车被牵出工作面，将重车甩在调车线上，空列车再进入装车。如此反复直到装完整个列车，重载列车驶向沟外会让站后，另一列空车驶入装车线进行装车。

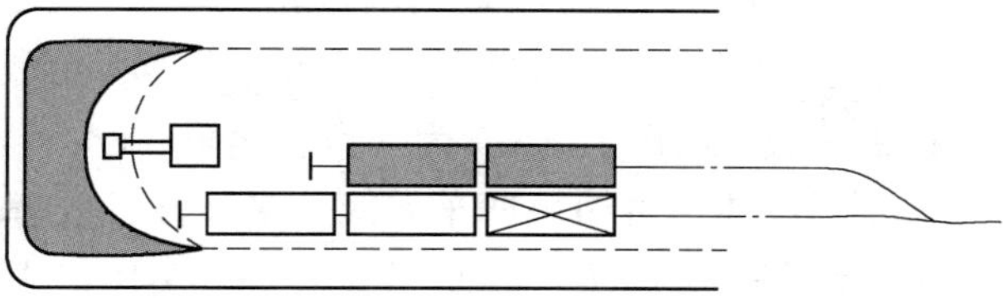

图 13-34 铁路运输平装车全段高掘沟

这种掘沟方法，采运设备为普通规格，与扩帮设备一致，工艺简单，掘沟到一定距离后可加铲平行作业。但由于列车解体调车频繁，空车供应率低，装运设备效率和掘沟速度低，掘沟过程中线路工程量大，线路需经常拆铺，接短轨、换长轨工程量大。因此，平装车全段高掘沟方法在生产中应用较少。

（2）上装车全段高掘沟。如图 13-35 所示，装车线铺设在沟帮的上部，用长臂铲在沟内向上部的自翻车装载，每装完一辆车向前移动一次。

长臂铲装车掘沟时，还可先掘进开段沟，至一定长度后，在继续掘进段沟的同时，开始掘进出入沟，使之平行作业，加快新水平的准备。其作业程序是：先在开段沟位置的中部穿孔爆破，保证长臂铲按 8°～10°的坡度呈“之”字形下挖爆堆上装车，最后下卧到开段沟底，当段沟向两端推进到一定距离后，在继续掘进段沟的同时，掘进出入沟。采用下卧开段沟上装车掘沟工艺时，其掘沟速度比平装车掘沟提高 25%～30%。

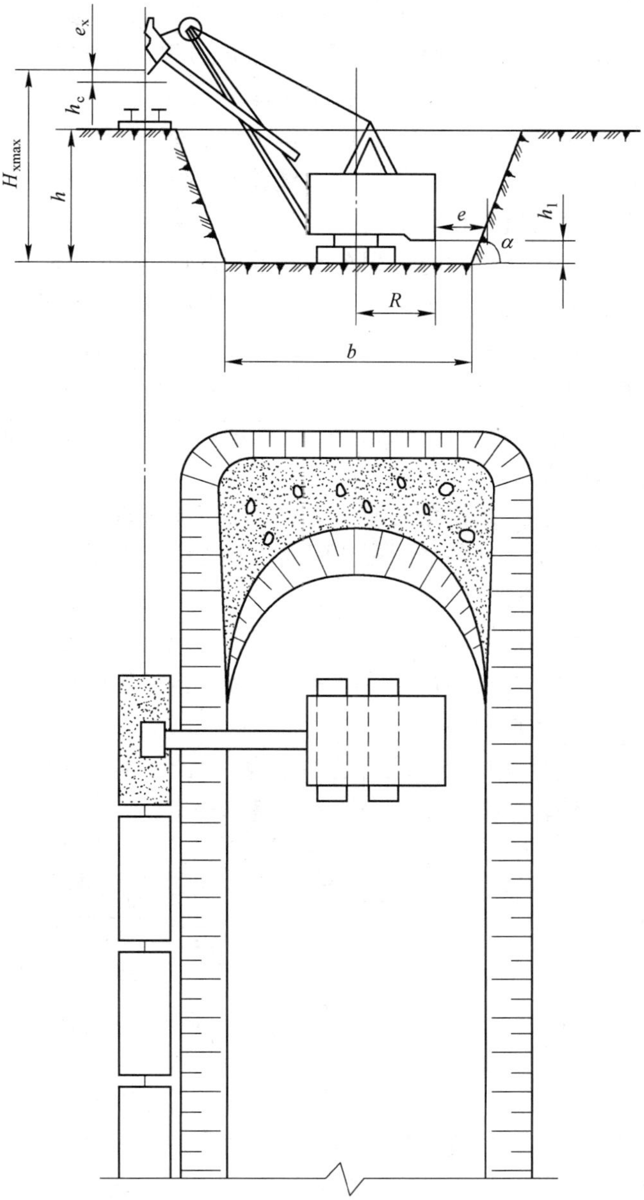

图 13-35 铁路运输上装车全段高掘沟

沟的深度和沟底宽度取决于长臂铲工作规格。沟底的最小宽度为：

$$b_{min} = 2(R + e - h_1 \cot\alpha) \tag{13-6}$$

式中，b_{min}为上装车时沟底最小宽度，m；R 为挖掘机回转半径，m；e 为挖掘机体至沟帮安全距离，m；h_1 为挖掘机体底盘高度，m；α 为沟帮坡面角，(°)。

这种掘沟工艺，列车不需解体，可缩短调车时间，采运设备效率高，掘沟进度较快。铁道不需接短轨、换长轨，线路移设简单，线路工程最少，工作组织比平装车掘沟简单。但需专用长臂铲，设备使用受限，上装车卸载点高，司机操作困难，挖掘循环时间较长，影响电铲效率，适用于大中型铁路运输露天矿。

（3）上装车分层掘沟。在没有长臂铲的情况下，为提高掘沟速度，可用普通规格的挖掘机或半长臂铲进行上装车分层掘沟。图 13-36 为上装车分层掘沟方法，图中的数字为掘进分层的顺序，线路向图中箭头所指位置移设。

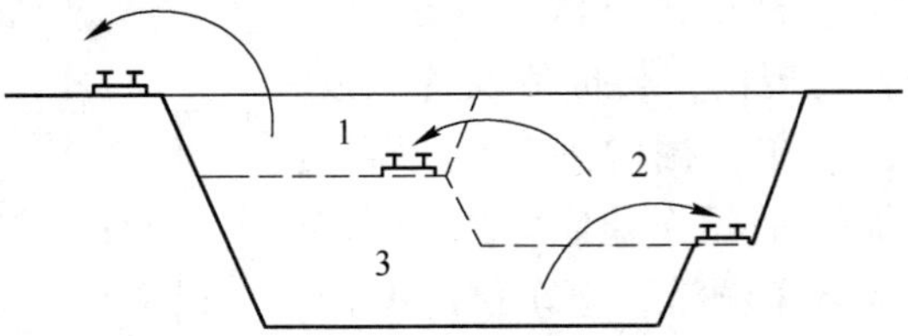

图 13-36　上装车分层掘沟

采用分层掘沟时，列车也不需解体调车，因而装运设备生产能力较高，必要时增加装运设备，使几个分层同时作业，加快掘沟速度。掘沟使用的普通挖掘机，各项工程均可通用，有利于维修和管理。但分层掘沟的掘进断面较大，掘沟工程量大，线路工程量大，必须在所有分层掘完，堑沟才能交付使用，若采用分层爆破时，钻孔较浅，孔网较密，每米爆破量较少，分层台阶高度小，对挖掘机满斗率有影响。

总之，采用铁路运输掘沟时，不论哪种掘沟方法都比汽车运输掘沟速度低，掘沟工程量大，新水平准备时间长，因而不利于强化开采。

c　联合运输掘沟

在铁路运输的露天矿，为提高掘沟速度，加速新水平的准备，可采用汽车—铁路联合运输掘沟。在汽车运输的露天矿，当掘沟的岩土松软或爆破后的岩块较小时，可采用前装机—汽车运输掘沟。

（1）汽车—铁路联合运输掘沟。如图 13-37 所示，汽车在沟内采用平装车方式装车，运至沟外转载平台将矿岩卸入铁路车辆运走。

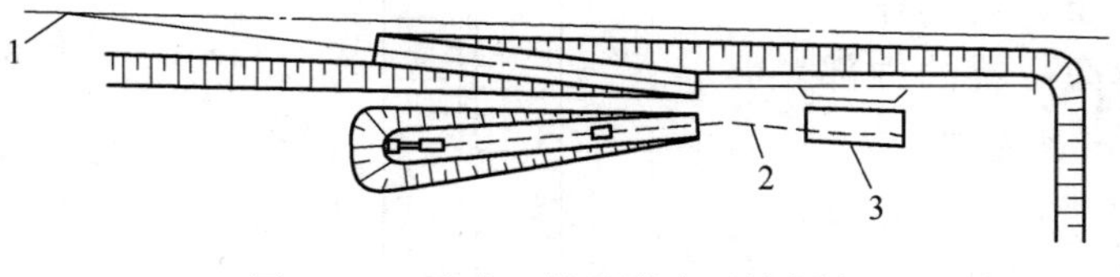

图 13-37　汽车—铁路联合运输掘沟

1—铁路；2—汽车道；3—转载平台

转载平台位置应尽量靠近会让站，缩短列车会让时间，结构形式不宜复杂，应有利于设置和拆除。

（2）前装机—汽车运输掘沟。当堑沟距地表和排土场很近时，前装机可独自完成采掘、运输和排弃工作时，不需汽车转运，这样，前装机代替了挖掘机和自卸汽车完成装运工作，将矿岩运出沟外。当堑沟距地表和排土场较远时，可采用前装机—汽车联合掘沟。

前装机掘沟，当沟较浅时，可采用全段高一次掘进；当沟较深时，宜采用分层掘进，分层高度取决于前装机的工作规格。

前装机在倾斜堑沟内向下挖掘岩石时，可阻止机体后退，减少铲斗挖取时间，提高前装机生产能力。由于设备效率的提高和掘沟工程量的减少，加快了掘沟速度。前装机在沟内可倒车退出沟外，大大缩小了沟底宽度。

d　无运输掘沟

无运输掘沟分为倒堆掘沟和抛掷爆破掘沟两种。

(1) 倒堆掘沟。如图 13-38 所示，用挖掘机将沟内的岩石直接倒至沟旁的山坡堆置。

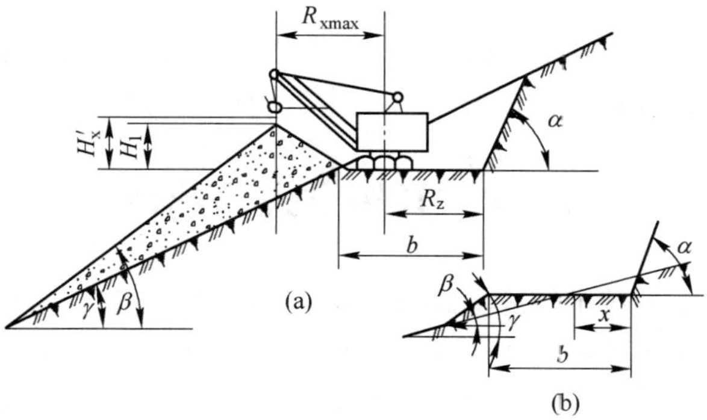

图 13-38　倒堆掘沟

按设计的沟底宽度，所用挖掘机的工作规格应为：

$$R_{xmax} \leqslant b - R_z + H_1\cot\beta$$

$$H'_x \geqslant H_1 \tag{13-7}$$

式中，R_{xmax}为挖掘机最大卸载半径，m；b 为沟底宽度，m；R_z 为挖掘站立水平挖掘半径，m；H_1 为岩堆超过挖掘机站立水平的高度，m；H'_x为挖掘机最大水平伸出时的卸载高度，m；β 为岩堆坡面角，(°)。

在缓山坡掘沟时，可采用掘沟的岩石来加宽沟底，从而大大减少掘沟工程量。但必须采取预防岩石沿山坡滑动的措施，以保证沟底的稳定性。对于大型汽车，由于对地压力很大，一般不宜采用这种半挖半填的沟道。

(2) 定向抛掷爆破掘沟。主要用于山坡掘进单壁路堑。采用单侧抛掷爆破的方法将沟内的岩石破碎，并将其大部分抛至沟外的山坡，如图 13-39 所示，残留在沟内的岩石用挖掘机进行清理。

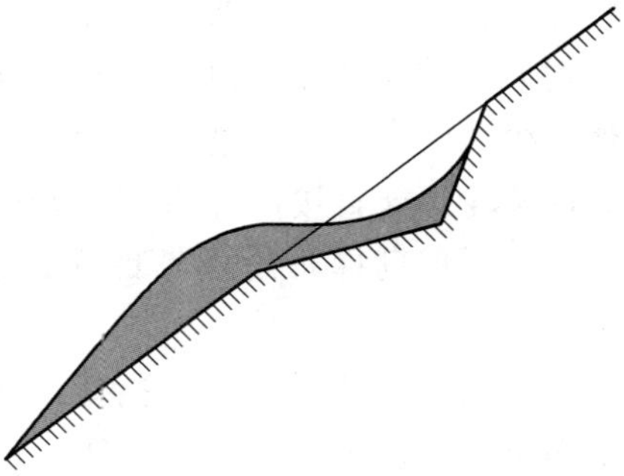

图 13-39　单侧定向抛掷爆破掘沟

合理地进行爆破设计和施工，这种掘沟方法能达到很高的掘沟速度，在较短的时间内即能成沟，掘沟工序简单，设备效率高，可加快矿山建设。

但这种掘沟方法对地形、矿体埋藏条件、岩石性质要求严格，采用抛掷爆破单位药量消耗大，掘沟费用高，爆破震动和碎石散落范围大，影响周围建筑物的安全。

13.3.3.3　掘沟速度

与正常采剥作业相比，掘沟有如下特点：尽头区采掘工作面狭窄；爆破自由面少，质量不易保证；处于采场最低水平，雨季生产受影响。因此，掘沟工作面往往会成为露天矿生产的薄弱环节。掘沟速度表示如下：

$$U = \frac{Q}{S} \tag{13-8}$$

式中，U 为掘沟速度，m/月；Q 为掘沟设备效率，m^3/(台·月)；S 为沟道断面面积，m^2。

加快掘沟速度的基本途径是：提高掘沟设备生产效率，在条件允许时尽量减小沟道断面，加强组织管理，做好扩帮及有关工程与掘沟工程的配合。

13.4　开拓方式的选择

开拓方式与露天矿的技术经济指标的优劣紧密相关，它直接影响了矿山的基本建设工程量、基建投资、矿山投产和达产期限，此外还影响矿山的生产能力、矿石贫化、损失指标和矿石成本等。开拓系统一旦建成，将较长期使用，不宜经常改变。因此，正确选定合理的开拓方式是十分重要的。

13.4.1　影响开拓方式的主要因素

（1）自然条件：包括地形、气候、矿体埋藏条件（矿体倾角、埋藏深度、构造、覆盖层厚度、矿体形状及分布情况等）、矿岩性质、水文及工程地质条件、矿床勘探程度及储量发展远景等。

对矿体埋藏深度浅、平面尺寸较大的矿床，优先考虑采用铁路运输开拓；而埋藏深度大、平面尺寸较小的矿山，可采用箕斗提升或斜坡串车提升开拓方式；沿走向较长的层状矿体宜用直进—折返式铁路运输；开采范围不大而矿体长、宽相近的矿山，宜用汽车螺旋坑线开拓；山坡露天矿，若比高较大，且矿岩较稳固，应优先采用平硐溜井开拓运送矿石，并充分利用附近山坡作排土场，如南芬铁矿、镜铁山矿等；山坡较陡、产量不大的小型矿山可采用重力卷扬开拓，以节省电力和投资。

对于矿石黏结性大、含泥多、溜放过程易堵塞的露天矿，一般不宜用溜井开拓；矿石易粉碎、粉碎后严重降低其价值者，如平炉铁矿和煤矿等一般不宜用溜井运送。

对矿石的质量要求很严格时，沟道位置及工作线的推进方向应考虑选别开采的要求，工作线由顶帮向底帮推进可减少矿石的贫化和损失，此时一般宜采用公路开拓。

用斗轮铲能直接挖掘的较软矿岩应采用连续开采工艺，宜采用胶带机开拓。

对于深部勘探程度不够的矿床，不能确定露天采场的最终境界，宜采用移动坑线开拓。

（2）开采技术条件：包括露天开采境界尺寸、生产规模、工艺设备类型、开采程序、总平面布置及建矿前开采情况等。

生产规模较大的露天矿宜用准轨铁路或公路运输，而生产规模较小的露天矿可用窄轨铁路或公路运输。

采用铁路运输的凹陷露天矿，由于矿山深部境界尺寸变小，铁路展线困难，可从单一铁路开拓改为铁路—公路联合开拓。

对建矿前已开凿地下井巷的露天矿，在考虑矿山开拓方式时，为了充分利用已有的井巷工程，常采用地下坑道开拓。

(3) 经济因素：包括矿山建设的方针、政策、建设速度、设备购置费用及供应条件、矿岩运费等。

要求建设速度较快时，倾斜的矿床采用沿矿体顶、底板移动坑线开拓，可显著减少基建工程量并加快投产、达产时间。

决定露天矿开拓方式时应因地制宜，针对矿山具体条件，既要综合考虑各种因素，又要抓住主要影响因素进行合理选择。

13.4.2 开拓方式的选择

A 选择开拓方案的主要原则

(1) 保证投产早，达产快；(2) 生产工艺简单可靠，经济效益显著，设备选择应因地制宜；(3) 工程量少，施工方便；(4) 不占良田，少占土地，并有利于改地造田；(5) 基建投资较少，特别注重减少初期投资；(6) 生产经营费低，特别注重减少初期的生产经营费。

B 选择开拓方式的步骤

设计露天矿时，常存在几个可行的开拓方案，应按照国家的方针政策，通过技术经济比较的方法加以选择。其步骤如下：

(1) 根据具体矿山条件，选择技术上可行的若干方案。这些方案在开拓系统、生产工艺方式、工程发展程序及总平面布置等方面都有不同的特点。

(2) 对各方案进行初步分析，根据国内外露天矿的设计、生产实践经验，删去明显不合理的方案。

(3) 对保留的几个方案进行沟道定线，并做出与矿山工程发展及生产工艺系统有关的技术经济计算。

(4) 对各方案进行技术经济比较、综合分析评价，选取最优方案。

开拓方式的选择实质上是露天开采的整个原则方案，它不仅是开拓定线和基建工程量的比较，而且涉及工艺、设备的选择，生产规模的保证程度以及技术经济指标比较等。

14　开 采 程 序

本章课件　思维导图

露天采场是一个空间形状复杂的几何体，其形状、大小及其境界内的矿岩量都是不同的。要保证以一定的生产能力经济合理地开采境界内的矿石，就要合理地发展矿山工程。

露天矿的开采程序是指研究在既定的开采境界内采剥工程在时间和空间上的发展变化方式。开采程序与生产工艺系统以及开拓方式有密切联系，它往往会影响生产工艺系统和开拓方式的选择与确定。

对露天矿开采程序的基本要求是能安全持续生产，保证矿石的产量、品种、质量和提供时间满足计划要求，以最小的投资和生产费用获得最大的经济效益。

开采程序的改变并非短期内轻而易举就能实现的，需要从矿床条件、生产工艺、开拓方式、基建工程、矿山产量、生产剥采比的发展、损失贫化等多方面综合分析，一般要进行方案技术经济全面比较后才能做出决定。

构成开采程序的五个特征要素有开采台阶划分形式、采场降深方式、工作线布置和推进方式以及工作帮构成，下面分别介绍。

14.1　开采台阶划分

研究开采台阶的划分主要解决两个问题，首先要确定台阶形式，即划分水平台阶还是倾斜台阶，或者二者兼有；其次要确定工作面参数。

台阶形式和工作面参数的确定应满足以下基本要求：(1) 生产作业安全；(2) 主要生产设备正常工作，提高设备效率；(3) 减少矿石损失及贫化。

14.1.1　台阶形式

为便于主要采、装、运设备作业，一般把采场划分为具有一定高度的水平台阶。

对于缓倾斜单层或多层薄矿体的露天矿，如果划分成水平台阶时，在划定的开采台阶高度内往往由两种以上的矿岩组成，如图 14-1 (a) 所示。在这种情况下，为了减少损失贫化，要实现矿岩分采是极为困难的，甚至无法采出质量合格的产品。因此在采矿地段可以考虑采用如图 14-1 (b) 所示的倾斜台阶开采，而在覆盖岩层中仍采用水平台阶开采。倾斜台阶的倾角应与矿层的倾角一致，倾斜台阶的高度应与矿层及岩石夹层的厚度一致，以保证每一个倾斜台阶高度内矿石或岩石单一化，即全部为矿石或全部为岩石，减少矿石的损失贫化。

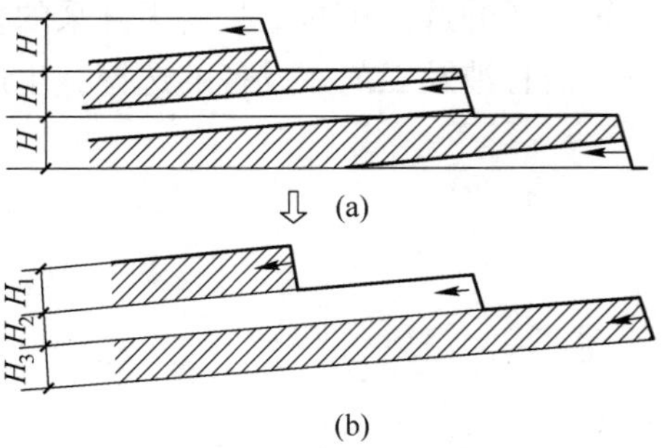

图 14-1　缓倾斜单层或多层薄矿体的露天台阶划分

确定的台阶高度及倾角要与主要设备的选择相适应。当矿层或岩层的厚度超过设备正常安全作业的高度时，应按设备安全作业要求确定台阶的高度，将矿层或岩层划分成两个或数个倾斜台阶；确定的台阶倾斜角必须满足主要设备安全作业的要求，即要求台阶倾斜角小于穿孔、挖掘、运输设备在斜面上作业的最大允许角度。

在开采缓倾斜多层薄矿体时，由于采用倾斜台阶在减少矿石的损失贫化方面具有突出的优越性，尽管在生产管理上要复杂一些，设备效率可能要受些影响，但也应尽量采用。

14.1.2 工作面参数

工作面参数包括台阶高度、采掘带宽度、工作平盘宽度和采区长度。采装工作是露天开采最重要的工艺环节，为了充分发挥挖掘机的采装效能，工作面参数应与挖掘机相适应。工作面参数确定得合理与否不仅影响挖掘机的采装工作，也影响露天矿其他生产工艺过程的顺利进行。

14.1.2.1 台阶高度（h）

影响台阶高度的因素是多方面的，如挖掘机工作参数、矿岩性质和埋藏条件、穿孔爆破工作要求、矿床开采强度以及运输条件等。

A 挖掘机工作参数对台阶高度的影响

挖掘机直接在台阶下挖掘矿岩，要求台阶高度既要保证作业安全，又要提高挖掘机工作效率。

a 平装车时台阶高度

一方面，台阶高度不能过高。当挖掘不需要预先爆破的岩土时，为了便于控制挖掘，台阶高度一般不大于最大挖掘高度，若超过最大挖掘高度时，上部残留的岩土突然塌落，会引起局部埋住和砸坏挖掘机，甚至危及作业人员的安全。

挖掘坚硬矿岩的爆堆时，要控制爆破后的爆堆高度也不大于最大挖掘高度。当爆破的块度不大、没有黏结性，又不需要分采时，爆堆高度可为最大挖掘机高度的 1.2~1.3 倍。采用多排孔微差挤压爆破时，爆堆的最大高度一般大于台阶高度，因此，台阶高度也不应大于最大挖掘高度。

另一方面，台阶高度不能过低。如果台阶高度过低，从挖掘机工作的角度来看，造成铲斗挖不满，降低挖掘机效率；从运输角度来看，因整个矿山台阶数增多，若采用铁路运输，使线路等铺设和维护工作量相应增加。松软岩土的台阶高度和坚硬矿岩的爆堆高度都不应低于挖掘机推压轴高度的 2/3。

b 上装车时台阶高度

上装车即运输设备位于台阶上部平盘，如图 14-2 所示。

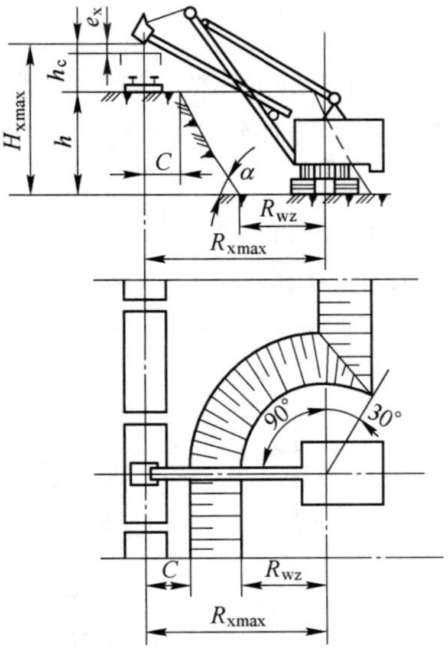

图 14-2 上装车段高确定

为使矿岩装入运输设备，台阶高度按挖掘机的最大卸载高度和最大卸载半径来确定，即：

$$h \leqslant H_{xmax} - h_c - e_x \tag{14-1}$$

$$h \leqslant (R_{xmax} - R_{wz} - C)\tan\alpha \tag{14-2}$$

上装车的台阶高度取式（14-1）和式（14-2）中的较小值。

式中，h 为上装车时的台阶高度，m；H_{xmax}为最大卸载高度，m；h_c 为台阶上部平盘至车辆上缘高度，m；e_x 为铲斗卸载时铲斗下线至车辆上线间隙，一般 $e_x \geqslant 0.5 \sim 1.0$ m；R_{xmax}为最大卸载半径，m；R_{wz}为站立水平挖掘半径，m；C 为线路中心至台阶坡顶线的间距，与台阶岩土稳定程度有关，m；α 为台阶坡面角，（°）。

B　其他因素对台阶高度的要求

a　矿岩性质

合理的台阶高度应首先保证台阶的稳定性，以便矿山工程能安全进行。因此，对于松软岩土，从安全角度考虑，不宜采用大的台阶高度。

b　开采强度

当台阶高度增加时，工作线推进速度随之降低，新水平的准备工作也将会推迟。同时掘沟速度也随台阶高度的加高而显著降低，使新水平准备时间延长，影响延深速度。因此，在矿山建设期间，往往采用较小的台阶高度，加快水平推进速度，缩短新水平的准备时间，尽快投入生产。

c　运输条件

增大台阶高度，可减少露天采场台阶总数，简化开拓系统。尤其是采用铁路运输时，可减少铁路、轨线的需用量和线路移设维修工作量。

d　矿石损失与贫化

开采矿岩接触带时，由于矿岩混杂而引起矿石的损失与贫化。在矿体倾角和工作线推进方向一定的条件下，矿岩混合开采的宽度随台阶高度的增加而增加，矿石的损失与贫化也增大。

图 14-3 是工作线从顶帮向底帮推进的矿岩混采界限。当台阶高度由 h 增大到 h'，混采宽度由 L 增加到 L'，则混采的矿岩增加的面积为：

$$\Delta S = L(h' - h) \tag{14-3}$$

式中，ΔS 为混岩的增加量，m^2。

另外，在确定台阶标高时，为了减少矿石的损失贫化，应尽量使每个台阶都由均质岩石组成，台阶上、下盘的标高尽可能与矿岩接触线一致，如图 14-4 所示。

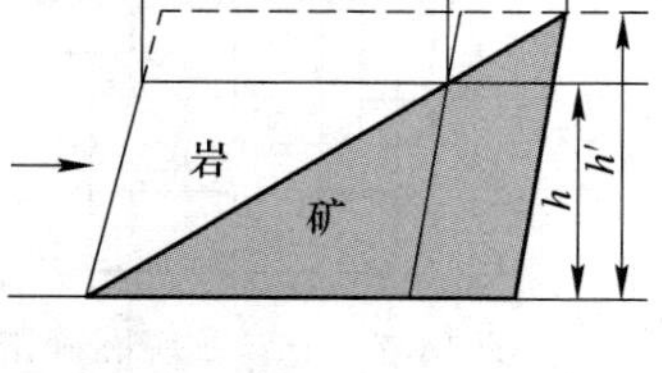

图 14-3　台阶高度对矿岩混采的影响

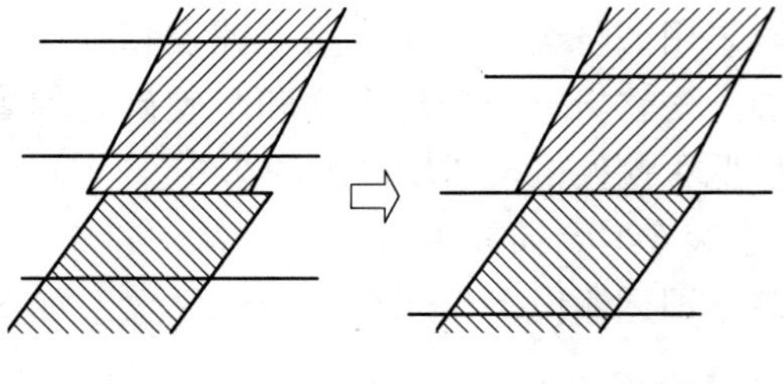

图 14-4　台阶的标高应与矿岩接触线一致

同一矿山采矿和剥离台阶高度可以不一致；不同开采时期（不同开采空间位置）台阶高度也可以不同，这些都应根据具体条件和实际需要确定。但由于台阶高度不同，水平推进速度不同，不要使这种速度上的差异影响正常生产。

14.1.2.2 采区长度（L_c）

采区长度（又称挖掘机工作长度）是把工作台阶划归一台挖掘机采掘的那部分长度，如图 14-5 所示。

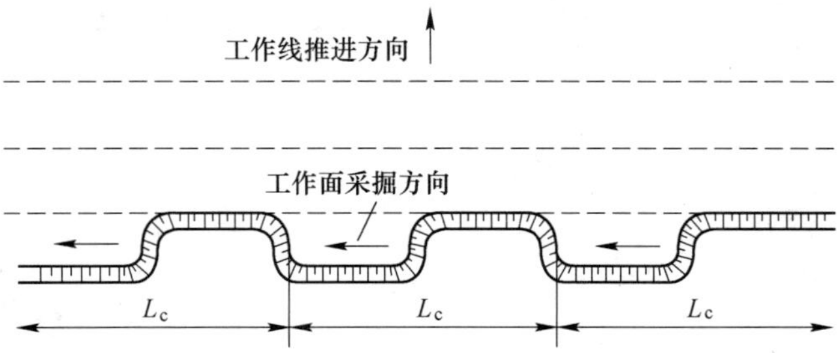

图 14-5 采区长度

采区长度是根据穿爆与采装的配合、各水平工作线的长度、矿岩分布和矿石品级变化、台阶的计划开采强度以及运输方式等条件确定的。

采区最小长度应满足挖掘机的正常作业，至少应保证挖掘机有 5~10 天以上的采装爆破量。

14.1.2.3 采掘带宽度（b_c）

采掘带宽度就是一次挖掘的宽度，如图 14-6 所示。采掘带确定得过窄，则挖掘机移动频繁，减少了作业时间，降低挖掘机生产能力，同时增加了履带磨损，如果采用铁路运输还会增加移道次数；采掘带确定得过宽，则挖掘机的挖掘条件恶化，采掘带边缘满斗程度低，残留矿岩较多，清理工作量大，因而也会使挖掘机生产能力降低。

为保证挖掘机的采装生产能力，采掘带宽度应使挖掘机向里侧回转角度不大于 90°，向外侧回转角度不大于 30°。

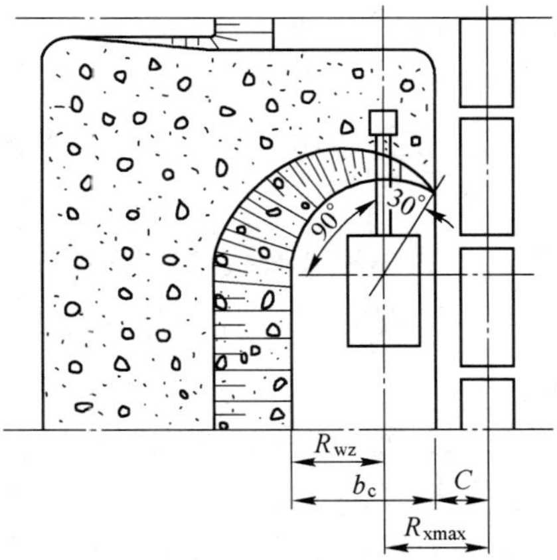

图 14-6 采掘带宽度

以铁路运输平装车为例，采掘带宽度的确定如图 14-6 所示，其变化范围为：

$$b_c = (1 \sim 1.5)R_{wz} \qquad (14\text{-}4)$$

$$b_c \leqslant R_{wz} + fR_{xmax} - C$$

式中，b_c 为采掘带宽度，m；R_{wz} 为挖掘机站立水平挖掘半径，m；R_{xmax} 为挖掘机最大卸载半径，m；f 为铲杆规格利用系数，f=0.8~0.95；C 为外侧台阶坡底线或爆堆坡底线至车辆边缘距离，C=2~3 m。

台阶高度、采区的长度和宽度之间是互相联系又互相制约的。一般情况下，三个参数中台阶高度是主要的，因为它对于采掘效果以至全矿生产及工程发展都有较大影响。设计时一般先确定台阶高度。

14.1.2.4　工作平盘宽度（B）

工作平盘是进行采掘运输作业的场地。

工作平盘宽度取决于爆堆宽度、运输设备规格、设备动力管线的配置方式以及所需的回采矿量。仅按布置采掘运输设备和正常作业必需的宽度，称为最小工作平盘宽度。其组成要素如图 14-7 所示。

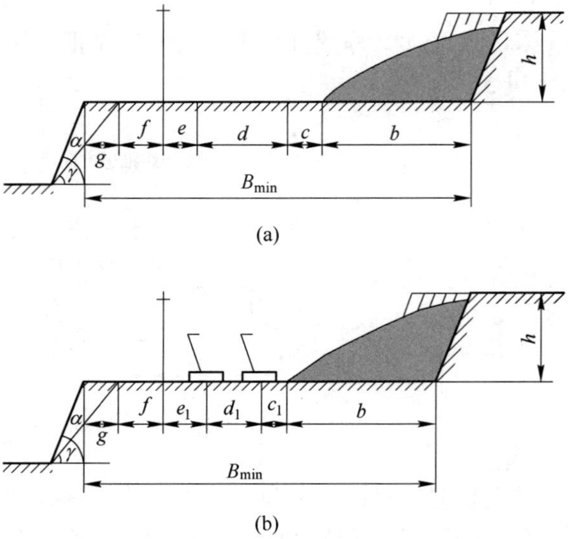

图 14-7　最小工作平盘宽度

（a）汽车运输；（b）铁路运输

（1）汽车运输时最小工作平盘宽度，如图 14-7（a）所示：

$$B_{min} = b + c + d + e + f + g \tag{14-5}$$

式中，B_{min} 为最小工作平盘宽度，m；b 为爆堆宽度，m；c 为爆堆坡底线至汽车边缘的距离，m；d 为车辆运行宽度（与调车方法有关），m；e 为线路外侧至动力电杆的距离，m；f 为动力电杆至台阶稳定边界线的距离，$f=3\sim4$ m；g 为安全宽度，m，$g = h(\cot\gamma - \cot\alpha)$；$\alpha$ 为台阶坡面角，(°)；γ 为台阶稳定坡面角，(°)。

（2）铁路运输时的最小工作平盘宽度，如图 14-7（b）所示：

$$B_{min} = b + c_1 + d_1 + e_1 + f + g \tag{14-6}$$

式中，c_1 为爆堆坡底线至铁路线路中心线间距，通常为 2～3 m；d_1 为铁路线路中心线间炬，同向架线 $d \geqslant 6.5$ m，背向架线 $d \geqslant 8.5$ m；e_1 为外侧线路中心至动力电杆间距，$e_1 = 3$ m。

按照一定生产工艺所确定的最小工作平盘宽度，是在该条件下维持正常剥采的最低尺寸。露天矿实际工作平盘宽度通常都大于最小工作平盘宽度，因为上、下水平是不可能完全同步推进的。工作平盘小于允许的最小宽度时，意味着正常生产被破坏，将迫使下部台阶减缓或停止推进。因此，保持一定的工作平盘宽度是保证上、下台阶各采区之间正常进行剥采作业的必要条件。

14.2　工作帮构成

工作帮按布置方向可分为纵向和横向两种。纵向工作帮指工作线方向与外扩边帮的走向相一致的工作帮结构形式，横向工作帮则指工作线方向与外扩边帮的走向相垂直。

按台阶间作业的相对独立性，工作帮又可分为独立台阶作业和组合台阶作业两种。一般，矿山都采用纵向独立台阶作业工作帮。

14.2.1 纵向独立台阶作业的工作帮

一般地，这种工作帮少则由2~3个工作台阶组成，多则由10余个工作台阶组成，每个台阶都设有工作台阶，台阶剥采作业具有相对独立性。

这种方式工作帮坡角较缓，一般只有10°~15°，如图14-8所示。

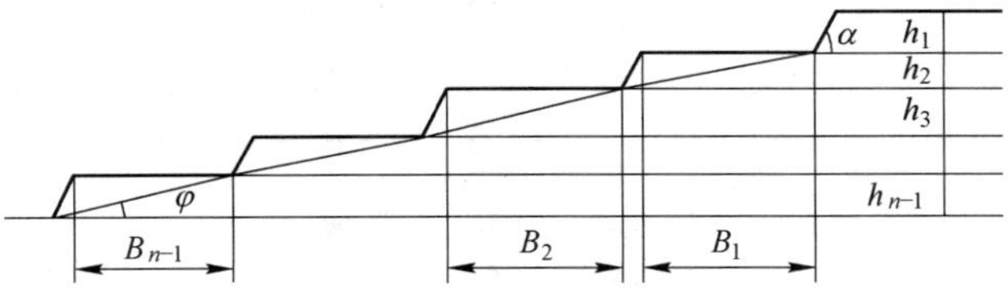

图14-8 纵向独立台阶作业工作帮

当有 n 个台阶同时作业时，工作帮坡角为：

$$\tan\varphi = \Sigma h_i / (\Sigma h_i \cot\alpha + \Sigma B_i) \tag{14-7}$$

式中，φ 为工作帮坡角，(°)；h_i 为台阶高度，m；α 为台阶坡面角，(°)；B_i 为工作平台宽度，m。

当各台阶的台阶坡面角 α、工作平盘宽度 B、台阶高度 h 都相同时，可按式（14-8）计算：

$$\tan\varphi = h / (h\cot\alpha + B) \tag{14-8}$$

纵向独立台阶作业的工作帮形式在任何条件下均可采用，只要保证各台阶间有正常的工作台阶宽度即可，生产组织管理工作比较简单。但这种形式的工作帮坡角较缓，导致提前剥岩，生产剥采比的人为调节灵活性较差。

14.2.2 加陡工作帮坡角

倾斜矿床的生产剥采比在开采中是变化的，加陡工作帮坡角，可以减少基建剥离量和推迟剥离高峰，改善经济效益。

可以采取以下措施加陡工作帮坡角。

14.2.2.1 组合台阶作业的工作帮

把若干个相邻开采台阶人为地划为一组，每一组台阶同一时间内只设一个台阶进行剥采作业，这一组台阶称为组合台阶，如图14-9所示。图中所示为 H_1 及 H_2 两组，每组均由三个开采台阶组成，每组中同时按1、2、3及1′、2′、3′顺序进行采剥，完成一个循环后在新的位置上按同样方式继续进行采剥工作，一直循环到预定的开采位置为止。

A 平台宽度

图14-9中，开采台阶之间的临时安全平台宽度 b 值，可以等于露天采场最终边坡的安全平台宽度。从尽可能加大工作帮坡角来看，b 值越小越好；从方便生产、减少各组合台阶之间相互影响来看，b 值大一些有利。一般条件下，b 值可按5~15 m考虑，如果在安全平台上需要有运输设备通过时，则还应按运输线路宽度要求确定。

工作平台宽度 B_p 的数值，主要应满足采装运设备的正常要求。它是 B 值和 b 值之和，当 b 值确定后，组合台阶一次推进宽度 B 值必须满足工作平台宽度 B_p 的需要。

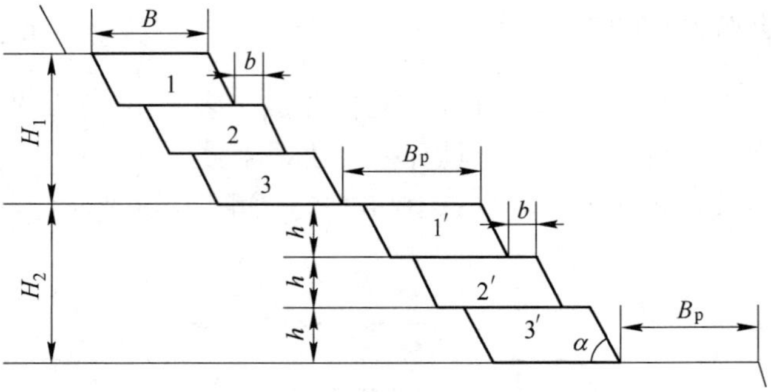

图 14-9 组合台阶构成

h—台阶高度；B—组合台阶一次推进宽度；b—台阶安全平台宽度；B_p—组合台阶作业平台宽；H_1，H_2—两组组合台阶高度（$H=nh$，n 为组合台阶中台阶数）；α—台阶坡面角

B 工作帮坡角

如图 14-10 所示，当各组参数都相同时，可按式（14-9）计算：

$$\tan\varphi = \Sigma h/(\Sigma h\cot\alpha + B_p + \Sigma b) \qquad (14\text{-}9)$$

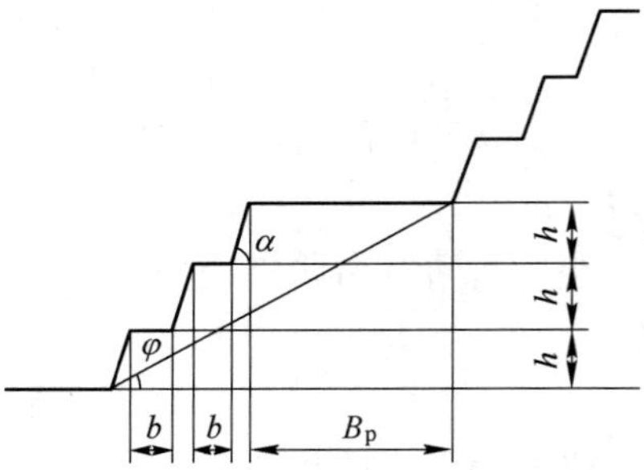

图 14-10 组合台阶作业的工作帮坡角

采用组合台阶是加大工作帮坡角的方式之一，有利于推迟剥岩、调节生产剥采比。但由于作业台阶比较分散，设备调动频繁，上下两相邻组合台阶之间的制约比较严格，灵活性小，采场内运输线路布置和组织管理比较复杂。

C 组合台阶高度的确定

即确定几个台阶为一组的问题，是影响经济效益和技术复杂程度的关键性因素，也影响到矿山生产规模、一台挖掘机的生产能力、一次扩帮推进宽度、扩帮带长度等。

组合台阶完成一次扩帮循环的工程量为：

$$Q = HBL, \qquad Q = nqT$$

$$H = Q/(BL) = nqT/(BL) \qquad (14\text{-}10)$$

式中，H 为组合台阶高度；n 为挖掘机台数，台；L 为扩帮带长度，m；Q 为组合台阶完成一次扩帮循环的工程量，m^3；T 为一次扩帮循环时间，年；q 为单台挖掘机的生产能力，m^3/(台·年)；B 为组合台阶一次推进宽度，m。

一次扩帮量推进宽度 B 值一般是按一次扩帮循环周期内要求的采矿降深确定，具体可用式（14-11）求得：

$$B = VT(\cot\varphi \pm \cot\theta) \qquad (14\text{-}11)$$

式中，V 为生产规模要求的采矿降深速度，m/年；φ 为工作帮坡角，（°）；θ 为延深角，（°）；T 为扩帮循环时间，年。

扩帮循环时间一般按 1~3 年考虑，时间不宜过长。前面已提到的工作平台宽度 B_P 为 B 值与 b 值之和，所以，用式（14-11）确定的 B 值必须满足：

$$B \geqslant B_{Pmin} - b \qquad (14\text{-}12)$$

式中，B_{pmin}为按技术要求的平台宽度最小值，m。

式（14-10）中，确定组合台阶高度 H 的几个参数 n、q、T、B、L 值都是可变的，在实际工作中往往要根据具体条件对每个参数确定多个不同值，求出几个 H 值，经分析比较后确定。从尽可能增大工作帮坡角的要求出发，当然是 H 值越大越好。但是，H 值越大，组合台阶数就越多，电铲上、下多台阶的频繁调动，增大了电铲行走时间，降低了采装效率。为了提高采装效率，每个台阶的最小工作线长度不应小于 200 m，在保证相同开采强度的条件下，对采运设备大型化的要求也越高。根据有关资料推荐，选用大型采掘设备时，一般按 4~6 个台阶进行组合；采用较小型采掘设备时，组合台阶数应为 3~4 个比较适宜。

露天矿生产的不同时期和不同地点的组合台阶高度是可变的，不能认为一经确定后就一成不变。

D　设计组合台阶作业应注意的问题

设计组合台阶作业还应当注意以下问题：

（1）由于要求的开采强度大，而作业的工作面较少，为简化生产组织管理工作和适应高强度开采的特点，应尽可能采用大型装运设备。

（2）由于采场内常用移动坑线运输，加之平台宽度比较窄，因此，设计采场内的运输线、联络线时，必须保持运输线路畅通以及各组合台阶间的生产工作互不干扰。

（3）只有矿体倾角呈倾斜或急倾斜时采用组合台阶开采才具有较好的开采效果，水平矿体采用组合台阶开采几乎毫无价值。

14.2.2.2　横向工作帮

如图 14-11 所示，采剥工作按 1、2、3、4 顺序分倾斜条带由内向外扩帮。在每一个倾斜条带内，各台阶工作线与外扩的边帮走向近于垂直，一般为短工作线横向布置、纵向推进。按照台阶作业的相对独立性，也可划分台阶独立作业和台阶组合作业两种方式推进，一般以前者为主，如图 14-12 所示。

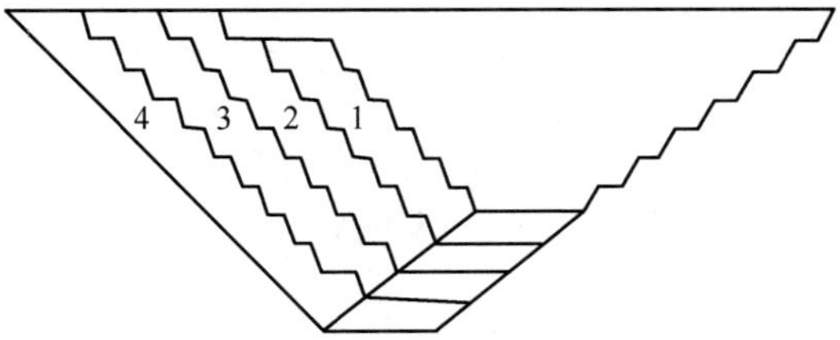

图 14-11　边帮分倾斜条带外扩示意图

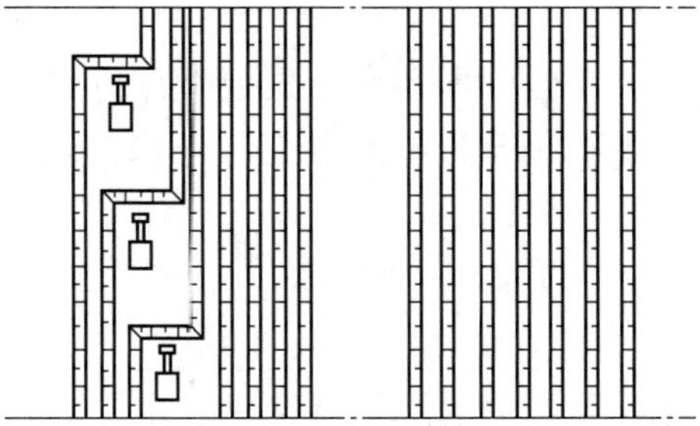
图 14-12　横向工作帮、台阶独立作业的平面示意图

横向工作帮形式多用于分期、分区开采，以及采用汽车运输的露天矿。

横向工作帮形式的工作帮坡角虽然也很缓，但倾斜条带的边帮倾角较陡。就总体而言，剥岩工程是按倾斜条带自内向外扩展的，所以仍然可以起到推迟剥岩的效果。

横向工作帮形式的缺点是：采剥之间、各台阶之间的制约关系比较严格，工作线较短，对生产组织管理工作要求较严，运输线路的布置较难。

以上所列的工作帮构成方式，在同一个采场内，在不同的时间和地点，按具体条件可分别采用或同时采用，特别是采用汽车运输时就更为灵活。

14.3 开采程序分类及特征

按采剥工程在露天开采境界内空间、时间上的先后顺序特征，开采程序可分为全境界开采、分期开采、分区开采和分区分期开采四大类。

14.3.1 全境界开采

全境界开采是指采剥工程按划分的开采台阶，在水平方向连续扩展到最终开采境界，在垂直方向按开采全深范围逐层连续向下降深，直到最终开采深度为止。过去，我国露天矿绝大部分采用全境界开采。

与分期开采和分区开采相比，全境界开采可以有较大的生产能力，生产组织管理工作比较简单。但它要求在设计时一次确定最终开采境界，因此矿山资源必须一次勘探清楚，勘探时间长，一次工作量大。对有利部位的优先开采选择性比较差，造成基建工程量大、基建时间长、生产剥采比的调节余地较小、洪峰值出现较早和峰值较高等严重缺点。随之造成初期使用的设备数量多，投资大，生产费用高，影响矿山开采特别时初期开采的经济效益。

全境界开采有以下几种典型开采程序：

A 沿下盘境界降深、沿走向布置工作线、单侧推进的开采程序

此开采程序的具体特征是：水平划分台阶、沿下盘境界降深、沿走向（采场长轴）布置工作线、垂直走向单侧推进、纵向工作帮、台阶独立作业，如图 14-13 所示。如果其他要素不变，只把降深方式由下盘境界降深改为沿上盘境界降深，就变成另一种开采程序。

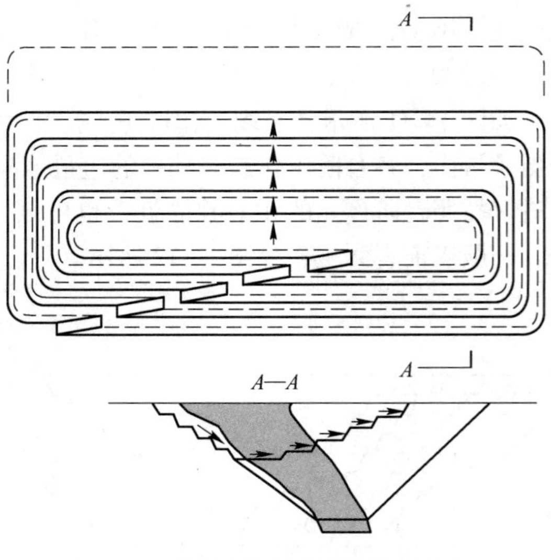

图 14-13 沿下盘境界降深、沿走向布置工作线、单侧推进的开采程序

B 沿矿体下盘降深、沿走向布置工作线、双侧推进的开采程序

此开采程序的具体特征是：水平划分台阶、沿矿体下盘降深、沿走向双侧布置工作线、垂直走向双侧推进、纵向工作帮、台阶独立作业，如图 14-14 所示。

如果其他要素不变，把沿矿体下盘降深改为沿矿体上盘降深，或开始沿矿体下盘再转为沿下盘境界降深，或开始沿矿体上盘再沿上盘境界降深，又形成了新的开采程序。

C 沿采场端部降深、垂直走向工作线、单侧推进开采程序

此开采程序的具体特征是：水平划分台阶、沿采场端部境界降深、垂直走向布置工作

线、平行走向单侧推进、纵向工作帮、台阶独立作业，如图 14-15 所示。

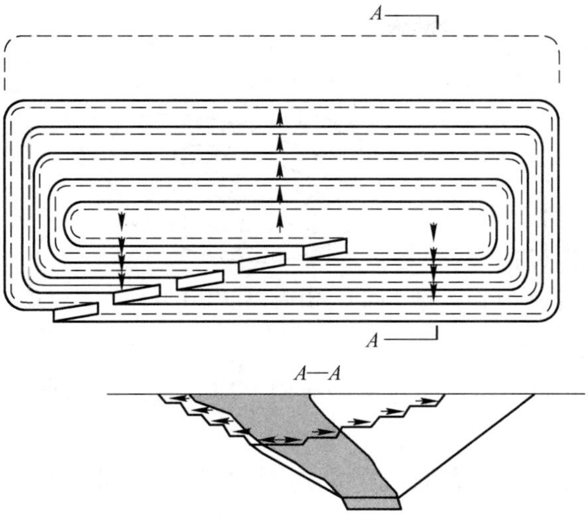

图 14-14 沿矿体下盘降深、沿走向布置工作线、双侧推进的开采程序

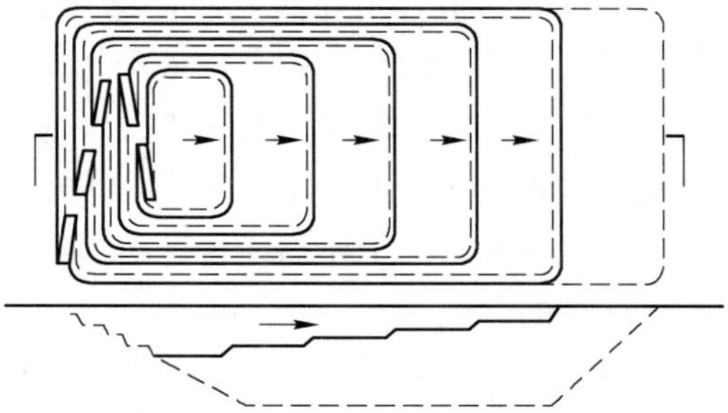

图 14-15 沿采场端部降深、垂直走向工作线、单侧推进开采程序

D 垂直走向布置工作线、垂直降深、双侧推进开采程序

此开采程序的具体特征是：水平划分台阶、开段沟垂直走向、垂直降深、双侧布置工作线、沿走向双侧平行推进、纵向工作帮、台阶独立作业，如图 14-16 所示。

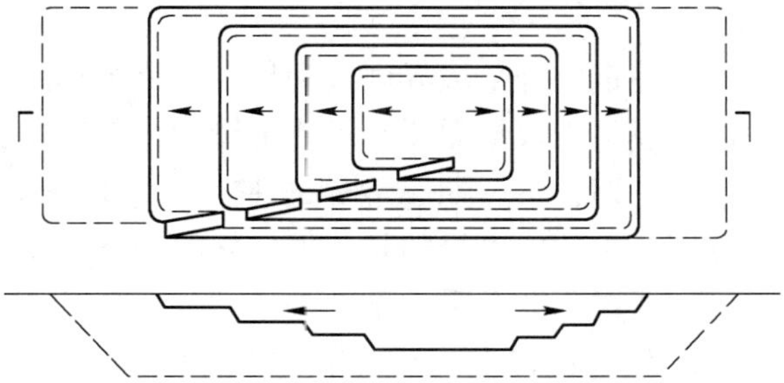

图 14-16 垂直走向布置工作线、垂直降深、双侧推进开采程序

E 沿端帮降深、多向工作线、多向推进开采程序

此开采程序的具体特征是：水平划分台阶、沿采场端部境界降深、多向布置工作线、扩展式多向推进，纵向工作帮、台阶独立作业，如图 14-17 所示。

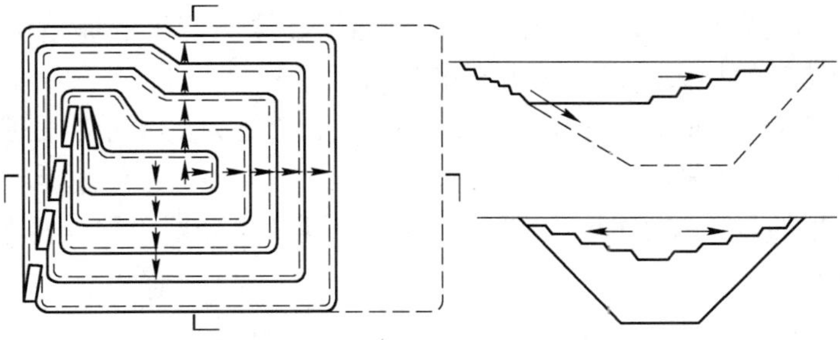

图 14-17 沿端帮降深、多向工作线、多向推进开采程序

F 沿周边布置工作线、螺旋式降深、扇形或非均衡推进的开采程序

此开采程序的具体特征是：水平划分台阶、沿采场境界周边螺旋式降深、沿周边布置

工作线、扇形或非均衡推进、纵向工作帮、台阶独立作业，如图 14-18 所示。

沿走向布置工作线，一般开段沟及新水平准备工程量比较大，降深速度低。另外，当矿体不是很厚时，采矿作业往往只能集中在 1~2 个台阶，在矿山品种较多、品位变化较大的时候，往往给多品种的均衡生产和质量的稳定造成困难。

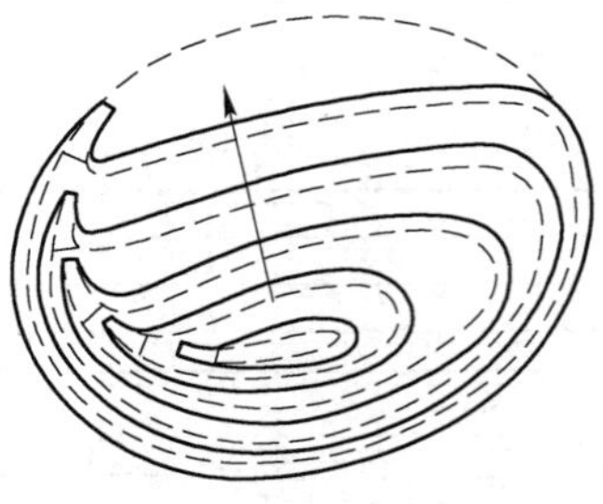
图 14-18　沿周边布置工作线、螺旋式降深、扇形或非均衡推进的开采程序

垂直走向布置工作线具有许多优点，有利于选择优先开采部位、减少基建工程量和加快矿山建设速度；同时采矿的台阶比较多，有利于采场配矿和质量中和；新水平准备工作量小，有利于提高降深速度、达到较大的开采规模以及工作面绕行运距短等。因此对采用汽车运输的矿山，应着重研究垂直布置工作线的方式。

多向布置工作线比垂直布置工作线更加灵活，运用得当，可以取得更好的效果，但由于降深和工作线布置的变化大，所以要求运输方式必须灵活，才能适应其多变的特点，适用于采用汽车运输的露天矿，也可以说，工作线的多向布置、灵活推进是采用汽车运输的一种必然结果。

14.3.2　分期开采

在已确定的开采境界内人为地划定一个小的临时开采范围，作为初期开采境界进行开采，以后还可以根据需要和可能继续划分若干期，前一期临时境界的平面尺寸和开采深度均小于后一期，每一期小境界的平面尺寸和开采深度小于最终开采境界，这就是分期开采。分期开采的根本目的是获得较好的经济效益，特别是初期的经济效益。

可以考虑分期开采的条件是：

（1）储量比较大，开采年限较长的矿山。

（2）矿床埋藏条件变化大、开采技术条件差别悬殊的矿山。可以先开采条件较好的地段，如矿体较厚、矿石质量较好、地形条件有利、覆盖层薄、剥采比小的地段等。

（3）在某些特定条件下，如采场内有剥离量很大的高山、有需要迁移的地表水体和重要交通线路、有需要报废和搬迁的重要建筑物等。为了推迟它们的剥离、迁移、报废、搬迁时间，也可以采用分期开采，使它们在开采初期免受影响。

（4）有的矿山受勘探程度的影响，开始只能按已探明的工业储量确定开采境界进行生产，随着探明储量的加大，逐步扩大开采范围。

（5）由于生产规模加大，原有采场不能适应生产能力的要求，需要扩大开采范围，这样在客观上也形成了分期开采。

根据分期开采的具体技术特征，可归纳为长分期和短分期两种分期方式：

A　长分期开采

长分期开采的特点是在最终开采境界内分期的次数比较少，每个分期时间比较长、前后期衔接有一个比较长的过渡期。一般用于储量较大、开采年限较长的露天矿。

图 14-19 是长分期开采横剖面示意图，它采用水平台阶、沿矿体上盘降深、沿走向布置工作线、垂直走向两侧推进、纵向工作帮、台阶独立作业。*ABCD* 为第一期开采的临时

境界，开采深度为 H_1；*EFGD* 为最终开采境界，开采深度为 H_2；φ 为工作帮坡角，β 和 γ 为最终边坡角；*AHIJD* 为由第一期开采向第二期开采过渡时的第一期开采状态，开采深度为 H_0，*AH* 为当时形成的临时非工作帮；开采深度由 H_0 降到 H_1（即由 *IJ* 降到 *BC*）为由第一期转入下一期开采的过渡期。过渡期结束时的工作状态为 *CBK*，过渡期的采剥量为 *AHIJCBKE*，第二期的生产工作从 *CBK* 开始向下按实际条件进行安排。显然，面积 *AHME* 即为分期开采与全境界开采在开采深度下降到 H_0 时的缓剥岩量，这是分期开采推迟剥离的经济效益。由于推迟剥离的岩石量要在过渡期内剥除，造成过渡期的生产剥采比加大，往往是整个露天生产期间的最高值，转入第二期生产后，剥采比则显著下降。全境界开采与分期过渡开采生产剥采比的发展变化趋势对比如图 14-20 所示。

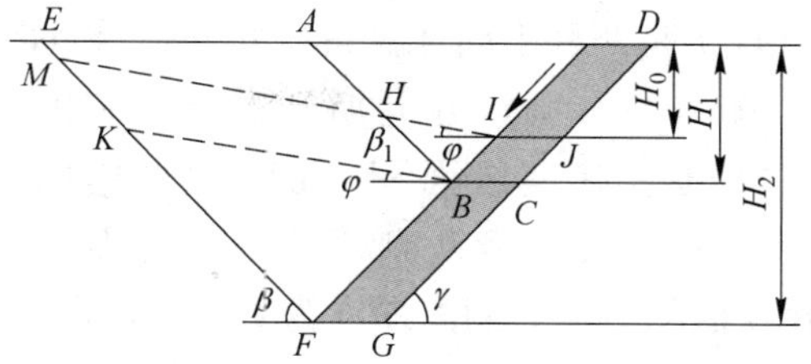

图 14-19　长分期开采

图 14-20 中，*ABCD* 为矿石产量发展曲线，*AEFG* 为第一期临时境界终了时的岩石采出量发展曲线，*AEFHIJKD* 为分期开采全过程岩石采出量的发展曲线，*ALMNKD* 为全境界开采时的岩石采出量发展曲线，*EFPL* 为分期开采与全境界开采相比较第一期缓剥的岩石量，这部分缓剥岩石量大约推迟了 10 年，需要在过渡时期内采出，即图中的 *HPMNJI*，形成了过渡时期的剥离洪峰。

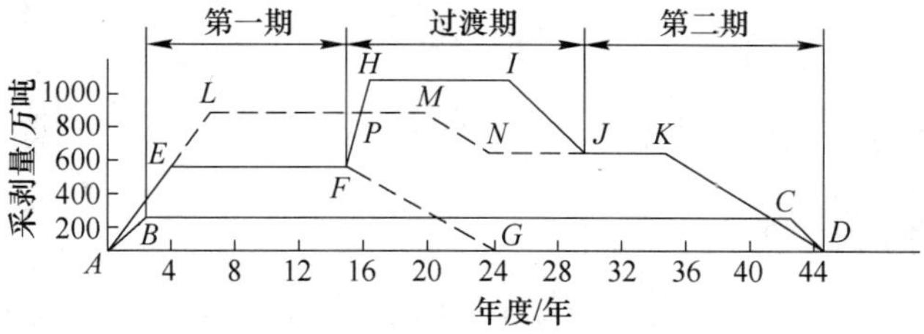

图 14-20　长分期与不分期开采采剥量发展曲线

从图 14-20 还可以明显看出，为了保证露天矿持续生产，必须在第一期生产的中后期，即开采深度达到 H_1 以前就要开始过渡，如果在 H_1 时才开始过渡，则只有剥除岩石 *ABKE* 以后才能形成第二期的正常开采状态 *CBK*，造成矿石生产减少或停顿，即所谓停产过渡或减产过渡，一般情况下，这是不允许的。因此，所谓第一期境界只是一个实际不允许出现的假想境界，圈定这个境界的目的在于指导露天矿第一期和过渡期的生产。

从上述可以看出，第一期临时开采境界的划定，决定于 H_0、H_1、β、φ 和过渡期时间的长短等。它们直接影响第一期缓剥岩量及生产剥采比的降低值和过渡期中剥岩量及生产剥采比增加值等，这些是决定分期过渡开采技术可能性和经济合理性的重要参数，必须妥善解决。

B　短分期开采

短分期开采又称倾斜条带的扩帮开采。与长分期开采比较，特点是分期的次数多，每一期的开采时间短，每一期生产在水平方向的扩帮宽度和垂直方向的下降深度小。因此各期之间的衔接关系更加密切，为保证生产的正常衔接，一般要提前一期或两期进行剥岩。图 14-21 是两种不同埋藏条件的分倾斜条带扩帮开采的剖面示意图。

图 14-21（a）分七期开采，在矿山基建时期，除完成面积 *ABRS* 的剥离以外，还应完成第Ⅰ期剥离范围内的面积 *SRCD* 的剥离，其剥离深度为 H_0，然后进行第Ⅰ期生产，其开采范围为 *BEFC*，在第Ⅰ期开采进行的同时，进行第Ⅱ期的部分扩帮剥岩，其范围为面积 *DFGH*，第Ⅰ期开采和上述第Ⅱ期的部分剥岩同时结束。然后转入第Ⅱ期开采，其范围为 *EJKG*，与此时同时进行第Ⅲ期开采的部分剥岩，其范围为 *HKLM*，按此循环下去，直至整个采场开采结束。

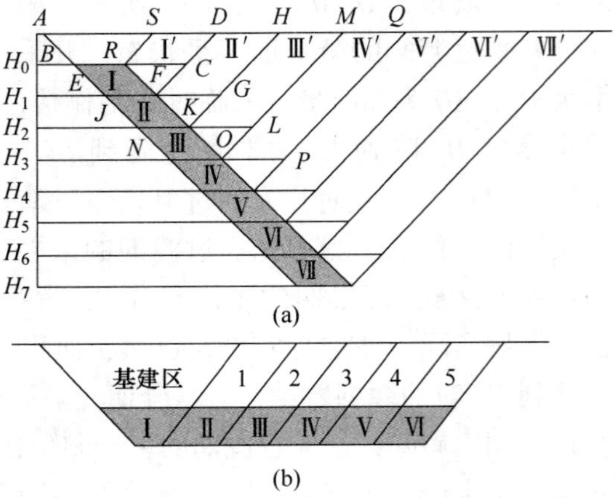

图 14-21　分倾斜条带的扩帮开采剖面示意图

（a）倾斜矿床；（b）缓倾斜或近水平矿床

每一期开采时间的长短，应根据矿山的具体条件和每一时期的特定要求确定，各期时间的长短也不一定相等，不过时间不应过长，一般为 1~3 年，各期的采剥工程衔接都要通过具体编制采剥进度计划确定。设计工作中拟定分期方案时可以参考如下步骤进行近似试算：

a　分期时间和各期开采的矿石量

$$P_n = A_0 T_0 \tag{14-13}$$

式中，P_n 为第 n 期开采的矿石量，m^3；A_0 为第 n 期开采时的年产矿石量，m^3/a；T_0 为第 n 期的开采年限，a。

b　各期开采的下降深度

$$H_n - H_{n-1} = P_n/(B_n L_n) \tag{14-14}$$

式中，H_n 为第 n 期开采的降深位置，m；B_n 为第 n 期开采期间矿体平均宽度，m；L_n 为第 n 期开采期间矿体的平均长度，m。

c　各期的扩帮剥岩范围

根据各期的开采深度，确定各期的剥岩开采范围，如图 14-21（a）中第Ⅱ期的扩帮剥岩界线为 *KH*，第Ⅲ期的界限为 *OM* 等。

从图 14-21 中还可以看出，采用分倾斜条带短分期开采时，只有倾斜条带间的边帮倾角较陡才能显示出较好的经济效益。宜采用横向工作帮，一般采用技术可能的最大倾角。

对于如图 14-22 上下盘地形较陡的矿体，若采用其他开采程序，则基建剥离量特大、基建时间特长，这种情况下分倾斜条带扩帮开采最为适用。缺点是对生产组织管理工作的要求比较严格。

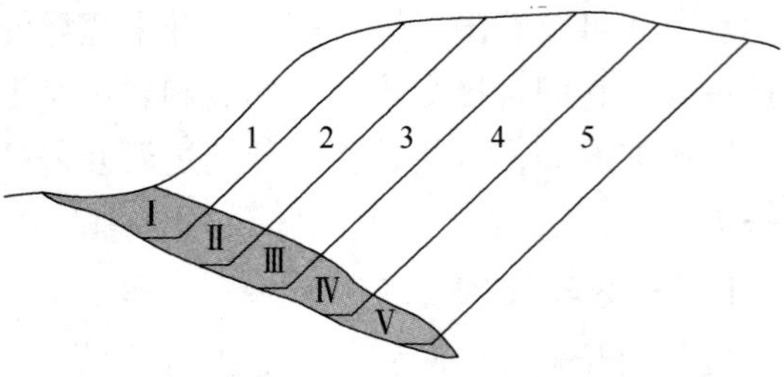

图 14-22　分倾斜条带扩帮开采

14.3.3 分区开采

分区开采是在已确定的开采境界内，在相同开采深度条件下，在平面上划分若干个开采区域，根据每个区域的开采条件和生产需要，按一定顺序开采，改善经济效益。

分期开采和分区开采目的都是相同的，优缺点也基本一样。但分区开采是在平面上划分区域，而分期开采是在深度上划分区域。图 14-23（a）是分区开采的平面和剖面示意图，整个露天采场分三个区进行生产，其顺序为Ⅰ、Ⅱ、Ⅲ。Ⅰ区开采条件最好，Ⅱ区次之，Ⅲ区条件最差。

图 14-23（b）是分区开采与不分区开采的采剥量发展曲线图。这两种开采方式的矿石发展曲线相同，*OABCDEFG* 是分区开采时的采剥量发展曲线，*OAHIJKLMG* 是不分区开采时的采剥量发展曲线。显而易见，分区开采比不分区开采效果要好得多。

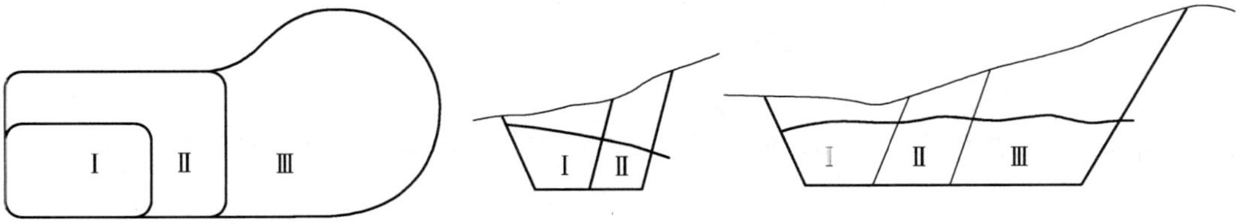

(a)

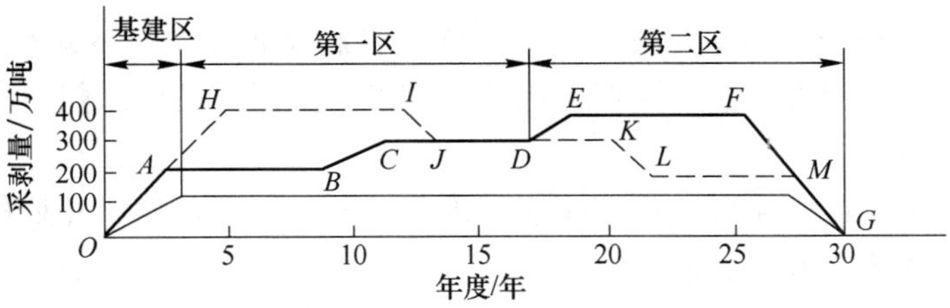

(b)

图 14-23 分区开采

（a）采场分区开采方式的平面和剖面示意图；（b）分区与不分区开采的采剥量发展曲线

14.3.4 分期分区开采

分期分区开采是指在总体上看是分期开采，但分期中又有分区；或总体上看是分区开采，但分区中又有分期或既有分期开采又有分区开采的特征。采用分期分区开采的矿床一般是在开采范围和储量较大、开采年限较长的矿山。

思维导图

15 矿山生产能力与生产剥采比

本章课件

露天矿生产主要是为了采出矿石，因此矿山的生产能力可以用每年采出的矿石量来表示，即矿石生产能力。另外，露天矿除采矿外，一般都要剥离相当数量的岩石，露天矿的矿石产量在生产剥采比一定的情况下，应有足够的矿岩采剥量来保证，而且采剥总量大大超过采矿量，露天矿山的人员和设备等都要按矿岩生产能力来计算，因此，露天矿生产能力也可以用每年采剥总量来表示，即矿岩生产能力。

露天矿的矿岩生产能力与矿石生产能力之间的关系为：

$$A = A_K + n_s A_s = A_K(1 + n_s) \tag{15-1}$$

或

$$A_K = A/(1 + n_s) \tag{15-2}$$

式中，A_K 为矿石生产能力，t/a；A 为矿岩生产能力，t/a；n_s 为生产剥采比，t/t。

15.1 生产能力的确定

露天矿的生产能力是企业的主要技术经济指标，它影响企业本身的规模、服务年限、投资、成本及劳动生产率等技术经济指标。因此合理确定露天矿的生产能力具有十分重要的意义。

设计中，露天矿生产能力主要是根据国家的需要、矿山资源条件、开采技术可能和经济合理等因素综合分析确定和验证的。

按经济合理性验证生产能力，目前主要是按露天矿的合理服务年限来验证。

按开采技术条件确定生产能力，目前主要从两方面验证：一是按可能布置的挖掘机工作面数，二是按矿山工程延深速度。

生产中，露天矿的生产能力是通过生产活动来实现的。它由各生产工艺环节在生产中的互相配合所形成的综合生产能力来决定，而不是孤立地由某一单个环节决定。因此还要研究生产工艺各环节的配合，以保证实现所要求的生产能力。

上述验证只是初步的，露天矿在开采技术上可能达到的生产能力最后还要通过编制采掘进度计划来最终的验证，并逐年安排落实。

15.1.1 按经济合理条件验证生产能力

验证经济上合理的生产能力，目前主要是根据露天矿的合理服务年限来论证。在露天矿境界内矿石工业储量一定的情况下，生产能力的大小决定了露天矿的服务年限，它们的关系是：

$$A_K = \eta Q(1 + \rho)/T \tag{15-3}$$

式中，A_K 为矿石生产能力，t/a；Q 为露天矿境界内矿石的工业储量，t；η 为矿石回采率,%；ρ 为废石混入率,%；T 为露天矿正常服务年限，a。

目前我国矿山设计中，考虑露天矿正常服务年限的基本因素是：露天矿的合理服务年限应与其主要设备的磨损时间相适应。如果少于一定的年限，则露天矿的设备、建筑物等固定资产除采装运设备和部分可拆除的机器外，其余均将提前废弃。不仅如此，露天矿供矿的选矿厂、冶炼厂，如果附近不能及时开发出新的能力相当的矿山接续供矿，也将提前废弃，这种情况是不合理的。

影响露天矿合理服务年限的因素还很多。如国家急需的矿源，为了满足急需，允许缩短服务年限，加大其生产能力；对于开采条件好的富矿、小矿，附近远景储量大的露天矿，地下水大的露天矿，服务年限也可以适当缩短；对于矿区内有几个采场的露天矿，单个采场的服务年限也可以缩短。

露天矿的生产能力不同，将影响其基建投资和年经营费（矿石成本）。一般情况下，单位产品的基建投资和生产成本随生产能力的提高而降低，而总投资随生产能力的提高而加大。因此，有可能出现生产能力大、总投资较高而成本较低，以及生产能力较小、总投资少而成本较高的两类互相矛盾的方案。评价方案的优劣可以用基建投资返本年限这一指标来衡量。如果返本年限太长，说明资金周转太慢，方案不合理。

经济上论证生产能力还要考虑资金、设备、技术力量的来源与合理使用。经济上合理的生产能力，要在技术上可能达到的范围进行论证，因此还要探讨技术上可能达到的生产能力。

15.1.2 按采矿技术条件验证生产能力

一个露天矿的生产能力，除受矿床资源限制外，还受矿山具体的技术条件及技术水平所限。矿山采矿技术条件方面可能达到的生产能力限度，可从以下两方面进行验算：

15.1.2.1 按可能布置的挖掘机工作面数目验证生产能力

挖掘机是露天矿的主要采掘设备，选定挖掘机后，露天矿的生产能力直接取决于可能布置的挖掘机数。可能布置的挖掘机总数决定了矿岩生产能力，其中可能布置的装矿挖掘机数决定了采矿生产能力。

（1）首先确定一个采矿台阶可能布置的挖掘机台数：

$$N_{WK} = L_T / L_C \tag{15-4}$$

式中，N_{WK}为一个采矿台阶可能布置的挖掘机数，台；L_T为台阶工作线长度，m；L_C为采区长度即一台挖掘机正常工作线长度，m。

对于铁路运输要求$N_{WK} \leqslant 3$。

（2）计算可能同时采矿的台阶数。对于较厚的倾斜矿体，可根据图15-1的几何关系计算：

$$M = N_0 \pm N_0 \tan\varphi \cot\gamma$$

$$N_0 = M / (1 \pm \tan\varphi \cot\gamma)$$

$$N_K = N_0 / (B + h\cot\alpha) = M / [(1 \pm \tan\varphi \cot\gamma)(B + h\cot\alpha)] \tag{15-5}$$

式中，N_K为可能同时采矿的台阶数；N_0为工作帮坡线水平投影，m；M为矿体水平厚度，m；B为工作平盘宽度，m；h为台阶高度，m；α为工作台阶坡面角，（°）；γ为矿体倾角，（°）；φ为工作帮坡角，（°）；“±”按推进方向取加或减，“+”用于由下盘向上盘推进，“-”用于由上盘向下盘推进。

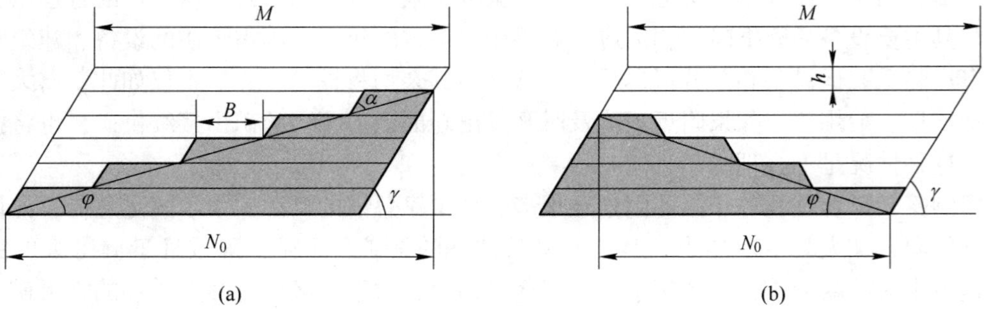

图 15-1　同时进行采矿的台阶数

（a）由上盘向下盘推进；（b）由下盘向上盘推进

（3）计算整个露天矿可能的生产能力：

$$A_K = N_{WK} N_k Q_{WK} \tag{15-6}$$

式中，Q_{WK}为采矿挖掘机平均生产能力，t/a。

15.1.2.2　按矿山工程延深速度验证生产能力

露天矿在生产过程中，工作线不断往前推进，开采水平不断下降，直到最终境界，即矿山工程沿水平和向下两个方向发展。通常用工作线水平推进速度和矿山工程延深速度两个指标来表示开采强度。显然开采强度越高，采出的矿石也越多。

对于矿体埋藏条件为水平和近水平的露天矿来说，除了基建期间以外，一般不存在延深的问题，此时露天矿的生产能力主要取决于工作线水平推进速度。

金属矿多数是倾斜和急倾斜矿体，因此，延深快意味着获得矿量多。当然不能只顾延深而忽视上部各水平的推进，要用水平推进来保证延深，两者速度之间要满足一定的关系。这一关系如图 15-2 所示，可表示为：

$$v_T = v_Y(\cot\theta + \cot\varphi) \tag{15-7}$$

式中，v_T 为工作线水平推进速度，m/a；v_Y 为矿山工程延深速度，m/a；φ 为工作帮坡角，(°)；θ 为延深角，即延深方向（该水平开段沟与上一水平开段沟位置错动方向）和工作线水平推进方向的夹角，(°)。

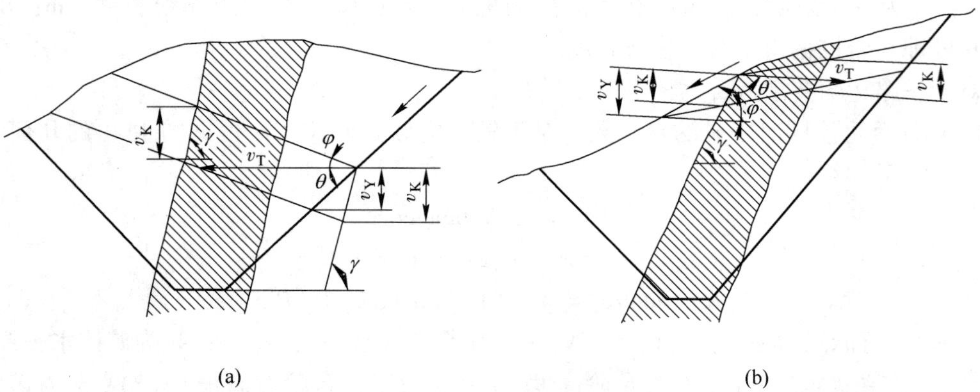

图 15-2　矿山工程延深速度与工作线推进速度及采矿工程延深速度的关系

（a）凹陷露天；（b）山坡露天

由式（15-7）可知，在 φ、θ 一定的情况下，要加快延深速度，必须相应地加快水平推进速度。否则，将影响延深，或破坏露天矿正常生产条件，出现采剥失调。山坡露天矿 $\theta>90°$ 的情况下，水平推进对延深影响较小，凹陷露天矿则影响较大。

延深速度有两个概念，一个是矿山工程延深速度，另一个是采矿工程延深速度。矿山工程一般包括剥离工程、采矿工程和新水平准备。这里所说的矿山工程仅就新水平准备而言，是由掘沟工程和为保证下水平掘沟所需的扩帮工程组成。矿山工程延深速度是根据新水平的准备时间所完成延深的台阶高度，折合每年下降的进尺（m/a）来计算，可按式（15-8）计算：

$$v_Y = 12h/T_0 \tag{15-8}$$

式中，T_0 为新水平准备时间，月，可以通过编制新水平准备进度计划图表确定；h 为新水平台阶高度，m。

矿山工程延深速度与采矿工程延深速度两者的意义不同，采矿工程延深速度是指露天矿境界内被开采矿体的水平面每年垂直下降的米数（m/a）。它们之间的几何关系及数量关系如图 15-2 所示。可用式（15-9）计算：

$$v_K = v_Y \frac{\cot\varphi + \cot\theta}{\cot\varphi + \cot\gamma} \tag{15-9}$$

式中，v_K 为采矿工程延深速度，m/a。

计算矿石生产能力，采用采矿工程延深速度较接近实际。但一般露天矿掘沟的部位都在离矿体很近的顶、底盘位置或在矿体中，故两者的相差很少，可以用矿山工程延深速度初步计算矿石生产能力。

露天矿按延深速度可能达到的生产能力可用式（15-10）计算：

$$A_K = \frac{v_Y}{h} P\eta(1 + \rho) \tag{15-10}$$

式中，P 为所选用的有代表性的水平分层矿量，t；η 为矿石回收率，%；ρ 为废石混入率，%；其余符号意义同前。

以上的验算方法，对于采用 3~4 m^3 小型挖掘机、铁路或小型汽车运输来说是重要方法。在目前推广采用大型挖掘机和电动轮汽车的设备条件下，由于汽车运输采区长度较小，可以布置的挖掘机工作面数较多，加之挖掘机生产能力大，掘沟速度快，矿山工程延深速度可达 20~30 m/a，事实上已不成为限制露天矿生产能力的因素。

15.1.3 按设备合理配比验证生产能力

露天矿机械化程度较高、生产条件较复杂，其主要生产环节是穿孔爆破、采装、运输及排卸（包括排土及卸矿）。各主要工艺环节和若干辅助生产环节构成一个完整系统。露天矿的生产能力就是由这些环节互相配合、相互制约形成的综合生产能力所决定。因此，露天矿的生产能力不但要从技术上的可能与经济上的合理加以论证，而且还要有相应的工艺装备为保证，因此，必须研究露天矿的工艺联系。工艺联系包括设备选型配套、设备配比、生产组织、工艺参数选择等问题，都与生产能力有关。

首先，工艺联系要研究确定生产工艺设备的最优选型配套问题。一般原则是大矿用大设备，小矿用小设备；大铲配大车，小铲配小车。若大矿用小设备，则设备数量多，管理复杂，经济效益差，甚至还可能满足不了产量要求；若小矿用大设备，则单机影响产量太大，不容易调节生产；若大铲配小车或小铲配大车都会影响其技术经济效益。

其次，工艺联系要研究各生产环节间设备数量的比例，借以提高露天矿的生产能力，提高设备利用率，降低成本。露天矿各种工艺设备所具有的数量及其可能达到的生产能力往往是不同的，整个露天矿的生产能力受其中最薄弱一环的限制，即：

$$A_{CB} = A_W = A_Y = A_{PX} = A \tag{15-11}$$

式中，A_{CB}、A_W、A_Y、A_{PX}、A 分别为穿爆、采装、运输、排卸各工艺环节的生产能力以及露天矿的矿岩生产能力。

各工艺环节的生产能力是由其设备数量及单机能力所构成，即：

$$A_{CB} = N_C Q_C,\ A_W = N_W Q_W,\ A_Y = N_Y Q_Y,\ A_{PX} = N_{PX} Q_{PX} \tag{15-12}$$

式中，N_C、N_W、N_Y、N_{PX}分别为穿孔机、挖掘机、运输设备、排卸线（或汽车排卸点）数；Q_C、Q_W、Q_Y、Q_{PX}分别为穿孔机、挖掘机、运输设备、排卸线（或汽车排卸点）单机生产能力。

代入式（15-11）得：

$$N_C Q_C = N_W Q_W = N_Y Q_Y = N_{PX} Q_{PX}$$

$$N_C / N_W = Q_W / Q_C,\ N_Y / N_W = Q_W / Q_Y,\ N_Y / N_{PX} = Q_{PX} / Q_Y \tag{15-13}$$

其中，N_C/N_W、N_Y/N_W、N_Y/N_{PX}分别称为钻铲比、车铲比、车线比。

由式（15-13）可知，设备数量之比与其单机生产能力成反比。例如，如果挖掘机单机生产能力为每辆汽车生产能力的 3 倍，则车铲比应为 3，若少于此数将发挥不出挖掘机的能力，而使采装成本提高；若大于此数又将降低汽车运输效率，增加运输成本。要发挥设备的能力，其数量间要保持一定的比例。

在四大工艺中，穿孔和采装之间通过爆破间接地联系着，而采装、运输、排卸三者是直接联系的。对于穿爆，应适当提前为挖掘机准备足够数量和合格的爆堆而不影响采装。为了充分发挥挖掘机效率，一般使穿孔设备能力稍大于采装设备能力。装运排三个环节间的互相影响最大，其中装运环节设备比较贵重，资金占用多，对生产的经济效益影响最明显，因此成为工艺联系的重点。

当然，适当的设备选型与数量配备只提供了生产能力的物质基础，要充分发挥它们的能力，还要在生产活动中有合理的生产组织与调度。由于露天矿生产条件复杂，工作地点及对象多变，各项作业的时间、作业量等计算指标随时都在变动。因此在生产中应采取积极措施，随时发现薄弱环节并及时消除，使矿山生产能力均衡稳定。

15.2 生产剥采比

微课-生产剥采比

生产剥采比是露天矿山一个很重要的技术经济指标，它直接与矿石成本相联系。生产剥采比按其自然发展来说，一般随着矿山工程延深而变化。

15.2.1 生产剥采比的变化规律

如图 15-3 所示，若某年初露天矿底部在−60 m 水平，年末延深到−80 m 水平，工作帮由年初推进到年末的状况在横剖面图上为相应的两组折线，用代表工作帮坡面的两组直

线 ab、cd 和 ef、gh 代替这两组折线，计算其间的剥离量和采矿量，这样这一剖面上该年度的生产剥采比（n_s）即为下列面积之比：

$$n_s = (S_{abfe} + S_{cdhg}) / S_{bcgf} \tag{15-14}$$

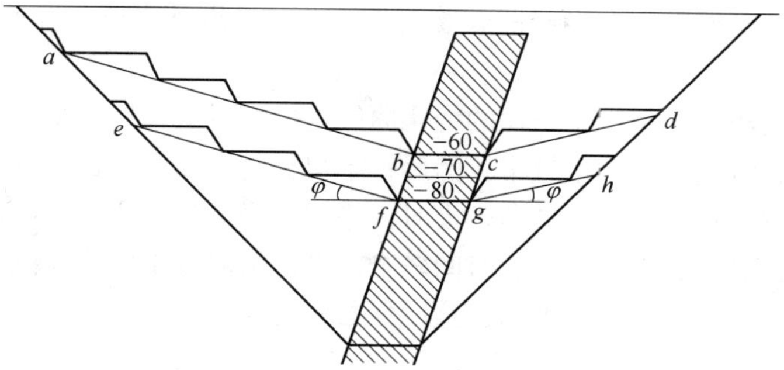

图 15-3　工作帮、工作帮坡面和工作帮坡角

15.2.1.1　不同工作帮坡角下生产剥采比的变化规律

露天矿的生产按一定的工作帮坡角发展时，其生产剥采比通常是变化的，可用一个简单的例子来研究其变化规律。

某露天矿矿体赋存情况和采场境界横剖面图如图 15-4 所示，采场沿底帮掘沟，工作线由下盘向上盘推进，矿山工程延深方向与矿体倾向一致，按固定的工作帮坡角 φ 生产时，开采延深到各水平的工作帮推进位置如图中一组平行的斜线所示，每延深一个水平所采的矿石量、剥离量及剥采比用图 15-5 中的曲线表示，由图可以看出工作帮坡角不变时，生产剥采比随着矿山工程的延深的变化规律：首先大量剥离不采矿，随后开始出矿，这时生产剥采比随着矿山工程的延深而不断增大，达到一个最大值后逐渐减小。这个最大值期间称为剥离洪峰或剥采比高峰期，高峰期一般发生在凹陷露天矿工作帮上部接近露天矿地表境界部位。生产剥采比的这种变化规律是倾斜矿体和急倾斜矿体开采所具有的普遍规律。

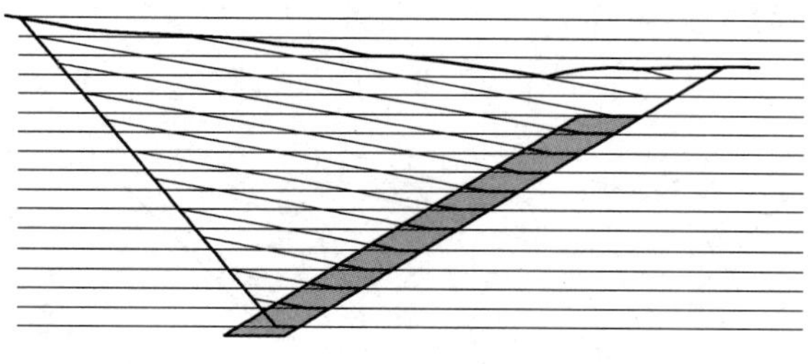

图 15-4　工作帮坡角不变时剥采工程发展程序及剥离量的变化

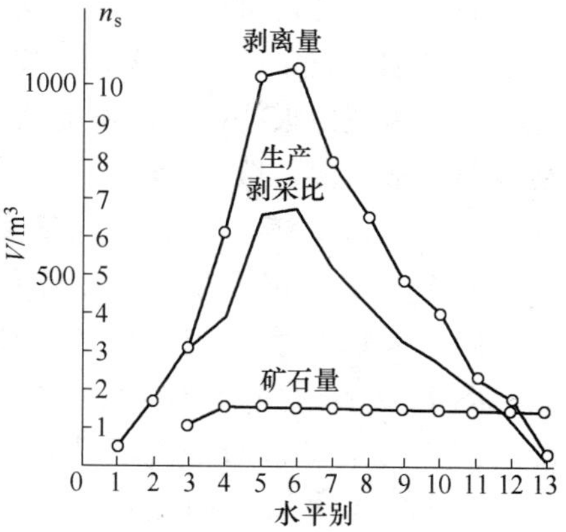

图 15-5　剥采工程延深一个台阶所采的矿石量、剥离量和生产剥采比

工作帮坡角不同，会影响生产剥采比的变化。为了便于比较，假设在其他条件相同的

情况下，分别以 $\varphi=15°$ 和 $\varphi=30°$ 的工作帮坡角进行生产，用图 15-6 所示的简单例子来分析两者生产剥采比变化的区别。

两者变化曲线如图 15-6（b）所示，从图中可以看出，工作帮坡角由 15°加大到 30°，生产剥采比的变化仍然是由小到大，再由大变小。但工作帮坡角较陡时剥离洪峰发生在开采到较深的位置，也即发生在生产的较晚时期。$\varphi=15°$ 剥离洪峰发生在 H_2，$\varphi=30°$ 剥离洪峰发生在 H_4。

工作帮坡角较小时，生产剥采比的变化曲线比较接近于分层剥采比的变化曲线，剥采比初期上升较快，剥离洪峰发生较早，然后一个很长的时期剥采比逐渐下降，工作帮坡角越小，两条的线越接近；工作帮坡角较大时，生产剥采比的变化曲线则比较接近于境界剥采比的变化曲线，剥采比上升较慢，时间较长。剥离洪峰发生较晚，洪峰之后剥采比急骤下降。工作帮坡角越接近最终帮坡角，这两条曲线也越接近。

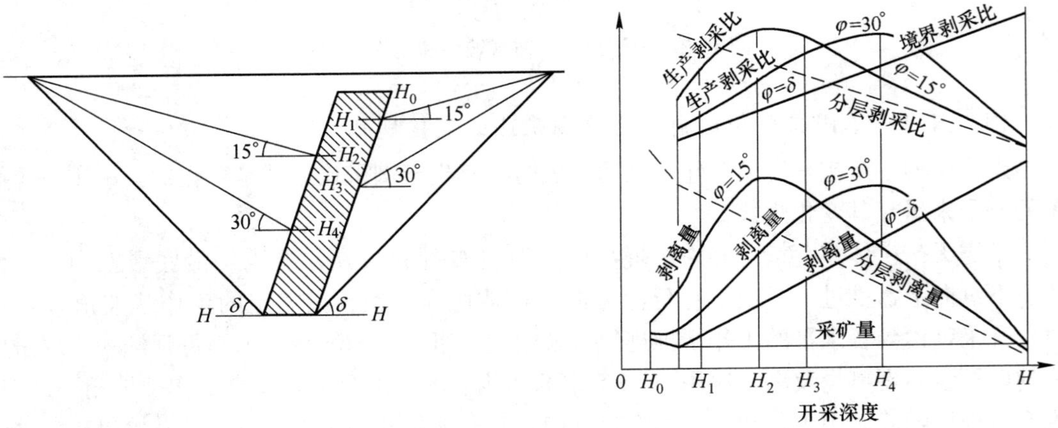

(a) (b)

图 15-6 分别以 $\varphi=15°$ 和 $\varphi=30°$ 时工作帮坡角生产剥采比的变化规律

（a）工作帮发展到出现剥离洪峰的相应位置；（b）生产剥采比的变化及其与分层剥采比、境界剥采比的对比

通过以上分析可见，工作帮坡角越大，初期的生产剥采比越小，在开采深度相同的情况下，初期剥离量越少，这对于减少投资降低初期生产成本、早出矿多出矿是有利的。

工作帮坡角大些好，但不能任意增大。当工作平盘宽度最小时，台阶单独开采的工作帮坡角的最大值一般是 15°左右。

15.2.1.2 不同开拓方式下生产剥采比的变化规律

开拓方案、掘沟位置、工作线推进方向也是影响生产剥采比的重要因素。图 15-7 表示一个急倾斜矿体的凹陷露天矿，主要有四种代表性的开拓方案：Ⅰ、Ⅳ为顶帮和底帮固定坑线开拓，相应地工作线向底帮和向顶帮推进；Ⅱ、Ⅲ为上盘和下盘移动坑线开拓，相应地工作线向两帮推进。图中用箭头表明了各方案矿山工程的延

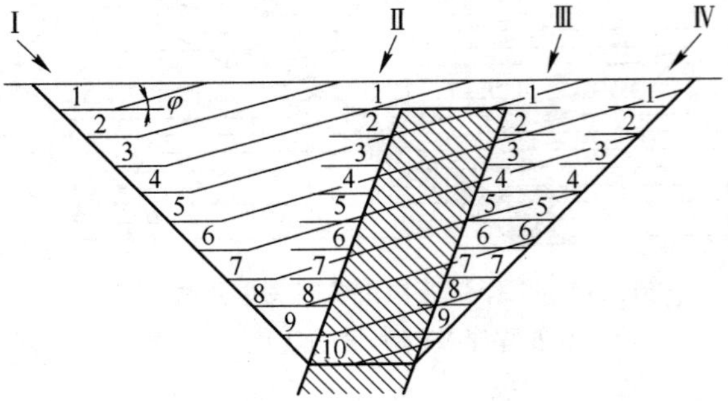

图 15-7 四种开拓方案生产剥采比的比较

深方向，用短横线表示各水平开段沟沟底位置并用数字标明其编号。图中还给出了方案Ⅰ的各水平工作帮坡面发展情况。为了便于比较，这里令各方案境界相同、工作帮坡角也相同（都按15°计）。

图15-8为四种方案的剥采比与基建工程量变化曲线，可以看出，方案Ⅰ在延深至4水平时见矿，延深到5水平时投入生产，投产的基本建设时期工程量相当于1水平到4水平的矿岩总量，投产后从5水平到10水平生产剥采比逐渐减小。方案Ⅱ、Ⅲ延深到2水平见矿，3水平投产；方案Ⅳ延深到3水平见矿，4水平投产。

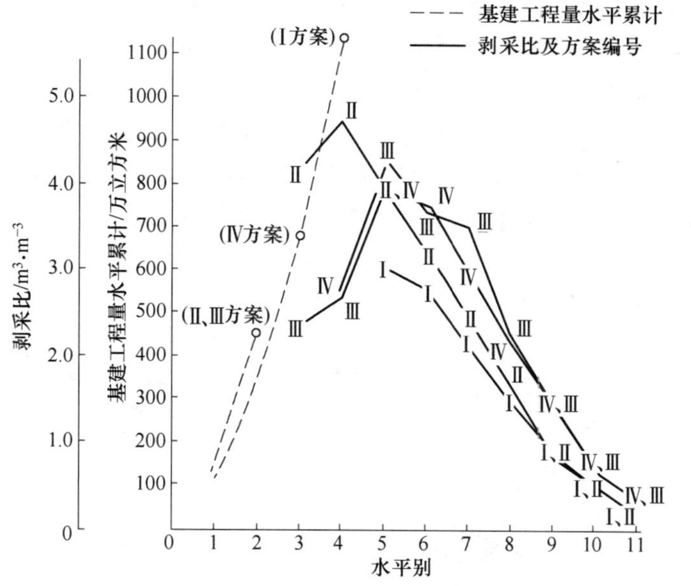

图15-8　四种方案的剥采比和基建工程量

四种开拓方案沟道位置不同，生产剥采比也不同。Ⅱ、Ⅲ两方案接近矿体掘沟，见矿块、基建工程量少、生产剥采比较大；Ⅰ、Ⅳ两方案在顶底帮固定坑线位置掘沟，远离矿体，见矿慢、基建工程量大，生产剥采比较小。其中又以Ⅰ方案基建工程量最大，生产剥采比最小，并且是在达到“高峰”时才投产，这种方案投资最大，一般不宜采用。

以上分析生产剥采比的变化都是建立在工作帮坡角不变的前提下，分析的例证中也避免了地表地形、矿体产状的变化对生产剥采比带来的影响。事实上，地表地形、矿体产状及运输方式、开采工艺、掘沟长度等许多因素都不同程度地影响着生产剥采比的变化。必须指出，只要工作帮坡角不变，生产剥采比未加调整，在整个开采期间，露天矿的生产剥采比一般都是变化的，多半也有一个升降的过程和高峰的出现。

15.2.2　生产剥采比的调整与均衡

微课-生产剥采比的调整与均衡

前面已谈到露天矿的矿石生产能力 A_K 与矿岩生产能力 A 之间有如下关系：

$$A_K = A/(1 + n_s) \tag{15-15}$$

矿岩生产能力是露天矿采剥技术装备的总能力，当矿岩生产能力一定时，能采出矿石量多少取决于生产剥采比 n_s。前面研究了生产剥采比的变化，从式（15-15）可知，如果让生产剥采比经常变化，则矿石产量也随之变动。矿石产量任意变动对冶金生产是不利的，因此要求矿石产量相对稳定。但是，如果让矿石生产能力保持相对稳定，那么，矿岩生产能力就会随生产剥采比变化而变化，这样也不合适。

生产剥采比的经常变化造成设备、人员、资金等处于不稳定状态，给生产带来很多困难，尤其是剥采比高峰期需要大量增加采掘运输设备和人员，高峰过后又要削减，短期的增减显然是不经济的。

因此，在初步设计或施工图阶段，往往采用调整与均衡的手段，使生产剥采比在一定时期内相对稳定，以均衡生产剥采比来指导生产。

15.2.2.1　生产剥采比的调整

在生产中，生产剥采比是可以调整的。最基本的方法如图 15-9 所示，是一种通过调整台阶间的相互位置即改变工作平盘宽度的方法。如果将高峰期的剥离一部分提前，一部分推后，这样削减了剥采比的峰值，减少的剥采比见式（15-16）。

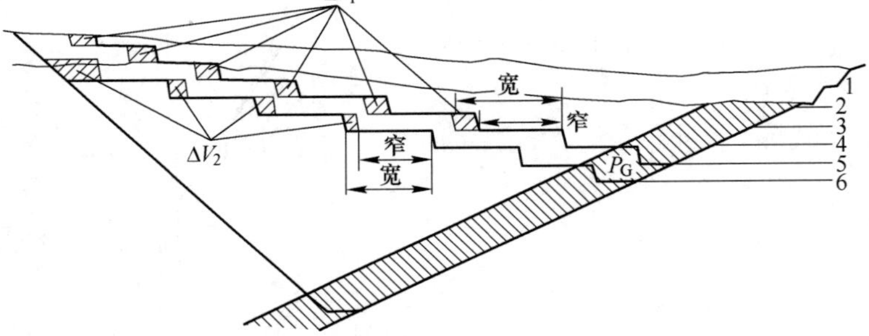

图 15-9　改变台阶相互位置调整生产剥采比

$$\Delta n = \frac{\Delta V_1 + \Delta V_2}{P_G} \tag{15-16}$$

式中，Δn 为减少的剥采比，m^3/m^3；ΔV_1 为提前剥离量，m^3；ΔV_2 为推后剥离量，m^3；P_G 为高峰期采出的矿量，m^3。

改变工作平盘宽度调整生产剥采比是有限度的。减小后的工作平盘宽度不得小于最小工作平盘宽度；加大后的工作平盘宽度，应使露天矿能保持足够的工作台阶数量，以满足配置露天矿采掘设备的需要。

调整生产剥采比的方法还有很多，影响生产剥采比变化的因素都可用来调整生产剥采比。例如改变开段沟长度、改变矿山工程延深方向以及根据矿山具体地质地形条件所拟定的其他有效措施。

改变开段沟长度是指新水平开拓准备最初形成一个小于采场走向长度的开段沟，然后一边扩帮，一边继续掘进开段沟，这种安排与将开段沟全长掘好后再扩帮的安排相比，可使剥采比高峰削减并推迟出现，汽车运输的露天矿，往往采取这种办法。

改变矿山工程延深方向调整生产剥采比的方法是比较有效的，但是它只有采用汽车运输移动坑线才容易实现。其他还有许多根据露天矿具体条件确定的调整生产剥采比方法，如矿床沿走向厚度不同时，可以在生产剥采比高峰期适当地减缓或停止推进矿体较薄区段的工作线，从而降低峰值；又如采场位于复杂的山坡地形，可以利用调整不同山坡方向的工作线推进量来调整生产剥采比等。

15. 2. 2. 2 生产剥采比的均衡

保持生产时期（或分期）内每年的矿岩采剥量不变，从而保证生产设备、辅助设施、人员的相对稳定，有利于生产管理和确保生产任务的完成，这种方法称为生产剥采比均衡。生产剥采比均衡方式有全期均衡和分期均衡。

全期均衡是指在露天矿正常生产年限内，只按一个生产剥采比均衡生产。分期均衡是指在露天矿正常生产年限内分几期生产剥采比均衡生产。

一般情况下，生产剥采比均衡会引起提前剥离岩石，提高生产初期矿石成本，从生产初期的经济效益来看这样做其实并不合理。如果台阶单独开采和分组开采的最大工作帮坡角分别是15°和30°，仍以图15-6为例，由于它们都是按最大工作帮坡角生产，所以调整生产剥采比只能加大工作平盘，也就是只能提前剥离。如果要求包括剥离高峰在内长时期地均衡生产剥采比，便要分别将它们开采到 H_2 和 H_4 深度的剥离物提前剥离。对于小型矿山，存在年限不长，长期均衡问题不大；对于存在年限很长的大型矿山，这意味着把几年后甚至十几年、几十年后的工程提前投资，这当然是不经济的。因此，寻求长期均衡与加大工作帮坡角以减少基建工程量和初期生产剥采比的要求发生矛盾，分期均衡应综合考虑这两方面的因素。

特别在工作帮坡角很大、剥离增长持续时间长、高峰发生得很晚的情况下，以适当的时间间隔分期均衡生产剥采比，可以分期逐步增添设备，也就是让矿岩生产能力随各期生产剥采比而加大，保证矿石产量的稳定。如果设计中分期扩大矿石产量，则更可以分期均衡生产剥采比，而不需全期或长期均衡。图15-10和图15-11为一个存在年限很长的大型露天矿采用台阶分组开采、$\varphi=30°$ 的分期均衡生产剥采比示意图，图中 H_1、H_2、H_3 表示分期的深度，n_1、n_2、n_3 表示各期生产剥采比均衡的数值。图中 n_c 为深度 H_3 以前长期均衡的生产剥采比，图中可见长期均衡要大量提前剥离岩石。

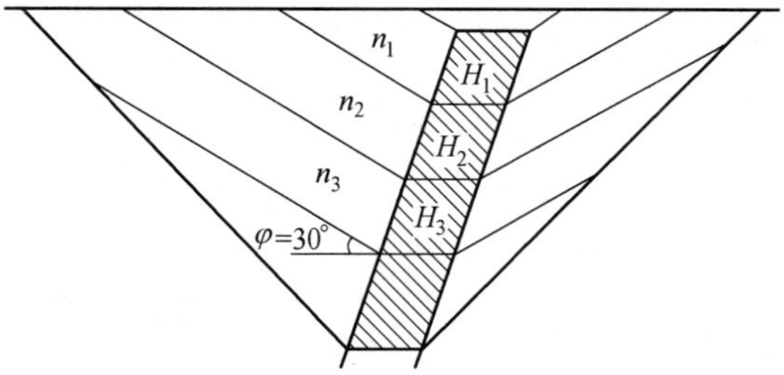

图 15-10 剥采比分期均衡示意图

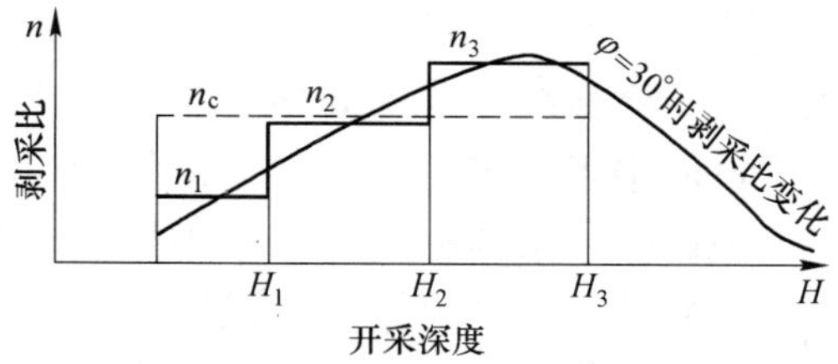

图 15-11 分期均衡的剥采比

必须指出，金属矿山尤其是有色金属矿山，往往是采选冶联合企业，企业的最终产品是金属或精矿而不是原矿石，为了维持金属或精矿产量的稳定，要求矿石产量中所含金属量稳定。在矿石品位变化较大的情况下，通过不同品位的采矿工作面搭配开采，还不能使采出矿石品位稳定时，则只能使矿石产量随品位而变化，不能再要求矿石产量不变。这样均衡露天矿的生产剥采比时，不仅要考虑采剥数量上和空间上的关系，还要考虑矿石的品位及其空间分布，这是一个比较复杂的问题，其中特别要注意调整剥离量大而品位又低的部位。

A　均衡生产剥采比的原则

均衡生产剥采比的原则是：

(1) 服务年限较长的露天矿可采用分期均衡生产剥采比，每期一般不要小于5年。

(2) 生产剥采比的变化幅度不宜过大，变化幅度应考虑其他方面相应的变化，如工作面数目、排土场的建设、设备的购置和辅助设施的建设等。

(3) 生产初期的生产剥采比应尽量取小，由小到大逐渐增加。

(4) 两个或两个以上采场同时生产的矿山应互相搭配，搞好综合平衡，使生产稳步发展。

B　均衡方法

均衡剥采比的基本原理是计算均衡期间生产剥采比的平均值。具体方法有矿岩变化曲线 $V=f(P)$ 图均衡法、生产剥采比变化曲线 $n=f(P)$ 图均衡法和最大几个分层平均剥采比法。

a　$V=f(P)$ 图均衡法（PV 图法）

矿岩量变化曲线 $V=f(P)$ 又称 PV 图，它是表示露天矿剥离量 V 和采矿量 P 关系的一种方法。露天矿可能在两种极限条件范围内进行生产，即按最大工作帮坡角生产和按最小工作帮坡角生产。后者相当于露天矿逐层开采，工作帮坡角为零。用矿岩变化曲线 PV 图的方法均衡生产剥采比，就是在这两种极限情况下计算并绘出其相应的矿岩量关系曲线，然后在这两个极限之中寻找出一个均衡的生产剥采比。一般不可能去逐层开采，而是尽量接近最大工作帮坡角生产。因此为了节省工作量，一般只讨论按最大工作帮坡角生产时生产剥采比的均衡。

在矿山工程发展程序确定之后，工作台阶仅保持最小工作平盘宽度（$B=B_{min}$），也就是按最大工作帮坡角发展，绘出采场延深至各水平时的平面图以及各水平的分层平面图，利用图中标出的工作线推进位置计算出延深至各水平时的采、剥量，并编制矿岩量表，然后以矿石累计量为横坐标，以剥离累计量为纵坐标，以矿岩量表中各水平的矿、岩累计量为曲线上各点的坐标值，标出各点，联成曲线，如图15-12所示。显然，PV 图上曲线的斜率即为剥采比，曲线斜率的变化反映了生产剥采比的变化。

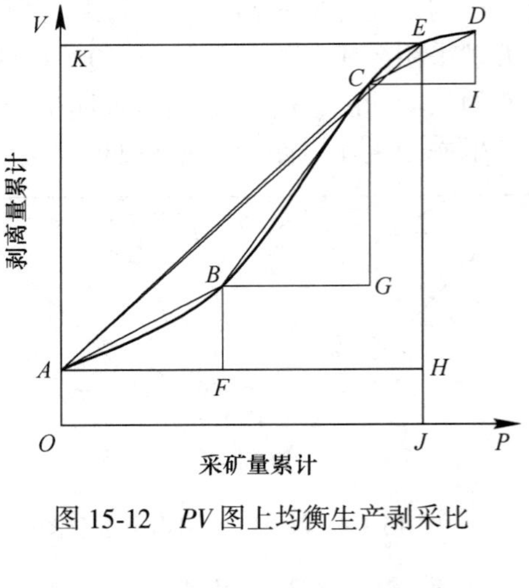

图15-12　PV 图上均衡生产剥采比

曲线中每一点代表某开采水平的采矿量和剥离量，如果把曲线中两点用直线相连，如图中的 AB、BC、CD、AE 每段直线两开采水平间的生产矿岩量按直线发展，就意味着这期间生产剥采比为一固定的值，实现了均衡。

图中直线 AE 表示了一个固定的剥采比 n_{AE}，其值为

$$n_{AE}=\frac{EH}{HA}=\frac{K_o-A_o}{J_o} \tag{15-17}$$

这是一个长期均衡生产剥采比的方案，其均衡的生产剥采比数值即为 n_{AE}，剥离量

AO 相当于投入生产前的基建剥离量，矿量 *ED* 为末期无剥离采矿量。

又如折线 *ABCD* 表示分三期均衡生产剥采比的一个方案，各期生产剥采比之值依次是：*BF/AF*、*CG/BG*、*DI/CI*。

在露天矿的生产实践中，工作平盘宽度不能小于 B_{min}，一般要更大，即实际的剥离累计量不能少于矿山工程按最小工作平盘宽度发展时的剥离累计量，所以应在 *PV* 图的曲线上设计均衡剥采比。用 *PV* 图设计均衡生产剥采比可以做出许多方案，一般原则是取其中基建剥离量少、初期剥采比小的分期均衡方案，这种方案的特点在 *PV* 图上表现为一根在曲线上方并与之最接近的折线。图 15-13 所示为露天矿均衡生产剥采比方案的一个示例。

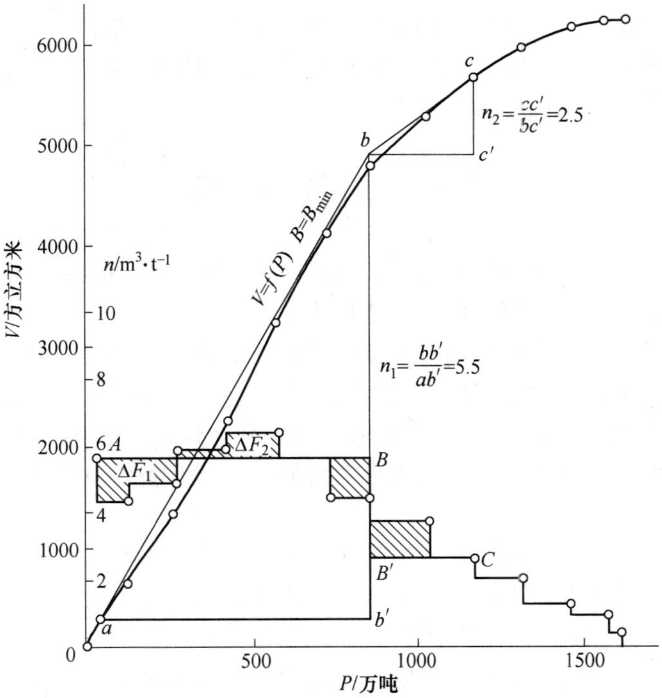

图 15-13　均衡生产剥采比示例

b　$n=f(P)$ 图均衡法

与 *PV* 图法类似，用生产剥采比变化曲线 $n=f(P)$ 均衡生产剥采比，同样先要按一定的工程发展顺序在 $B=B_{min}$ 的条件下，绘出矿山工程延深至各水平的采场平面图和各水平分层平面图、计算矿岩量和剥采比，然后在直角坐标系中绘出 $n=f(P)$ 曲线，最后在此曲线上均衡。以图 15-13 为例，均衡的方法是在 $n=f(P)$ 图中选取一直线，此直线以上为削减的剥采比，削减的剥离量与提前的剥离量相等，即图中面积 $\Delta F_1=\Delta F_2$。

以上两种方法都要进行大量的绘图、测量面积和计算矿岩量的工作，对于按分层平面图做设计计算的矿山来说，十分烦琐，因此在金属露天矿山设计中均未得到推广使用。

c　最大的相邻几个分层的平均剥采比均衡法

金属矿床设计中最常用的方法是利用最大的几个相邻分层的平均剥采比作为均衡生产剥采比，如式（15-18）所示：

$$n_{均衡}=\Sigma V/\Sigma P \tag{15-18}$$

式中，$n_{均衡}$为均衡生产剥采比，m^3/m^3；ΣV为最大几个相邻分层的剥离总量，m^3；ΣP为最大几个相邻分层的总采矿量，m^3。

这是一个经验公式，简单实用。从图 15-6 中可知，在工作帮坡角较缓的情况下（目前我国金属矿都按台阶单独开采设计，其工作帮坡角一般都小于 15°），生产剥采比曲线很接近分层剥采比曲线，剥离洪峰出现较早，相邻最大几个分层的平均分层剥采比比较接近前期的生产剥采比，因此用相邻最大几个分层的平均分层剥采比作为均衡生产剥采比来安排露天矿进度计划一般问题不大。但是，如果工作帮坡角较大、生产剥采比高峰出现较晚时，用这种方法计算的剥采比作为均衡生产剥采比对于前期生产则偏大。工作帮坡角越陡，这种偏差越大。

无论采用哪种方法确定均衡生产剥采比，都是为编制采掘进度计划安排采剥量提供参考依据。最终，生产剥采比要通过编制采掘进度计划加以验证与落实，也就是说，设计中要通过安排采掘进度计划具体均衡生产剥采比。

15.3 储备矿量

为了保证露天矿持续均衡的供矿能力，使矿山在所有时期都能持续生产，每个露天矿均要有与它的矿石产量相符的储备矿量，或称生产储量。

储备矿量是指已完成一定的开拓、准备工程能提供近期生产的矿量。让储备矿量保持一定的数量是保证露天矿持续生产的有效方法。是否满足一定的储备矿量也是用来衡量是否贯彻“采剥并举，剥离先行”方针的指标。对于新建矿山，其采剥工程的基建投资是按投产或达产时应保有的储备矿量所需工程拨付的，因此储备矿量也是关系到基建投资的重要指标。

目前我国金属露天矿一般按可采程度将储备矿量分为开拓矿量和回采矿量两个级别。

开拓矿量是指完成了开拓工程的最下一个台阶底板标高以上的矿量，主要运输通路及排水工程已经形成，并已具备了进行采准工作的条件。

回采矿量是开拓矿量的一部分，其值等于各台阶保留最小工作平台宽度以外能采出的矿量。因此，当露天采场中各台阶都在最小工作平台宽度条件下进行采掘时，便没有回采矿量。储备矿量划分如表 15-1 所示。

表 15-1　储备矿量的划分

台阶开拓情况	图　示
台阶开拓工程刚完成时情况，开拓矿量最多	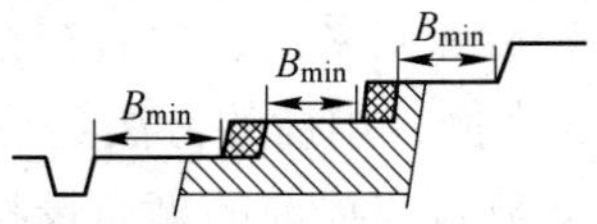
正常扩帮时情况，开拓矿量逐渐减少	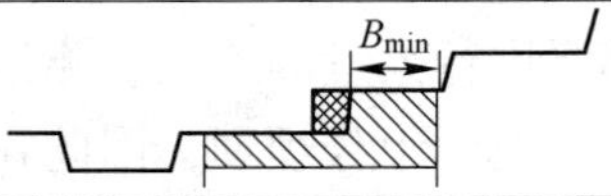
新台阶开拓工程将要完成时情况，开拓矿量最少	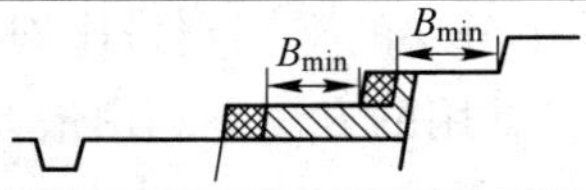
图　例	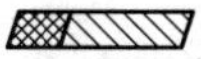 开拓矿量　 回采矿量　B_{min}——最小工作平盘宽度

储备矿量在生产中总是在变动的。随着露天矿开拓工程的发展，每开拓出一个水平，便增添一批开拓矿量；随着剥离的进展，原有的开拓矿量不断转化为回采矿量；而回采矿量又不断随采矿生产而消失。可见储备矿量是一个随时间变化的量，新的不断产生，旧的不断消失，其间总要保持一定的储备。为了保证持续稳产，储备矿量多一些好，但是过多的储备矿量意味着过早地进行开拓和剥离工作，积压了生产资金，不利于资金周转，因此应该有一个能满足持续生产的合理储备矿量数值。这一指标用所定储备矿量可供露天矿按一定生产能力开采的年数或月数来表示，称为储备矿量保有期或储备矿量保有时间。

储备矿量保有时间的不同对露天矿基建剥离量影响较大。储备矿量的保有时间应随着矿体赋存条件、开采条件、开采程序和生产管理水平的不同而有所区别。保有时间没有统一规定，有些矿山为了节省基建投资而降低储备矿量的标准。一般来说，我国的储备矿量标准是较高的，有色金属矿山开拓矿量为 1 年，回采矿量 3~6 个月，黑色金属矿山开拓矿量为 2 年，回采矿量 6 个月。

15.4　采掘进度计划编制

露天采矿的对象是自然生成的矿床，其赋存情况是多变的，矿石的质量、品位、剥采比等波动都比较大，作业地点也经常移动，生产还受季节气候及其他一些因素的影响。在这些变化因素影响下，要做到有计划按比例地发展，对于露天矿来说，周密地制定采掘计划是非常重要的。

露天矿采掘进度计划是用图和表来表示矿山工程发展的具体时间、空间与数量关系的，它表示了以下内容：(1) 露天矿逐年或逐月采掘的矿石量、剥离量、掘沟量、生产剥采比；(2) 各项工程的空间位置、各水平推进的超前关系、扩帮与延深的关系；(3) 露天矿建设起止时间、投产达产时间、基建工程量及其位置；(4) 基建和生产期内与露天矿采掘工程发展相应的采掘设备逐年投入量、投入时间、工作位置及位置调动。

采掘进度计划要在全面、系统地研究露天矿剥采关系、生产能力及各生产工艺环节配合的基础上编制。通过编制采掘进度计划，把初步确定的矿山生产能力、均衡生产剥采比加以验证，并安排落实，同时验证并确定矿山投产时间、达产时间、设计计算年、基建剥离量、采掘设备数量和确定矿山设施等。对分期开采的矿山，还要安排一期生产、过渡扩帮和二期生产的发展过程及衔接关系。

露天矿采掘进度计划是设计和指导露天矿均衡生产的重要文件，是保证矿山正常持续生产、搞好矿山管理的重要环节，因此必须认真编制和实施露天矿采掘进度计划。

采掘进度计划可以分为两种：

(1) 设计中按年编制的露天矿采掘进度计划，即长远计划。长远计划以年为单位编制，主要任务是比较准确地确定露天矿基建时间、基建工程量、投产时间、达产时间、设计计算年、均衡生产剥采比、露天矿的矿石及矿岩生产能力、逐年工作线推进位置，并按此计划计算各时期所需的设备、人员和材料等。

(2) 生产矿山按年、季、月编制的采掘计划，又称生产作业计划。生产作业计划是以长远计划和上级下达的产品数量、质量等指标为依据编制的，除安排年末或各季末、月末的工作线推进位置外，还要详细地计算穿爆、采装、运输、排土、机修等主要生产工艺和辅助车间的生产能力，找出薄弱环节，制定相应的措施计划。

两种计划编制方法类似，短期计划在计划实施后需要进行采场验收，以验收后的实际采场现状作为下一期计划的现状图，本节只以长远计划为例介绍采掘计划编制方法。

15. 4. 1 采掘进度计划编制的要求

编制露天矿采掘进度计划的具体要求包括以下几方面：

（1）根据露天矿的具体情况，正确处理需要与可能的关系，尽可能地减少基建工程量，加速基本建设，保证在规定的时间内投产。投产后应尽快地达到生产能力和保证规定的各级储量，保证产量的均衡稳定。

（2）具有多种品级矿石时，各种工业品级矿石的产量要求保持稳定，或呈现规律变化。

（3）贯彻采剥平衡的方针，合理安排生产剥采比，均衡生产剥采比的期限不能过短。

（4）上下水平的工作线要保持一定的超前距离，使平盘宽度不小于最小工作平盘宽度。工作线要具有一定的长度，并尽可能保持规整，保证线路的最小曲线半径及各水平的运输连通，采掘设备调动不要过于频繁。

（5）合理的水平推进与延深要密切配合，要按计划及时开拓新水平，保证采矿和矿量准备的衔接，在扩帮过程中一定要遵守预定的矿山工程发展程序。

（6）对于分期开采的矿山，要处理好分期和过渡的关系。

15. 4. 2 采掘进度计划编制所需的资料

采掘进度计划编制所需的资料包括以下几方面。

（1）比例尺为 1∶1000 或 1∶2000 的分层平面图：图上绘有矿床地质界线、露天采场的开采境界、出入沟和开段沟的位置等。

（2）分层矿岩量表：在表中按重量和体积分别列出各水平分层在开采境界内的矿岩量以及分层剥采比。

（3）露天矿最终的开拓系统图，对于扩建和改建的矿山，还要有开采现状图。

（4）露天矿开采要素，包括台阶高度、采掘带宽度、采区长度和最小工作平盘宽度、露天矿的延深方式、工作线推进方式和方向、沟的几何要素、新水平准备时间。

（5）规定的储备矿量指标。

（6）矿石的开采损失率和废石混入率。

（7）露天矿开始基建的时间和要求的投产日期，规定的投产标准。

（8）挖掘机数量及其生产能力。

（9）对分期开采，应有分期开采过渡的有关资料。

（10）国家对矿山建设的其他要求。

15. 4. 3 采掘进度计划编制方法

15. 4. 3. 1 露天矿生产时期划分

露天矿的存在年限，从开始建设到开采结束，可划分为基建、投产、达产和结束四个时期。

A　基建工程

露天开采必须完成一定的矿山基建工程量、开掘出入沟、揭露覆盖层，建立地表至矿体的通道，同时为正常剥采工作建立工作面，完成一定的开拓延深工程量。

B　投产与达产

露天矿投入生产必须具备下列条件：正常生产所需要的外部运输、供电和供水等工程设施均应建成完整的系统；破碎站、选矿厂和压气、机修等辅助设施均应全部或分期建成并达到相应规模；矿山内部已建成完整的矿石和废石运输系统；剥离工程应保证矿山具有持续增长的生产能力，并保有相应的储备矿量；矿石产量和质量达到规定的指标，并在经济上要有所积累。投产期不超过 3 年。

C　达产与设计计算年

矿山达到设计生产能力后应保持较长的稳定时间，一般应超过服务年限的 2/3。

设计计算年是指露天采剥总量达到最大规模的初始年度。从这一年开始，将按设计矿石生产能力和最大均衡生产剥采比持续生产较长一段时间。在设计中将计算年的采剥总量作为计算矿山设备、动力、材料消耗、人员编制、建设规模及辅助设施的依据。

15.4.3.2　基建工程量的确定和基建期末平面图

A　基建工程量的确定

采矿基建工程项目包括以下内容：

(1) 露天矿达到设计规模以前所需完成的开拓及排水工程，主要有运输线路、开拓系统的沟道及井巷工程，以及排水疏干的井巷工程及排水沟。

(2) 露天矿投产以前掘进的开段沟、采矿和剥离工程。

露天矿在基建时期使用基建投资完成的工程量称为基建工程量。

矿山工程开始时，一般全部为剥离岩石，见矿初期，剥采比很大，随矿体逐步出露自然，剥采比由大到小。

剥岩量确定是否合理，直接影响到矿山的基建投资。若压缩矿山基建工程量来减少基建投资，实质是将矿山基建工程量转移到生产中。

如果超前剥离，从经济角度看是不可取的，因为超前剥离是提前投入，同时将可以采出矿石滞留在采场内。早投入，不产出，在经济是不合理的。只有在经济有利的情况下，才会考虑超前剥离。如为了平衡生产时期设备，为矿山与选矿厂同步投入生产等有条件的超前剥离。

因此，确定基建工程量要本着少投入、多产出、快产出和提高经济效益的原则确定。基建工程量宜稍高一点，这样不致矿山生产无法经营。投产时产量标准规定不低于设计规模的 15%~20%，通常按 30%计。

B　基建期末平面图

基建期末平面图，也是进度计划第一年年初的现状图。图上标出各水平的工作线位置、出入沟和开段沟位置、挖掘机的配置、矿岩地质界线、开拓运输系统等内容。

15.4.3.3　确定合理的开采顺序

编制采剥进度计划之前，应认真研究和确定合理的开采顺序，包括首采地段的选择、接近矿体的方式、工程推进方向等。开采顺序的确定更注重工程前期投入小、初期剥采比小、尽早获益、投产和达产时间短、降低开采的损失和贫化率等因素。

首采地段应选择在矿体厚度大、品位高的富矿地段，同时覆盖层薄、基建剥离量少和开采技术条件好也是必须考虑的，以便达到投入小和回报高的最终目标。

如某矿床属大规模、低品位矿床。矿体埋藏较浅、覆盖层较厚。矿区的四个矿化带内发现大、小矿体215个，其中规模最大的3号矿带X号主矿体地表露头长度近1000 m。根据X号矿体的埋藏条件及设计圈定的露天境界内矿岩量，X号矿体中部矿体比较厚大、覆盖层较薄，剥采比较小，勘探程度较高。经过技术经济比较，确定首采地段选择X号矿体中部，基建期为1年。

15.4.3.4 新水平降深方式的选择

新水平降深方式要结合开拓系统来选择。目前国内外大部分露天矿山采用汽车开拓系统，该系统为新水平准备创造了灵活便捷的条件。新水平降深方式的选择包括以下两个方面：

（1）山坡露天降深方式：山坡露天时一般根据矿体倾向和地形条件，按台阶高度沿地形开段沟。

（2）深凹露天降深方式：深凹露天汽车开拓根据需要可布置为移动坑线，能够采用沿矿体走向、垂直走向，双侧布置工作线。垂直、沿走向推进，灵活性好，开沟速度快，可在采场端帮垂直走向单侧或多向布置工作线，平行走向或多向推进。确定推进方向还可考虑以下情况：1）矿体品位分布，便于分采，配矿和运输；2）矿岩力学性质，如主裂隙、节理方向等，便于爆破，获得理想的块度并降低炸药消耗。

设计中，新水平准备时间及矿山工程延深速度可以参照类似矿山的实际资料选取，也可以通过编制新水平准备的进度计划来确定。

15.4.3.5 逐年采掘进度计划编制

编制逐年采掘进度计划是在分层平面图上确定工作线年末位置和计算矿岩量，以此完全反映各台阶开采的时空关系。目前手工编制（CAD辅助）仍是国内编制逐年采掘进度计划的主要手段。

编制逐年采掘进度计划宜采用图表法，包括采掘工作进度计划图表、开采年末图、矿山逐年产量发展曲线以及进度计划说明书。

计划编制根据矿山的具体条件在达产前尽快投入全部开采设备，以技术可能的最大延深速度进行采掘，争取早日达到设计能力。

达产后，由于各开采水平的工作线较长，采掘设备、剥采量、延深与扩帮速度等关系的妥善安排与控制比较复杂。这时，年末工作线的位置要根据分析得出的露天矿逐年延深到达的标高、延深对扩帮的要求、生产剥采比、最小工作平盘宽度、挖掘机生产能力及配铲的可能性等因素综合考虑来确定。

逐年采掘进度计划的编制是以挖掘机生产能力为计算单元，同时工作的水平能配置的挖掘机所完成的采掘总量即为露天矿的生产能力。

逐年采掘进度计划的编制从第一年开始，逐年进行。编制该计划是确定各水平在各年末的工作线位置、各年的矿岩采剥量，并配置相应的挖掘机。主要步骤如下：

（1）在分层平面图上逐年逐水平确定年末工作线位置。在上一年年末图（第一年用基建期末图）工作帮上从第 1 个水平分层开始，逐水平画出年末工作线的位置，并计算本年度的矿岩采剥量，然后检验所涉及各台阶水平的推进线位置与矿岩产量及矿石品位是否满足相关约束条件，若不满足，则重新调整计算直至满足要求。

生产中上下相邻水平应保持足够的超前关系，只有当上水平推进到一定宽度，使下水平暴露出足够的作业面积时，才能在下水平开始掘沟。在上水平采出这一面积所需的时间即为下水平滞后开采的时间。多水平同时作业时，应注意各水平推进速度的相互协调。有时上水平局部地段运输条件或其他因素，会影响下水平的推进，一旦上水平条件允许后，应迅速将下水平工作线推进至正常位置，以免影响整个矿山的发展程序。

绘制具有年末位置线的分层平面图，可以确定挖掘机的作业起止时间及调配情况。掘沟与扩帮、采矿与剥离、基建与生产等各种情况下的挖掘机生产能力可按类似矿山的实际资料选取。

（2）编制采掘进度计划表。通过步骤（1）可以得出各个台阶水平的采剥量、剥采比等信息，将这些数据绘制成采掘进度计划表，如表 15-2 所示。该表可以表示每台挖掘机的工作水平，作业起止时间及其采掘量；新水平准备，出入沟、开段沟和各水平开采的起止时间；逐年采出的矿、岩量和生产剥采比；各水平矿、岩量及其种类；主要设备数量及调动情况；投产、达产和设计计算年的时间等。

（3）绘制露天采出年末综合平面图。

年末综合平面图是以地表地形图和分层平面图为基础，将各水平年末推进线、运输线路等加入图中绘制而成。图上主要包含坐标网、勘探线、采场以外的地形和矿岩运输线路、已揭露的矿岩界限、年末各台阶水平的工作线位置，以及采场内运输线路等。从年末综合平面图上可以清楚地看到该年末的采场现状。

（4）绘制逐年产量发展曲线。如图 15-14 所示，横坐标表示开采年度，纵坐标表示采剥总量、矿石总量、岩石总量。该发展曲线应是根据采掘进度计划表中矿岩量数字整理绘制的。计算年以后至开采终了各年的产量可按各水平埋藏比例、分层剥采比推算得出。

进度计划是要认真编制与实施的。但由于客观情况的变化，部分修改原计划的事是常有的。凭经验编制的采掘进度计划，不一定是最优方案，特别是当情况发生变化（如设备不能按时供应）时，原计划往往难以实施时，需要及时修改和完善。

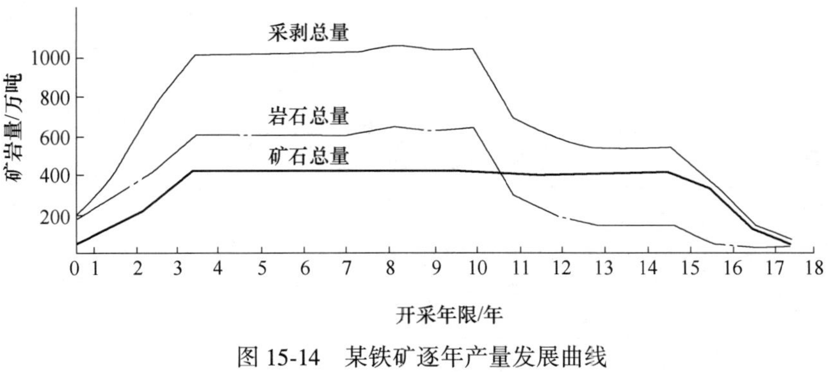

图 15-14 某铁矿逐年产量发展曲线

表 15-2　某矿采矿进度计划表

工作水平	矿石 富矿 万立方米	矿石 富矿 万吨	矿石 贫矿 万立方米	矿石 贫矿 万吨	矿石 合计 万立方米	矿石 合计 万吨	岩石 万立方米	岩石 万吨	矿岩合计 万立方米	矿岩合计 万吨	工作内容	挖掘机号	第1年	第2年	第3年	第4年	第5年	第6年	第7年	第8年
地表~140							41.5	107.9	41.5	107.9	剥岩	N1	0+0+18=18	0+0+23.5=23.5						
140~115	98.0	333.2	46.3	129.7	144.3	462.9	204.4	531.4	348.7	994.3	路堑 采剥	N2 N3 N2	3.2+0.7+29=32.9 1.3+1.7+16.3=19.3 N2	25+10.5+44.5=80	38.8+14.5+52.5=105.8	29.7+18.9+62.1=110.7				
115~101	86.7	294.8	90.5	254.9	177.2	549.7	304.3	791.1	481.5	1340.7	路堑 采剥	N4 N4 N5		0.2+2+28.3=30.5 N4 0+2.1+11.4=13.5 N5	0+0+4.5=4.5 24.3+19.8+37.1=81.2	20+17.1+68.9=106	15.8+23.8+71=110.6	18.6+6.4+75=100	7.8+9.3+8.1=25.2	
101~87	88.5	300.6	126.6	355.9	215.1	656.5	398.3	1035.6	613.4	1692.1	路堑 采剥	N1 N1 N6		N1	0+0+40=40 0+5.4+19.5=24.9 N6	14+26.9+64.1=105	27.5+15.1+67=109.6	23.8+11.4+19.8=55	12+20+16=48	36+46.4+23.2=106.6
87~73	92.2	313.4	168.8	474.6	260.9	788	476.6	1239.2	737.5	2027.3	路堑 采剥	N7				0+3.1+22.9=26 N7	0+0.5+8.8=9.3	13.2+20.3+46.5=80	20.1+21.8+38.1=80	25+17.8+68.8=111.6
73~59	71.1	241.7	210.9	588.7	282	830.4	521	1354.5	803	2184.9	路堑 采剥			投产 →			0+0+21.1=21.1	0+0+21.2=21.2 0+24+56=80	3.1+24.8+80.1=108	7.5+11.9+59.6=79
59~45	46.8	159.2	219.1	601.9	266	765.1	496.2	1290.1	762.2	2055.2	路堑 采剥					达产 →		0+4+6=10	0+1+25.1=26.1 0.7+14+55.3=70	4.2+17.9+66.7=88.8
45~30	58.4	198.5	232.8	641.4	291.2	839.9	447.1	1162.5	738.3	2002.3	路堑									0+0+6.5=6.5

单位		第1年 万立方米	第1年 万吨	第2年 万立方米	第2年 万吨	第3年 万立方米	第3年 万吨	第4年 万立方米	第4年 万吨	第5年 万立方米	第5年 万吨	第6年 万立方米	第6年 万吨	第7年 万立方米	第7年 万吨	第8年 万立方米	第8年 万吨
矿石	富矿	4.5	15.3	25.2	85.7	63.1	214.5	63.7	216.6	55.9	190.1	55.6	189.0	43.7	148.7	40.3	137.0
	贫矿	2.4	6.7	14.6	40.9	39.7	111.2	66.0	184.8	76.8	215.0	76.1	213.1	90.9	254.5	94	263.2
	小计	6.9	22	39.8	126.6	102.8	325.7	129.7	401.4	132.7	405.1	131.7	402.1	134.6	403.2	134.3	400.2
岩石		63.6	164.6	107.7	280	153.6	399.4	218.0	566.8	216.9	563.9	224.5	583.7	222.7	578.8	224.8	584.5
矿岩合计		70.2	186.6	147.5	406.6	256.4	725.1	347.7	968.2	349.6	969.0	356.2	985.8	357.3	982.0	359.1	984.7
剥采比	m^3/m^3	9.1		2.7		1.51		1.68		1.63		1.70		1.66		1.68	
	t/t	7.5		2.2		1.23		1.40		1.39		1.45		1.43		1.46	
电铲台数/台		3		5		7		7		7		7		7		7	

图例：路堑　富矿+贫矿+岩石=合计

参 考 文 献

[1] 李宝祥. 金属矿床露天开采 [M]. 北京：冶金工业出版社，1979.
[2] 焦玉书. 金属矿山露天开采 [M]. 北京：冶金工业出版社，1989.
[3] 云庆夏. 露天开采设计原理 [M]. 北京：冶金工业出版社，1995.
[4] 张达贤. 露天矿线路工程 [M]. 北京：煤炭工业出版社，1984.
[5] 中国矿业学院. 露天采矿手册 [M]. 北京：煤炭工业出版社，1986.
[6] 中南矿冶学院通风及安全教研室. 矿山排水与防水 [M]. 北京：中国工业出版社，1961.
[7] 全国矿产储量委员会办公室. 矿产工业要求参考手册（修订版）[M]. 北京：地质出版社，1987.
[8] 陈玉凡. 矿山机械 [M]. 北京：冶金工业出版社，1981.
[9] 王运敏. 中国采矿设备手册 [M]. 北京：科学出版社，2007.
[10] 张达贤. 露天开采基本知识 [M]. 北京：煤炭工业出版社，1982.
[11] 马恩霖. 露天开采复田 [M]. 北京：中国建筑工业出版社，1982.
[12] 尚涛. 现代化露天开采若干问题的研究 [M]. 徐州：中国矿业大学出版社，2004.
[13] 孙本壮. 金属矿床露天开采 [M]. 北京：冶金工业出版社，1993.
[14] 于长顺. 露天开采近十年的发展和趋向 [J]. 采矿技术，2001 (6)：12-15.
[15] 谢勤金. 刍议我国露天和地下采矿技术成就 [J]. 科技信息（学术研究），2008 (18)：617-618.
[16] 康勇. 露天采矿技术发展方向及高校相关专业教学模式探讨 [J]. 高等建筑教育，2008 (2)：11-15.
[17] 孙承菊，吴恩泽. 齐大山铁矿陡帮开采工艺的应用研究 [J]. 矿业工程，2008 (4)：27-29.
[18] 刘荣，李事捷，卢才武. 我国金属矿山采矿技术进展及趋势综述 [J]. 金属矿山，2007 (10)：14-17，46.
[19] 高祥，简新春，吴志军. 大型露天矿山稳产技术研究与应用 [J]. 有色金属（矿山部分），2007 (5)：5-8，54.
[20] 宫永军，代永新. 南芬露天铁矿下盘滑坡治理的研究 [J]. 矿业快报，2007 (7)：42-43.
[21] 吴启瞶. 关于露天矿工作帮坡角的研究与优化 [J]. 有色冶金设计与研究，2007 (1)：1-6，22.
[22] 许志中，李永强，许力生. 我国露天矿山开采的薄弱环节及对策分析 [J]. 矿业快报，2006 (10)：46-48.
[23] 陈亚军. 论实现多台阶的组合开采 [J]. 煤矿现代化，2006 (3)：14-15.
[24] 孙维中. 浅谈绿色矿山建设 [J]. 煤炭工程，2006 (4)：60-61.
[25] 古德生. 21 世纪矿业 [J]. 有色冶金设计与研究，2002 (4)：1-5.
[26] T. S. 戈洛辛斯基. 美国露天开采技术发展形势 [J]. 国外金属矿山，2000 (3)：22-27.
[27] 周舟，刘权. 露天采矿技术及其采矿设备的发展探究 [J]. 世界有色金属，2020 (16)：32-33.
[28] 魏正大. 浅述露天采矿技术发展现状及前景 [J]. 世界有色金属，2018 (17)：51，53.
[29] 王亚龙. 当代采矿技术发展趋势及未来采矿技术探讨 [J]. 中国高新技术企业，2015 (9)：165-166.
[30] 姚文军. 露天采矿技术及其采矿设备的发展思考 [J]. 当代化工研究，2021 (18)：18-19.
[31] 彭志学. 露天采矿技术及发展方向探讨 [J]. 内蒙古煤炭经济，2020 (23)：31-32.
[32] 葛虎胜，宫福会，孙炎炎，等. 双 5G 网络下露天智能矿山系统构建与应用 [J]. 金属矿山，2022 (9)：167-173.
[33] 李胜林，梁书锋，李晨，等. 露天矿山深孔台阶爆破技术的现状与发展趋势 [J]. 矿业科学学报，2021，6 (5)：598-605.
[34] 赵浩，白润才，刘光伟. 低碳经济下的露天煤矿建设 [J]. 能源环境保护，2011，25 (2)：46-48.
[35] 章林. 我国金属矿山露天采矿技术进展及发展趋势 [J]. 金属矿山，2016 (7)：20-25.

[36] 李全生．蒙东草原区大型露天煤矿减损开采与生态修复关键技术［J］．采矿与安全工程学报，2023，40（5）：905-915.
[37] 李浩荡，佘长超，周永利，等．我国露天煤矿开采技术综述及展望［J］．煤炭科学技术，2019，47（10）：24-35.
[38] 李国清，王浩，侯杰，等．地下金属矿山智能化技术进展［J］．金属矿山，2021（11）：1-12.